普通高等教育"十四五"规划教材

冶金工业出版社

炼钢专业必备科研方法

任 英 杨 文 张立峰 等著

本书数字资源

北 京

冶 金 工 业 出 版 社

2024

内 容 提 要

本书详细介绍了文献综述的撰写方法、实验的科学设计方法和数据的处理展示方法，总结了炼钢学研究过程中各类常用的实验方法，阐述了热力学与动力学计算、物理模拟、数值模拟和机器学习等计算方法和算例，旨在培养学生提升基本科研素质和能力，掌握各类研究方法，进而激发学生们对科研的兴趣。

本书可供冶金工程专业的本科生、研究生、教师和钢铁冶金行业的工程师、技术人员等学习参考。

图书在版编目（CIP）数据

炼钢专业必备科研方法／任英等著. -- 北京 ：冶金工业出版社，2024. 8. --（普通高等教育"十四五"规划教材）. -- ISBN 978-7-5024-9945-7

Ⅰ. TF7-3

中国国家版本馆 CIP 数据核字第 2024U56D66 号

炼钢专业必备科研方法

出版发行	冶金工业出版社	**电　话**	（010）64027926
地　址	北京市东城区嵩祝院北巷 39 号	**邮　编**	100009
网　址	www. mip1953. com	**电子信箱**	service@ mip1953. com

责任编辑　夏小雪　王雨童　美术编辑　吕欣童　版式设计　郑小利
责任校对　石　静　责任印制　禹　蕊
北京捷迅佳彩印刷有限公司印刷
2024 年 8 月第 1 版，2024 年 8 月第 1 次印刷
787mm×1092mm　1/16；16 印张；383 千字；240 页
定价 46.00 元

投稿电话　（010）64027932　投稿信箱　tougao@cnmip. com. cn
营销中心电话　（010）64044283
冶金工业出版社天猫旗舰店　yjgycbs. tmall. com
（本书如有印装质量问题，本社营销中心负责退换）

本书编写人员

任　英　杨　文　段豪剑　姜东滨　任　强　陈　威
王亚栋　王举金　王伟健　张学伟　张立峰

前　　言

　　如果从 1993 年 9 月在北京科技大学冶金系读硕士开始算起，我从事炼钢研究已经有三十年了。这三十年里，中国的钢产量从 1996 年的 1 亿吨钢到目前的 10 亿吨钢，已占世界钢产量的 50% 以上，钢铁工业的高速发展为国家经济的快速发展和高质量建设提供了有力支撑。在钢铁的基础研究方面国内学者也取得了巨大进步，在国际冶金五大期刊（美国刊物 *Metallurgical and Materials Transaction B*，日本刊物 *ISIJ International*，德国刊物 *Steel Research International*，英国刊物 *Ironmaking & Steelmaking*，法国刊物 *Metallurgical Research & Technology*）上第一作者是中国人所发表的论文占比已经从 2005 年的 5% 增长至 2023 年的 55%。同时，国内冶金期刊的影响力也在不断扩大，丰富的学术成果支撑了中国向世界钢铁生产中心和研发中心迈进。

　　我本人在日本、德国、挪威和美国的五所大学从事冶金工程专业的教学和科研工作 14 年，而后回国在国内三所大学从事冶金工程专业的教学、科研和管理工作 12 年。这些年里，我一直在思考两个问题：一是现在钢铁企业在生产现场中应用的一些技术已经超出了大学课堂所教的内容，例如钢铁企业的智能化技术、红土镍矿的矿热炉还原工艺等，都是冶金工程课本里很难看到的内容；二是作为冶金工程专业的研究生，在进行科研之前或者在科研初期，应该具备哪些方面的基本能力。

　　《炼钢专业必备科研方法》一书的目的就是回答上面两个问题，书中总结了我的学术科研团队近三十年从事科学研究的经验，详细介绍了文献综述、实验设计和作图方法等研究生科研基本素质培养方法，清晰地告诉本专业研究生在做科研之初，应该具备的基本素质和能力，以便为以后的科研腾飞奠定基础。

　　现代炼钢过程涉及了化学冶金、物理冶金等方面，具有高温不可视、多维多尺度、多相化学反应等复杂特点。很多学者们通过一系列高温实验、组织表征、物理化学计算、物理和数值模拟、机器学习等方法和手段，对炼钢过程开展了深入研究，从而满足炼钢过程精准化、高效化、洁净化、绿色化、智能化、低成本化的发展需求。针对现代炼钢的过程特点和科学研究对象，本书的基本结构如下：第1章为文献调研，由王亚栋博士撰写，介绍了文献综述的撰写方法和常见的钢铁冶金期刊网站；第2章为实验设计与数据处理，由任英博士和张学伟博士共同撰写，介绍了实验的科学设计方法和数据的处理展示方法；第3章为高温实验，由任英博士撰写，介绍了炼钢学研究过程中的各类常用高温实验研究方法；第4章和第5章分别由任强博士、杨文博士和张学伟博士撰写，介绍了材料表征、熔体物化参数测定、钢材性能检测等实验方法；第6章为热力学与动力学计算，由王举金博士和张立峰教授共同撰写，详细介绍了钢液脱氧、夹杂物生成、多元反应等多种洁净钢相关计算方法；第7章、第8章和第9章由段豪剑博士、陈威博士和王伟健博士撰写，分别介绍了物理模拟、数值模拟和机器学习的计算方法；第10章为工业试验，由姜东滨博士撰写，全面讲述了炼钢工业生产过程中铁水预处理、转炉冶炼、炉外精炼、连铸等方面的装备特点和工业试验研究方法。

　　本书可供钢铁冶金专业本科生、研究生、教师和钢铁冶金行业的工程师、技术人员学习参考。希望各位老师、同学和专家在阅读和学习之后能够有所收获，提升基础科研素质，掌握各类研究方法，取得更多的科研成果，为我们国家的钢铁强国建设贡献力量！文中如有不当之处，敬请批评指正！

张立峰

2024 年 1 月 1 日于北京

目 录

1 文献调研

文献调研是科研工作者不可或缺的一项技能，通过文献调研，科研工作者可以找到与研究课题相关的最新研究成果和学术资料，进而帮助其快速了解课题研究领域的现状，为课题研究提供借鉴。其次，通过总结前人的研究成果，找到目前存在的主要问题，进而提出新的研究思路和研究内容，这是文献调研的真正目的。为了提高文献调研的效率和准确性，本章主要介绍文献检索方法、文献综述方法和常用的钢铁冶金期刊网站。

1.1 文献检索方法

1.1.1 SCI 英文文献检索

SCI（Science Citation Index，科学引文索引）是 1957 年由美国科学信息研究所（Institute for Scientific Information，ISI）创办的引文数据库，收录全世界出版的数学、物理、化学、农学、林学、医学、生命科学、天文学、地理学、环境学、材料学和工程技术等领域的期刊约 3500 种，目前已经发展成为全球最权威的自然科学引文数据库。Web of Science 是 1997 年美国汤姆森科技信息集团（Thomson Scientific）基于互联网开放环境，将 SCI、SSCI（Social Science Citation Index）和 AHCI（Arts & Humanities Citation Index）整合，创建的网络版多学科文献数据库。2016 年，Onex 公司（Onex Corporate）与霸菱亚洲投资基金（Baring Private Equity Asia）完成了对 Thomson Scientific 公司的收购，将其更名为科睿唯安（Clarivate Analytics）。图 1-1 为 Web of Science 检索界面。

图 1-1 Web of Science 检索界面图

如果需要检索某一研究领域的 SCI 文献，可在 Web of Science 检索界面的"主题"框或 Google 学术检索框输入关键词进行检索。如果检索某一篇具体的文献，同样可在 Web of Science 检索界面的"主题"框或 Google 学术检索框输入该文献的标题进行检索；或者登录期刊官网，找到"All issues"界面，按照卷、期和页码进行检索。

当检索到的文献无法直接下载时，可通过"文献传递"方式获得文献全文。文献传递是为了弥补馆藏文献不足，图书馆之间可以通过复印、扫描、邮寄等方式，共享图书、期刊和学位论文等文献资源的一种服务模式。常用的文献服务平台有中国高等教育文献保障系统（China Academic Library & Information System，CALIS）、中国高校人文社会科学文献中心（China Academic Social Sciences and Humanities Library，CASHL）和百链云图书馆等，其中百链云图书馆提供免费文献传递。百链云图书馆的使用方法是在检索框内输入关键词，然后点击"中文搜索"或"外文搜索"进行简单检索。如果需要高级检索，可以点击检索框右侧的"高级搜索"，通过选择多个限制条件，如"标题""作者""刊名""关键词"和"作者单位"等进行高级检索。图 1-2 为百链学术搜索检索界面，网址为https：//www. blyun. com/。

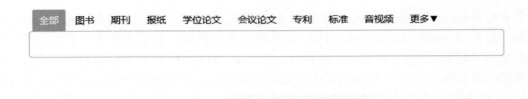

图 1-2　百链学术搜索检索界面图

1. 1. 2　EI 文献检索

EI(Engineering Index） 是美国《工程索引》的简称，于 1884 年 10 月创刊，至今已有一百多年，现由美国工程信息公司（Engineering Information Inc.）编辑出版，是历史悠久的工程技术综合性检索刊物，该公司还负责各种 EI 出版物的编辑出版及信息服务工作。Engineering Village 是美国工程信息公司创建的资源网络服务平台，旨在为工程研究人员提供最丰富的相关研究信息。研究者可以通过"主题/标题/摘要""作者"和"作者单位"等途径进行检索，主要提供快速检索（quick search）、专业检索（expert search）和词表检索（thesaurus search）。图 1-3 为 Engineering Village 的检索界面，默认界面为快速检索。

如检索某一研究领域的 EI 文献，可在 Engineering Village 检索界面的"All fields"或"Subject/Title/Abstract"框输入关键词进行检索。如检索某一具体的文献，可在Engineering Village 检索界面的"All fields"或"Subject/Title/Abstract"框，输入该文献的标题进行检索；或者登录期刊官网，找到"All issues"界面，按照卷、期和页码进行检索。

图 1-3　Engineering Village 检索界面图

1.1.3　中文文献检索

中文全文数据库是一种以中文文本为对象的数据库系统。它可以对大量的中文文本进行有效的存储和管理，同时提供快速的检索和分析功能。常用的中文文献检索数据库有中国知识基础设施工程（China National Knowledge Infrastructure，CNKI，简称中国知网）、万方数据知识服务平台、维普资讯网和百度学术等。

2016 年 5 月 30 日，中共中央总书记、国家主席、中央军委主席习近平在全国科技创新大会、中国科学院第十八次院士大会和中国工程院第十三次院士大会、中国科学技术协会第九次全国代表大会上提出："广大科技工作者要把论文写在祖国的大地上，把科技成果应用在实现现代化的伟大事业中。"为了响应习近平总书记的号召，越来越多的科研工作者将论文发表在国内期刊，国内期刊的论文质量越来越高。

1.1.3.1　CNKI

CNKI 是以实现全社会知识资源传播共享与增值利用为目标的信息化建设项目。CNKI 通过深度整合期刊、硕士论文、博士论文、会议论文、报纸、年鉴和工具书等各种文献资源，已经发展成为世界上全文信息量规模最大的知识传播与数字化学习平台。

CNKI 提供了简单检索和高级检索两种类型。简单检索界面如图 1-4（a）所示，可选择检索框左侧下拉菜单中的"主题""篇关摘""关键词""作者"和"作者单位"等条件进行简单检索，系统将按照检索词进行检索，任意一项与检索词匹配的信息均会出现在列表中。高级检索时，需要点击检索框右侧的"高级检索"按钮，图 1-4（b）为 CNKI 高级检索界面。用户可以根据需求设置多个检索条件，如"主题""篇关摘""作者""作者单位""发表时间"和"支持基金"等。

1.1.3.2　万方数据知识服务平台

万方数据知识服务平台整合了数亿条全球优质知识资源，集成期刊、学位论文、会议论文、科技报告、专利、标准、科技成果、法律法规、地方志和视频等十余种知识资源类型，覆盖自然科学、工业技术、医药卫生、农业科学、哲学政法、社会科学和教科文艺等全学科领域，实现海量学术文献统一发现及分析，支持多维度组合检索，适合不同用户群研究[1]。

登录万方数据知识服务平台，系统默认的检索界面为针对所有数据信息（包括期刊、

(a)

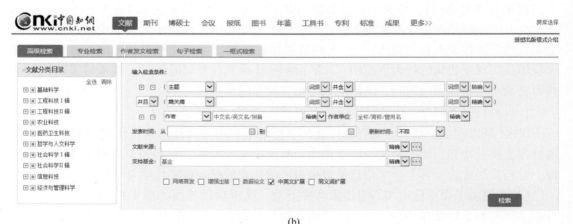

(b)

图 1-4　中国知网检索界面图

（a）简单检索界面；（b）高级检索界面

学位论文、会议论文、科技报告、专利、标准、科技成果、法律法规、地方志和视频等）的检索，如图 1-5（a）所示。根据特殊需求，用户可以分别选择"期刊""学位论文"和"专利"等。另外，用户点击检索框，可以看到"题名""作者""作者单位""关键词"和"摘要"等检索条件。用户设置需要检索的条件，并在检索框内输入关键词，即可进行检索。

　　万方数据知识服务平台同样支持高级检索，点击"高级检索"按钮，即可进入高级检索界面，如图 1-5（b）所示。用户可以选择"文献类型""检索信息"和"发表时间"等条件进行检索，条件设置得越详细，检索的结果越准确。

图 1-5 万方数据知识服务平台检索界面图

（a）普通检索界面；（b）高级检索界面

1.1.3.3 维普资讯网

重庆维普资讯有限公司成立于 1995 年，前身为中国科学技术情报研究所重庆分所数据库研究中心，是我国较早从事中文期刊数据库研究的专业机构之一，是中国数字文献产业的开拓者[2]。

　　维普资讯有限公司面向全国高等院校、公共图书馆、科技情报研究机构、医院、政府机关和大中型企业等各类用户，其相继推出了中文科技期刊数据库、中国科技经济新闻数据库、中文科技期刊数据库（引文版）、外文科技期刊数据库、中国科学指标数据库、智立方文献资源发现平台、中文科技期刊评价报告、中国基础教育信息服务平台、维普-google 学术搜索平台、维普考试资源系统、图书馆学科服务平台、文献共享服务平台、维普中文期刊服务平台、维普机构知识服务管理系统和维普论文检测系统等系列产品与服务[3]。

　　维普资讯网提供了简单检索和高级检索两种类型。用户登录维普资讯网（https：//wwwv3. cqvip.com）首页，如图 1-6（a）所示，可以看到系统默认的检索界面为针对期刊、学位论文、会议论文、专利、标准、报告、报纸、法律法规、政策等的检索，在检索框输入需要检索的关键词即可完成检索。另外，用户点击检索框左侧的下拉菜单，可以看到"主题""篇关摘""关键词""作者"和"作者单位"等检索条件，设置需要检索的条件，并在检索框输入关键词，即可进行检索。

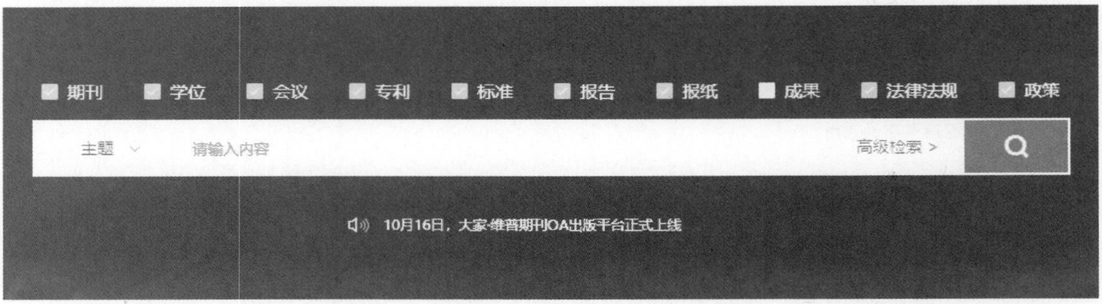

(a)

(b)

图 1-6　维普资讯网检索界面图

（a）普通检索界面；（b）高级检索界面

在维普资讯网首页，点击"高级检索"按钮，即进入"高级检索"界面，如图 1-6（b）所示。用户可以选择"文献类型""发表时间"和多种检索信息等条件进行高级检索。

1.1.3.4 百度学术

百度学术于 2014 年 6 月上线，是百度旗下的免费学术资源搜索平台，致力于将资源检索技术和大数据挖掘分析能力贡献于学术研究，优化学术资源生态，引导学术价值创新，为海内外科研工作者提供最全面的学术资源检索和最好的科研服务体验[4]。

百度学术收录了包括 CNKI、万方数据知识服务平台、维普资讯网、Elsevier、Springer、Wiley 和 NCBI 等 120 多万个国内外学术站点，索引了超过 12 亿学术资源页面，建设了包括学术期刊、会议论文、学位论文、专利和图书等类型在内的 6.8 亿多篇学术文献，在此基础上，构建了包含 400 多万个中国学者主页的学者库和包含 1.9 万多个中外文期刊主页的期刊库[4]。

百度学术支持简单搜索和高级搜索，用户登录百度学术（https://xueshu.baidu.com/）首页，可直接在检索框内输入关键词进行简单搜索。点击"高级搜索"按钮，会出现"检索词的设置条件""作者""机构""出版物""发表时间"和"语言检索范围"等。用户可以选择上述高级搜索中某个或者多个条件进行设置，完成高级搜索。图 1-7 为百度学术搜索界面。

图 1-7　百度学术搜索界面图

1.1.4 特殊文献检索

当检索年份比较久远的文献资料时，研究者一般无法通过常规检索方法获取文献全文。这里介绍两种常用的特殊文献检索方法：（1）到图书馆的"过刊阅读室"查找相关文献，通过拍照或者扫描等方式获取文献全文，这一过程务必注意妥善操作，纸质文献很可能是孤本，一旦损坏无法恢复；（2）如研究者所在单位的图书馆没有收藏该文献的纸质版，可通过上文提到的百链云图书馆获取文献全文。

当检索会议论文时，研究者通常也无法通过常规方式获取文献全文。研究者除了使用上述两种特殊文献的检索方法以外，还可以通过联系会议主办方、参会人员或者该文献的作者等方法，获取会议文献全文。

1.2　文献综述方法

1.2.1　文献综述的目的

文献综述是指在全面收集、阅读大量研究文献的基础上，对某一时期内某一学科、某一专业或技术的研究成果、发展水平以及科技动态等信息资料进行搜集、整理、选择和提炼，并做出综合性介绍和阐述的实用文体。文献综述是科研工作者研究工作过程中必不可少的环节，是开展某一科研工作的前提，一个总结全面、研究深入的文献综述能对科研工作起到事半功倍的效果，撰写文献综述可以达到如下目的。

（1）避免重复研究，提高研究的意义和价值。文献综述是开展研究工作的基础。通过搜集、整理和提炼前人的研究成果，研究者可以提高自身对该研究领域研究成果和研究方法等的全面认识，进而找到并确定目前研究中尚未解决的科研问题，开辟新的研究重点和创新方向。未经文献调研而盲目开展重复的研究工作，不仅会浪费大量的时间和精力，还可能导致科研长期处于低水平的状态。

（2）挖掘科研工作的切入点和突破点。创新和突破是科学研究的本质所在，如何才能尽快寻找科研工作的创新点呢？研究课题的确立需要充分考虑现有的研究基础以及存在的不足，现有的研究基础体现在"综"上，通过对文献的搜集和整理可以全面了解研究领域的现状。现有研究的不足之处体现在"述"上，即对文献已有研究成果的分析与评述。通过撰写文献综述，对现有研究成果、研究方法等进行分析和评述，可以深入了解其优点及不足之处，进而"去其糟粕，取其精华"，挖掘研究课题的新方向，使自己的研究真正地"站在巨人的肩膀上"。

（3）寻求新的研究方法和有力的论证依据。文献综述是获取科学研究前沿动态、国内外最新研究方法和研究成果的有效途径。通过整理和总结前人的研究方法及研究成果，可以为研究者自身的研究领域提供新思路、新方法和新线索，为研究提供丰富的、有说服力的数据材料，使研究结果建立在可靠的材料基础上。

综上所述，文献综述是科研论文的重要组成部分，是科研论文必不可少的章节，其目的在于通过介绍研究现状，阐述科学研究的依据、研究目的和意义，提出研究的创新之处。文献综述章节既能反映研究的科学性和创新性，又可以使读者充分了解该科研论文的研究价值。

1.2.2　文献综述的一般步骤

文献综述的撰写步骤一般可分为文献的搜集、文献的阅读和分类、文献的加工和评述，以及预测研究趋势或提出有待进一步研究的问题等步骤。

（1）文献的搜集。文献的搜集包括检索和初步筛选两方面。文献检索就是从众多的文献中查找并获取所需文献的过程，具体的文献检索方法参考 1.1 章节。此外，文献的搜集还可以通过科技论文的参考文献进行查找。文献的初步筛选主要通过论文的题目和摘要进行筛选，从而获得需要的文献。

（2）文献的阅读和分类。要想深入了解文献的研究方法、设计思路及研究成果，必须阅读大量文献，这也是写好一篇优秀文献综述的基础。为了提高文献阅读的效率，首先要明确研究者自身的研究目的以及目前研究中存在的问题，以问题为切入点，重点关注文献中解决问题的思路和方法。由于文献质量参差不齐，研究者在阅读文献时还需要带有一定批判性，不能对文献的研究方法和研究成果盲目认可。文献的分类主要按照如下标准：1）按问题研究的历史发展阶段（年份）分类，表 1-1 为张立峰按照年份总结的氢在熔融铝中的溶解度[5]；2）按照学术观点和学术流派分类。此外，文献搜集和分类过程可以使用文献管理软件，如 EndNote 软件和 NoteExpress 软件，软件的具体使用可自行查阅相关教程。

表 1-1　氢在熔融铝中的溶解度[5]

作　者	研究方法	年份	$\ln S = A + B/T$	
			A	B
Ransley and Neufeld	Sieverts	1948	-4.1109	-6356.3
Opie and Grant	Sieverts	1950	-4.2860	-6218.1
Eichenauer	Saturation and extraction	1961	-3.7125	-7107.1
Grigerenko and Lakomsky	Rapid quenching	1967	-4.7281	-6248.0
Vashchenko	Gas permeation	1972	-6.2965	-4509.3
Feichtinger and Morach	Rapid quenching	1987	-4.0626	-6839.9
Talbot and Anyalebechi	Modified sieverts	1988	-5.3621	-6218.1
Kocur	Sieverts	1989	-4.1409	-6453.0
Ichimura and Sasajima	Rapid quenching	1994	-5.3546	-5508.8
Anyalebechi	Regression of data reported	1998	-3.0386	-6570.6

（3）文献的加工和评述。对文献观点的加工整理和评论是文献综述的关键。首先，从搜集的文献中提取有效信息，并按照一定的方法进行分类整理；其次，针对不同的观点进行合理的分析和评述。文献评述要客观公正，不可以带有强烈的感情色彩，既要肯定优点，又要指出不足，不可吹毛求疵。

（4）预测研究趋势或提出有待进一步研究的问题。通过上述文献的搜集、阅读和分类、加工和评述等步骤，不仅要总结当前国内外研究的成果，还要指出当前研究存在的不足之处，挖掘研究课题的创新点，进而提出新的研究思路、研究内容，这也是文献综述的最终目的。

表 1-2 为王亚栋总结的电磁搅拌条件下连铸大方坯宏观偏析研究的现状，基于当前研究较少的问题，其提出了已有研究的不足之处及有待进一步研究的问题[6]。

表 1-2　电磁搅拌条件下连铸大方坯宏观偏析研究的现状[6]

研 究 内 容		研 究 程 度		
		较多	较少	很少或没有
结晶器电磁搅拌模拟	电磁场和电磁力分布	√		
	电流或频率对电磁场和电磁力分布的影响	√		
	考虑结晶器-连铸坯之间的间隙的模拟			√
电磁搅拌的冶金作用	电磁搅拌对凝固组织影响的研究	√		
	电磁搅拌对宏观偏析影响的研究	√		
	电磁搅拌对夹杂物和卷渣影响的研究		√	
	电磁搅拌对钢液流动和传热影响的研究	√		
	综合考虑凝固组织、宏观偏析、夹杂物和卷渣以及钢液流动和传热评估其冶金作用			√
连铸坯宏观偏析模拟	结晶器区宏观偏析模型	√		
	连铸垂直形三维宏观偏析模型	√		
	全连铸分区域的宏观偏析模型		√	
	弧形连铸三维全凝固长度的宏观偏析模型			√

1.2.3　文献综述中常见的问题

（1）文献搜集不全面。某些研究者由于文献搜集范围不全面或者方法不合适，未能将本领域所有典型的研究方法和研究成果整理出来，或者文献搜集和整理过程带有强烈的个人主观色彩，使得其对当前研究现状的总结不全面，导致课题创新点或已有研究的不足之处不准确，研究者的科研工作也就成了一种重复性的劳动。因此，撰写文献综述前一定要全面搜集文献资料。

（2）文献阅读不深入。撰写文献综述的前提是阅读大量的文献资料，然而，有些研究者阅读文献时囫囵吞枣或无法完全理解文献作者的研究观点，导致无法对已有研究成果进行准确的总结。此外，还导致挖掘不到当前研究的不足之处，使得研究者的科研工作创新点不足。

（3）文献评述不合理。文献综述需要基于前人的研究成果，进行分类、整理和评述。有些研究者仅将前人的观点进行简单罗列，未进行系统分类、归纳和提炼，使得文献综述内容混乱，没有逻辑性。有些研究者用大量的篇幅进行评述后，直接提出自己的研究计划，带有太多的主观意愿。另外，综述提炼的观点必须以原始文献为依据，不能将自己的观点强加给原作者。如果自己有不同的观点，可以对原作者的观点进行评述，但论据必须充分。

1.3　常用钢铁冶金期刊网站

1.3.1　钢铁冶金领域英文 SCI 期刊

钢铁冶金领域英文 SCI 期刊主要包括 *Metallurgical and Materials Transactions B*、*ISIJ*

International、*Steel Research International*、*Ironmaking & Steelmaking*、*Metallurgical Research & Technology* 和 *Journal of Iron and Steel Research International*。图 1-8（a）~（f）分别为钢铁冶金领域英文 SCI 期刊封面。

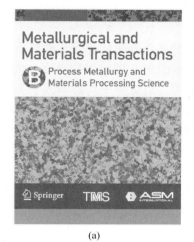
(a)

(b)

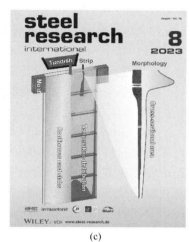
(c)

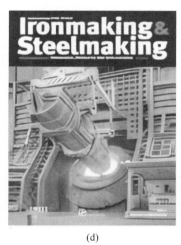
(d)

(e)

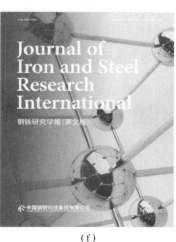
(f)

图 1-8　钢铁冶金领域英文 SCI 期刊封面

（a）*Metallurgical and Materials Transactions B*；（b）*ISIJ International*；（c）*Steel Research International*；
（d）*Ironmaking & Steelmaking*；（e）*Metallurgical Research & Technology*；（f）*Journal of Iron and Steel Research International*

（1）*Metallurgical and Materials Transactions B* 期刊主要收录有关金属和其他材料加工的理论和工程方面的文章，包括电化学和物理化学、质量传输、建模和相关计算机应用的研究，近五年平均影响因子为 2.9。期刊官方网址为 https：//www. springer. com/11663。

（2）*ISIJ International* 期刊主要收录钢铁以及相关工程材料的特性、结构、表征和建模、加工、制造以及环境问题的基础和技术方面的研究，近五年平均影响因子为 2。期刊官方网址为 http：//www. jstage. jst. go. jp/browse/isijinternational。

（3）*Steel Research International* 期刊主要收录从冶金过程、金属成型到材料工程以及过程控制和测试等领域的高质量论文。重点是钢铁和涉及炼钢和钢铁加工的材料，例如耐火材料和渣，近五年平均影响因子为 2.4。期刊官方网址为 http：//onlinelibrary. wiley. com/journal/10. 1002/（ISSN）1869-344X。

（4）*Ironmaking & Steelmaking* 期刊主要收录炼铁及其相关技术如铸造、炼钢、产品轧制和交付等整个钢铁生产流程的文章，近五年平均影响因子为 2.1。期刊官方网址为 http：//www. tandfonline. com/loi/yirs20。

（5）*Metallurgical Research & Technology* 期刊主要收录原创的高质量研究论文，涉及冶金工艺、金属产品性能以及黑色金属和有色金属及合金（包括轻金属）的应用等领域。此外，还涵盖金属加工中涉及的材料，如矿石、耐火材料和矿渣等，近五年平均影响因子为 1.1。期刊官方网址为 http：//www. metallurgical-research. org。

（6）*Journal of Iron and Steel Research International* 期刊主要收录冶金与金属加工工艺和金属基材料科学与技术领域的英文文章。冶金与金属加工工艺领域文章涉及的研究内容包括冶金工业节能环保、冶金资源综合利用、炼铁、炼钢、连铸、铸造、凝固、锻压、轧制及后续热处理、冶金物理化学和钢铁冶金新工艺等。金属基材料科学与技术领域文章涉及的研究内容包括先进钢铁材料、高温合金、金属间化合物、金属功能材料、粉末冶金材料、结构用钛合金、金属基复合型材料、非晶与高熵合金和金属纳米材料等的基础研究，以及腐蚀、焊接、摩擦磨损和疲劳断裂等性能研究。该期刊近五年平均影响因子为 2.2。期刊官方网址为 https：//www. springer. com/42243。

1.3.2 钢铁冶金领域中文期刊

钢铁冶金领域的中文核心期刊主要包括《钢铁》《中国冶金》《钢铁研究学报》《炼钢》和《钢铁钒钛》等。为了响应习近平总书记"广大科技工作者要把论文写在祖国的大地上，把科技成果应用在实现现代化的伟大事业中"的号召，越来越多的高质量文章发表在中文核心期刊，中文核心期刊的质量也越来越高。图 1-9（a）~（e）分别为钢铁冶金领域中文核心期刊封面。

（1）《钢铁》。《钢铁》（国内统一刊号：CN 11-2118/TF，国际标准刊号：ISSN 0449-749X）创刊于 1954 年，由中国科学技术协会（China Association for Science and Technology, CAST）主管，中国金属学会、钢铁研究总院有限公司和北京钢研柏苑出版有限责任公司主办。该期刊是中国冶金领域历史悠久、学术水平高的中文核心期刊之一，也是反映钢铁工业科技成就的主要刊物之一。

该期刊的宗旨是贯彻落实习近平总书记"把论文写在祖国的大地上"的重要讲话精神，面向生产、结合实际。坚持为中国钢铁工业生产建设服务，报道钢铁工业的科技成就、生产工艺的技术进步、品种质量的改善提高、新技术新产品的开发应用和专业理论应用研究等，以提高钢铁行业科技工作者和管理人员的科技水平，促进钢铁工业的发展。该期刊的读者对象主要是从事钢铁冶金生产、管理、设计、科研、教学和钢材使用的科技人员和管理人员等。期刊官方网址为 http：//www. chinamet. cn/Jweb_gt/CN/volumn/current. shtml。

（2）《中国冶金》。《中国冶金》（国内统一刊号：CN 11-3729/TF，国际标准刊号：ISSN 1006-9356）是由中国科学技术协会主管，中国金属学会和北京钢研柏苑出版有限责任公司主办的中国金属学会会刊和冶金行业综合类科技期刊。

图 1-9　钢铁冶金领域中文核心期刊封面

（a）《钢铁》；（b）《中国冶金》；（c）《钢铁研究学报》；（d）《炼钢》；（e）《钢铁钒钛》

该期刊的宗旨是理论与实践相结合，面向生产、结合实际，坚持为中国冶金工业生产建设服务，报道冶金工业的科技成就、生产工艺的技术进步、品种质量的改善提高、新技术新产品的开发应用、企业经营管理经验和专业理论应用研究等，以提高冶金行业科技工作人员和管理人员的科技水平，促进冶金工业的发展，推动冶金科技进步和学科发展。

该期刊的内容范围涵盖了钢铁及有色金属矿山地质、采矿、焦化、废钢铁、烧结和球团、炼铁、铁水预处理、炼钢、炉外精炼、连铸、压力加工、材料研究和能源环保等金属冶金工业的主要技术领域。该期刊的特点是既有较高学术水平的创新性研究文章，又有较高实用价值的技术交流文章，包括技术发展前沿文章、行业发展方向文章、冶金行业热点问题、学会各种会议与活动信息和冶金行业科技信息等。期刊官方网址为 http：//www.zgyj.ac.cn/CN/volumn/current.shtml。

（3）《钢铁研究学报》。《钢铁研究学报》（国内统一刊号：11-2133/TF，国际标准刊号：ISSN 1001-0963）原名《钢铁研究总院学报》，创刊于 1981 年，后于 1989 年改为现名。《钢铁研究学报》是由中国钢研科技集团公司主办的冶金类学术性刊物。该期刊以反映钢铁工业科技发展的新动向、推动学术交流、培养和发现科技人才为宗旨，主要介绍了冶金新工艺、新材料、新设备方面的最新科研成果及其推广应用的情况。期刊官方网址为 http：//www. chinamet. cn/Jweb_gtyjxb_cn/CN/volumn/current. shtml。

（4）《炼钢》。《炼钢》（国内统一刊号：42-1265/TF，国际标准刊号：ISSN 1002-1043）创刊于 1985 年，由武汉钢铁有限公司和中国金属学会共同主办。该期刊以立足炼钢生产实际，引领炼钢科技发展为宗旨，主要报道铁水炉外预处理、转炉和电炉炼钢、钢水炉外精炼、连铸、精整、连铸坯热送热装、连铸连轧、新产品开发、产品质量控制、炼钢厂"三废"利用和环境保护等方面的新工艺、新技术、新设备和新材料的应用实践经验和最新科研成果。期刊官方网址为 http：//www. bwjournal. com/lg/CN/1002-1043/home. shtml。

（5）《钢铁钒钛》。《钢铁钒钛》（国内统一刊号：51-1245/TF，国际标准刊号：ISSN 1004-7638）创刊于 1980 年，由攀钢集团攀枝花钢铁研究院有限公司主办，钒钛资源综合利用国家重点实验室、钒钛资源综合利用产业技术创新战略联盟、国际钒技术委员会等协办，2022 年 7 月，国家批准重庆大学作为期刊第二主办单位，为期刊发展注入了新的活力与动力。

《钢铁钒钛》是一本综合性的冶金科技期刊，也是目前国内唯一系统报道钒钛磁铁矿冶炼及其综合利用的学术性刊物。该期刊始终坚持以钒钛磁铁矿的开发、钒钛在钢中的应用以及钒钛资源综合利用为主题的办刊宗旨，优选报道了普通高炉冶炼钒钛磁铁矿技术、钒钛磁铁矿高炉冶炼系列强化技术、雾化提钒、转炉提钒、半钢炼钢及连铸技术、钒微合金化技术及系列钢种开发、含钒钢轨及钢轨全长淬火热处理技术、钒渣制取五氧化二钒、钛白生产及产品深加工等一大批重大选题。期刊官方网址为 http：//www. gtft. cn/。

1.4　小　　结

文献调研是科研工作者不可或缺的一项技能，是科研工作者进行科学研究的前提。本章通过介绍常用的文献检索方法，帮助研究者快速搜集本领域的文献资料；通过介绍文献综述方法，帮助研究者快速了解研究领域的现状，挖掘研究的新方向和创新点，使研究真正地"站在巨人的肩膀上"。通过介绍钢铁冶金领域的常见期刊，帮助冶金领域的初学者找到检索文献的渠道，并提供文章投稿的途径。

参 考 文 献

［1］万方数据知识服务平台. 资源类型［EB/OL］.［2024-04-19］. https：//s. wanfangdata. com. cn/nav-page? a＝second.

［2］维普资讯. 公司简介［EB/OL］.［2024-04-19］. http：//www. vipinfo. com. cn/aboutus. html? 0. 5238467116471357.

［3］维普资讯中文期刊服务平台. 公司简介［EB/OL］.［2024-04-19］. http：//lib. cqvip. com/qikan/webcontrol/about? from＝index.

［4］百度学术．百度学术简介［EB/OL］．［2024-04-19］．https：//xueshu. baidu. com/usercenter/show/
baiducas？cmd＝intro.

［5］ZHANG L，LV X，TORGERSON T A，et al. Removal of impurity elements from molten aluminum：A
review［J］. Mineral Processing and Extractive Metallurgy Review，2011，32（3）：150-228.

［6］王亚栋．电磁搅拌对连铸大方坯宏观偏析的影响研究［D］．北京：北京科技大学，2022.

2 实验设计与数据处理

2.1 实验设计方法

为了便于实验的分析与设计，我们常常会用到一些专业名词来代替实验中的基本概念。因素，也被叫作因子，是我们在进行实验时对实验结果产生影响的一些条件变量。一个实验里的因素通常有一个或多个，在实验中可以通过控制因素的变化得出不同的实验结果。实验指标，是在实验中用来衡量实验结果好坏的标准，简称为指标。对影响实验指标的因素进行编号、分组和控制处理，得到的条件被称为因素的水平[1]。

2.1.1 简单比较实验

对于实验因素较少的实验，常采用变化一个因素而固定其他因素的实验方法，称为简单比较实验。例如，对探究某化学反应的最佳反应条件设计实验，已知该实验的影响因素为 X、Y、Z，可采用简单比较实验。变化一个因素而固定其他因素，如先固定 Y、Z 于 Y_1、Z_1，使 X 变化，进行多组实验，则得到此反应的最佳 X 条件，见表 2-1。

表 2-1　简单比较实验第一次实验表

实 验 组 合	实 验 结 果
Y_1-Z_1-X_1	
Y_1-Z_1-X_2	最佳
Y_1-Z_1-X_3	
...	...

如果 Y_1-Z_1-X_2 的反应结果最好，则固定 X_2、Z_1，使 Y 变化，进行多组实验，则得到此反应的最佳 Y 条件，见表 2-2。

表 2-2　简单比较实验第二次实验表

实 验 组 合	实 验 结 果
X_2-Z_1-Y_1	最佳
X_2-Z_1-Y_2	
X_2-Z_1-Y_3	
...	...

如果 X_2-Z_1-Y_1 的反应结果最好，则固定 X_2、Y_1，使 Z 变化，进行多组实验，则得到此反应的最佳 Z 条件，见表 2-3。

表 2-3　简单比较实验第三次实验表

实 验 组 合	实 验 结 果
X_2-Y_1-Z_1	
X_2-Y_1-Z_2	最佳
X_2-Y_1-Z_3	
...	...

如果 X_2-Y_1-Z_2 的结果最好，则得到此化学反应的最佳反应条件为 X_2-Y_1-Z_2。简单比较实验能够用较少的实验次数得出相对最优的实验结果，但是简单比较实验存在一些缺点：

（1）当各因素间交互作用影响比较大时，实验所得结果（如 X_2-Y_1-Z_2）就不一定是最好的搭配组合；

（2）实验中每个因素和水平参与实验的次数是不相同的，如 Z_1 参加了 7 次实验，Z_2 参加了 1 次实验；

（3）简单比较实验没有考虑实验误差的影响，没有进行重复实验，因此误差无法估计；

（4）因素变化的先后顺序不同往往会得出不同的实验结果，无法保证实验的准确性[1]。

2.1.2　因子设计

实验结果通常可以分为因素的主要效应和因素间的交互效应这两个主要部分，因素的主要效应（主效应）表示将其他因素固定在适宜的范围保持不变或不考虑其他因素，改变某因素水平引起的实验指标的变化，主效应能够表明每个因素对实验结果的独立贡献程度。

因素间的交互效应（交互作用）表示当两个或多个因素同时变化时相互之间的影响程度，不同因素之间的交互作用对实验指标有不同的影响。在没有交互作用的情况下，实验结果的变化完全由因素水平的变化决定，并且每个因素的效应是独立的，对实验指标造成的影响互不干扰，各个因素单独对实验指标造成影响。在存在交互作用的情况下，因素之间的交互作用对实验指标的影响可能会比单一因素的作用更为显著，此时无法简单地将因素的效应相加，而需要考虑因素之间的交互作用，如果不考虑交互作用，就可能会得出错误的结论。因此，在实验设计和数据分析中，研究者需要同时考虑因素的主效应和交互作用，以确保得出准确和可靠的结论。这可以通过适当的统计方法和数据分析技术来实现，以揭示因素对实验结果的真实影响。

因子设计也可称为因素设计，因素设计是将实验指标的因素分离开进行研究的实验设计方法，该方法用全部因素或者部分因素的水平进行实验，以考察实验指标的因素之间的主效应和交互作用，因素设计常用于分析两个或多个因素的主效应和交互作用[2]。因素设计分为两种：一种是全面实验，适用于实验中只有两个因素时，这时研究者对两个因素的所有可能组合都需安排实验，并且做重复实验来考虑交互作用；另一种是部分因素设计，适用于实验因素多于两个时，这时如果进行全面实验，实验次数会很多，并且重复实验会使实验次数进一步增多，因此研究者可以只在全部水平组合中安排一部分组合进行实验，以减少实验次数。

（1）全面实验。全面实验中的实验次数是所有因素的水平数与实验重复次数的乘积。比如有 X、Y 两个因素，X 因素有 x 个水平，Y 因素有 y 个水平，每组实验重复 k 次，则全部的实验次数为 $x \times y \times k$ 次，实验组合见表 2-4。

表 2-4　全面实验因素水平组合表

X	Y			
	Y_1	Y_2	$\cdots$	Y_y
X_1	X_1Y_1	X_1Y_2	$\cdots$	X_1Y_y
X_2	X_2Y_1	X_2Y_2	$\cdots$	X_2Y_y
$\vdots$	$\vdots$	$\vdots$	$\vdots$	$\vdots$
X_x	X_xY_1	X_xY_2	$\cdots$	X_xY_y

全面实验的优点为：1）实验覆盖所有因素及其水平，可以较为明显地观察分析出获得最优实验指标的因素水平的最佳组合；2）在比较实验中，可以分析各个因素间的交互作用。全面实验也存在一些缺点：1）对于因素数或水平数较多的实验，实验次数较多，往往难以进行，一般只在两个实验因素和两个水平的情况下使用；2）实验流程长，完成实验所需的时间、实验材料等消耗相对较多。

（2）部分因素设计。研究者在实验之前可以初步判断影响实验指标的因素之间是否存在交互作用，如果不存在交互作用或交互作用不明显时，就不需要进行全面实验，只需要考虑对实验指标影响较大的因素之间的交互作用，据此进行实验的设计与安排，这种方法被称为部分因素设计。

2.1.3　全面实验

全面实验是将实验中的全部因素和所有水平都组合起来进行实验的一种方法。单因素两水平全面实验见表 2-5，实验次数为 2 次。两因素两水平全面实验见表 2-6，实验次数为 4 次。三因素三水平全面实验见表 2-7，实验次数为 27 次。全面实验的实验次数计算方法见式（2-1）。

表 2-5　单因素两水平全面实验表

因　素	水　平	
	X_1	X_2
Y	X_1Y	X_2Y

表 2-6　两因素两水平全面实验表

水　平	因　素	
	Y_1	Y_2
X_1	X_1Y_1	X_1Y_2
X_2	X_2Y_1	X_2Y_2

表 2-7 三因素三水平全面实验表

水 平		因 素		
		Z_1	Z_2	Z_3
X_1	Y_1	$X_1Y_1Z_1$	$X_1Y_1Z_2$	$X_1Y_1Z_3$
	Y_2	$X_1Y_2Z_1$	$X_1Y_2Z_2$	$X_1Y_2Z_3$
	Y_3	$X_1Y_3Z_1$	$X_1Y_3Z_2$	$X_1Y_3Z_3$
X_2	Y_1	$X_2Y_1Z_1$	$X_2Y_1Z_2$	$X_2Y_1Z_3$
	Y_2	$X_2Y_2Z_1$	$X_2Y_2Z_2$	$X_2Y_2Z_3$
	Y_3	$X_2Y_3Z_1$	$X_2Y_3Z_2$	$X_2Y_3Z_3$
X_3	Y_1	$X_3Y_1Z_1$	$X_3Y_1Z_2$	$X_3Y_1Z_3$
	Y_2	$X_3Y_2Z_1$	$X_3Y_2Z_2$	$X_3Y_2Z_3$
	Y_3	$X_3Y_3Z_1$	$X_3Y_3Z_2$	$X_3Y_3Z_3$

$$实验次数 = A^B \tag{2-1}$$

式中，A 为水平数，B 为因素数。

全面实验的结果比较全面，对所有结果进行分析可以找到影响实验指标的主要因素和最佳实验条件，全面实验的部分次数见表 2-8。全面实验法适合在因素数较少，且每个因素水平较少的情况下进行实验。从表 2-8 中可以明显看出，随着实验指标的因素数和水平数的增加，进行的实验的总组合数呈指数级增加，在生产实践和科学研究中将难以进行如此多的实验次数，因此在实验指标的因素数和水平数较多时通常不采用全面实验。

表 2-8 全面实验次数对照表

因素数	水平数	实验次数
1	1	1
3	2	8
4	3	81
5	4	256
6	5	15625

2.1.4 单因素优选

单因素优选，是指在实验开始之前的实验方案设计中，将所有影响实验指标的因素固定在经验上或理论上的最优水平范围内，只改变其中一个因素，或者实验的影响因素只有一个时，改变这个因素，来获得较好实验指标的最优因素水平的实验方法。单因素优选的目的就是通过不断改变一个因素的变化控制实验指标，从而找到影响该实验指标的最佳的因素水平。即利用数学原理，使用尽量少的实验次数，合理地对因素安排实验点，在实验点上分别进行实验，找出得到最好实验结果的最优点。单因素优选的方法有均分法、平分法、黄金分割法、分数法和分批实验法等，对于不同类型的实验应采用合适的方法进行实验[3]。在影响实验指标的因素的变化范围区间 $[m, n]$ 上定义函数 $f(x)$，在未知 $f(x)$ 的表达式的情况下进行实验，在区间 $[m, n]$ 内按照一定的规则选取实验点，在实验点上分别进行实验，最终确定最好的实验结果 $f(x_0)$ 所对应的最佳点 x_0。

（1）均分法。均分法是在实验范围 $[m, n]$ 内，根据实验指标和实际情况，按照等间距的方法取得多个实验点，在每一个实验点上进行实验，并将各个实验点得到的结果进行比较，以找出实验的最优点的一种方法，如图 2-1 所示。

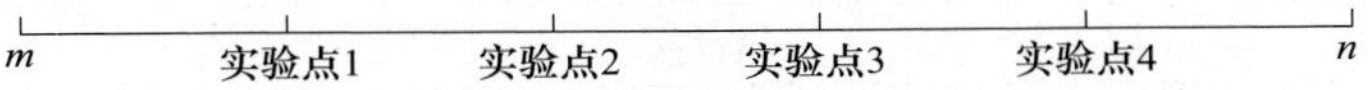

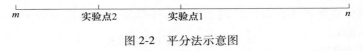

图 2-1　均分法示意图

当目标函数是单峰函数时，能够使用均分法。在考虑实验成本（如时间）的前提下，尽量通过合理的实验方案设计，让各个实验点对应的实验能够同时进行，将实验的时间或流程安排在较短的范围内，从而降低实验成本。均分法具有以下特点：1）在实验范围 $[m, n]$ 内等间隔地安排实验点；2）当目标函数不确定的情况下，即 $f(x)$ 与 x 的函数关系未知的情况下，可以采用均分法进行实验，确定影响实验指标的因素范围[4]。

（2）平分法。平分法又称等分法、对分法，平分法是在实验中每次测试结果可以确定下一次实验方向的情况下，将实验因素在一定范围内增加或减少一定的量，使得实验范围缩小一半，从而找出最佳的实验范围或实验点的一种方法。采用平分法进行单因素优选时，一般在实验范围的中点安排实验，在中点进行实验得到结果之后，根据实验结果所确定的方向取一半实验范围，进行重复实验，直到得出满意的实验结果或得到足够小的实验范围，如图 2-2 所示[5]。

| m | 实验点2 | 实验点1 | n |

图 2-2　平分法示意图

当目标函数是单调函数，且已知实验范围时，常采用平分法进行实验。平分法具有以下特点：1）在实验范围内进行一次实验就可以将实验范围缩小一半，用此方法进行实验 k 次，实验范围的长度将由 $n-m$ 变为 $\dfrac{n-m}{2^k}$，具有效率高的优点；2）平分法进行实验的顺序是固定的，只有在每一次实验之后才能确定下一次实验的位置。

（3）黄金分割法。黄金分割法又称 0.618 法，每次按黄金分割比在实验范围内选取实验点进行实验，去除与实验指标相差较大的实验范围区间，在剩余区间内继续按黄金分割比选取实验点，并重复操作，逐渐缩小实验范围，向最优点靠近，这一方法被称为黄金分割法[6]。黄金分割法是连续化的分数法，实验方案如图 2-3 所示。

| m | 实验点2 | 实验点3 | 实验点1 | n |

图 2-3　黄金分割法示意图

当在实验范围目标函数为单峰函数且已知实验因素和水平时，常采用黄金分割法。黄金分割法具有以下特点：1）每次在实验范围内选取 0.618 和 0.618 相对于实验范围中点的对称点，即 0.382 做实验；2）根据实验点的实验结果，不断重复进行去除两端选取中间的操作，重复在实验范围的 0.618 处进行实验，逐渐向最优点靠近；3）每经过一次实验就将实验范围缩小至原来实验范围的 0.618 倍，经过 k 次实验后，实验范围的长度由 $n-m$ 变为 $0.618^k(n-m)$；4）在第一次实验时需要进行两个实验，后续实验只需要再做一个实验与前一个实验进行比较即可。

（4）分数法。分数法又称斐波那契法，见表 2-9，利用斐波那契数列 1，2，3，5，8，13，21，34，55，89，144 等，构成 1/2，2/3，3/5，5/8，8/13，13/21，21/34，34/55，55/89，89/144 等一系列分数，在实验中进行取值的方法，称为分数实验法，简称为分数法[7]。斐波那契数列的通项公式见式（2-2），利用斐波那契数列安排实验，实验点的选取见表 2-10。

表 2-9　斐波那契数列表

n	0	1	2	3	4	5	6	7	8	9	10	11	⋯
F_n	1	1	2	3	5	8	13	21	34	55	89	144	⋯

$$F_0 = 1, F_1 = 1, F_n = F_{n-1} + F_{n-2}(n \geqslant 2, n \in N^*) \tag{2-2}$$

表 2-10　斐波那契数列对应的实验点

水平数	1	2	3	4	5	6	7	8	9	10	⋯
F_{n+1}	2	3	5	8	13	21	34	55	89	144	⋯
实验点	1/2	2/3	3/5	5/8	8/13	13/21	21/34	34/55	55/89	89/144	⋯

当目标函数为单峰函数，已知实验次数，且实验指标的因素的水平数取整数值或有限值时常采用分数法。如果因素的水平数恰好是某个斐波那契数，就利用那个斐波那契数对应的分数进行实验设计，当因素的水平数不是斐波那契数时，往往需要增加几个虚拟水平，即选取比其大的相邻最近的一个斐波那契数对应的分数进行实验。

（5）分批实验法。分批实验法是将所有要做的实验分批次进行，同时进行比较，留下较好的实验点，将其左右相邻的两段作为新的实验范围，再进行第二次分批实验，直至找到最优点的一种方法，这样可以将整个实验所需要的时间成本大大降低。分批实验法具有以下优点：1）预想实验结果，将实验步骤合并，让多个实验同时进行；2）可以在进行较少的实验次数的情况下大大缩短实验周期。当单个实验需要很长时间、成本很大时，适合选择分批实验法进行实验，如图 2-4 所示。

图 2-4　分批实验法示意图

2.1.5　正交实验

正交实验是一种多因素的优化实验设计方法，是利用正交表从全面实验的水平组合中，挑选出部分具有代表性的水平组合进行实验，并通过对实验结果的数据处理与分析，找出最优的实验组合的一种方法，正交实验可以在较少的实验次数的条件下，找出最优的因素水平组合[1,8]。

图 2-5 所示为三因素三水平正交实验原理示意图，三因素的实验范围可以在三维坐标

系中表示，以三个因素 X、Y、Z 为坐标轴，将三个因素 X、Y、Z 分别取三种水平 X_1、X_2、X_3、Y_1、Y_2、Y_3、Z_1、Z_2、Z_3，形成 3 个平面，把三维坐标系分成了 8 个小立方体块，形成了 27 个相交点。若在 27 个相交点上全部进行实验，就是全面实验，其实验方案见表 2-7。从中挑选出具有代表性的 9 种实验组合，即 $X_1Y_1Z_1$、$X_1Y_2Z_2$、$X_1Y_3Z_3$、$X_2Y_1Z_2$、$X_2Y_3Z_1$、$X_2Y_2Z_3$、$X_3Y_2Z_1$、$X_3Y_3Z_2$、$X_3Y_1Z_3$，如图 2-5 中标记位置所示。挑选出的 9 个实验点在立方体的各个顶点、各个线、各个面上均有 3 个，在立方体中的分布是均匀的，同时这 9 个实验点在实验范围内也是均衡分布的，因此其能够较为全面地反映实验范围内的实验情况。此外，正交实验一般需要借助正交表来进行实验设计，正交表的表示形式见式（2-3）[9]。

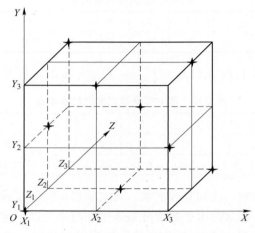

图 2-5　三因素三水平正交实验原理示意图

$$L_k(Q^q) \tag{2-3}$$

式中，L 为正交表；k 为实验次数，也表示正交表的行数；Q 为各因素的水平数；q 为影响实验指标的因素个数，也表示正交表的列数。

$L_9(3^3)$ 代表进行 9 次实验的三因素三水平实验正交表，$L_9(3^3)$ 正交表见表 2-11。

表 2-11　$L_9(3^3)$ 正交表

实验次数	因　素		
	X	Y	Z
1	1	1	1
2	1	2	2
3	1	3	3
4	2	2	1
5	2	3	2
6	2	1	3
7	3	3	1
8	3	1	2
9	3	2	3

使用正交表进行实验时，将实验的各个因素安排到正交表的列，将各个因素的水平安排到正交表的行，这样即可完成正交实验的实验安排。在安排正交表时可以有空白列，便于进行后续的误差分析。在正交表的任意一列中，不同数字出现的次数是相同的，在正交表的任意两列中，同一行数字组成的不同数字对出现的次数也是相同的，因此采用正交表进行实验能够较为全面地反映实验的整体效果，具有均衡分散的特点。此外，正交表还具有以下特点：

（1）任意两列可以相互交换，各个因素可以随机安排在正交表的列中；

（2）任意两行可以相互交换，各个实验次数的顺序可以随意安排，一般情况下，进行正交实验时，实验顺序按照随机的方式进行排列；

（3）任意一列中的水平数字可以相互交换，各个实验的因素水平可以按照正交表规则随意安排[10]。

在选取正交表时一般按照以下步骤进行：首先，根据因素的个数，选择列数比实验因素数多或相等的正交表，即实验因素的个数不能超过所选取的正交表的列数；其次，根据实验因素的水平数，选取与实验因素水平数相同的正交表；最后，考虑正交表的行数，选取行数最少的正交表，即取得最少实验次数的正交实验。正交表选取步骤如图 2-6 所示。

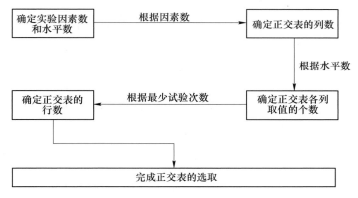

图 2-6 正交表选取步骤图

通过正交实验可以分析出影响实验指标的主要因素和次要因素，确定实验指标的主要影响因素及其他因素之间的交互作用，并找出最优水平组合。此外，分析指标和因素的关系，能够找出因素对实验指标影响的变化规律，便于确定后续的实验方向。

2.2　数据处理方法

数据处理是实验中非常重要的一部分，其是对实验结果或实验数据进行分析计算的一种方法，以帮助研究者得出合理、可靠的结论，并使研究者将得出的结论运用于实际生产和产品控制等方面。

2.2.1　数据检验

由于实验数据一般情况下会出现误差，要想得到具有准确性和精确性的实验指标，通常需要对得到的实验数据进行检验，以确定实验数据的准确性。常用的数据检验方法包括 F 检验、t 检验、χ^2 检验等。

（1）F 检验。F 检验又称联合假设检验、方差比率检验和方差齐性检验，是通过比较两组实验数据的方差，根据方差是否相同，以及方差的差异性大小对实验数据进行检验的方法[10]。如果两组实验数据的方差相同或差距很小，则表明两组实验数据无显著差异。F 检验的具体步骤如下。

1）建立假设 M：各组数据差异不明显。

2）计算 F 值，见式（2-4）~式（2-6）。

$$F = \frac{S_R^2}{S_r^2} \tag{2-4}$$

$$S^2 = \frac{\sum\limits_{i=1}^{n}(x_i - \bar{x})^2}{f} \tag{2-5}$$

$$\bar{x} = \frac{\sum\limits_{i=1}^{n} x_i}{n} \tag{2-6}$$

式中，S^2 为方差；S_R^2、S_r^2 分别为两组实验数据方差的大值、小值；x_i 为实验数据数值；$\bar{x}$ 为平均数；n 为数据个数；f_R 为与 S_R 相对应的那组数据个数的 $(n-1)$；f_r 为与 S_r 相对应的那组数据个数的 $(n-1)$。

3）根据 f_R、f_r 选择合适的置信度，一般为 95%，从 F 分布表中查 F 值，记为 $F_表$。

4）比较 F 与 $F_表$ 的值，若 $F < F_表$，则两组数据计算得到的 S 值差异不明显，可继续进行 t 检验；若 $F > F_表$，则两组数据计算得到的 S 值差异明显，不用进行后续检验[11]。

（2）t 检验。t 检验，又称 Student's t 检验，是根据 t 分布理论来计算两组数据差异发生的概率的一种数据检验方法。对于实验数据呈正态分布，且两组数据的方差基本相等时常常使用 t 检验，此方法常用于两组测量值之间的比较、测量平均值与给定值的比较和两组数据测量平均值的比较。以两组数据测量平均值的比较为例分析 t 检验的具体步骤如下。

1）建立假设 M：各组数据差异不明显。

2）计算 t 值，见式（2-7）和式（2-8）。

$$t = \frac{|\bar{x}_1 - \bar{x}_2|}{\sqrt{\frac{(n_1 - 1)s_1^2 + (n_2 - 1)s_2^2}{f}} \times \sqrt{\frac{1}{n_1} + \frac{1}{n_2}}} \tag{2-7}$$

$$f = n_1 + n_2 - 2 \tag{2-8}$$

式中，$\bar{x}_1$、$\bar{x}_2$ 为两组数据的平均值；n_1、n_2 分别为两组数据的个数；s_1、s_2 为两组数据的标准差；f 为自由度。当 $n_1 = n_2 = n$ 时，式（2-7）可简化为：

$$t = \frac{|\bar{x}_1 - \bar{x}_2|}{\sqrt{\frac{s_1^2 + s_2^2}{n}}}$$

3）计算自由度 f，选择合适的置信度，一般为 95%，从 t 分布表中查 $t_{表}$ 的值，比较 t 和 $t_{表}$。若 $t < t_{表}$，则说明两组数据无显著差异；若 $t > t_{表}$，则说明两组数据差异明显，需要做进一步分析[12]。

（3）χ^2 检验。χ^2 检验用于比较几组实验数据的总体构成之间的差异，即实验数据的测量值与期望频数之间的差异，以分析几种变量之间的关联性。χ^2 检验的具体步骤如下。

1）建立假设 M：各组数据差异不明显。

2）将几组数据列表分析，计算出表格内每一行、每一列理论数的 T 值，见式（2-9）。

3）计算出 χ^2 的值，见式（2-10）。

4）计算出自由度 f，χ^2 检验的自由度 $f =$（行数 -1）（列数 -1），选择合适的置信度，一般为 95%。从 χ^2 分布表中查 $\chi^2_{表}$，比较 χ^2 和 $\chi^2_{表}$，若 $\chi^2 < \chi^2_{表}$，则说明两组数据无显著差异；若 $\chi^2 > \chi^2_{表}$，则说明两组数据差异明显[13]。

$$T_{Rr} = \frac{a_R a_r}{n} \tag{2-9}$$

$$\chi^2 = \sum_{i=1}^{n} \frac{(A_{Rr} - T_{Rr})^2}{T_{Rr}} \tag{2-10}$$

式中，T_{Rr} 为第 R 行、第 r 列的理论数；a_R 为与理论数同行的数据合计数；a_r 为与理论数同列的数据合计数；n 为数据总数；A_{Rr} 为第 R 行、第 r 列的实际数。

2.2.2 误差分析

在实验中，误差会伴随着实验的进行逐渐出现，根据误差的性质和误差出现的原因，可以将误差分成以下几种类型。

（1）系统误差。系统误差是在相同条件下进行多次测量时，所得到的测量值总是比真实值偏大或偏小，按某种规律变化的误差。系统误差通常是由于仪器设备的精确度不够或实验人员操作不当引起的。

（2）随机误差。随机误差是在相同条件下进行多次测量时，所得到的测量值与真实值相比总是偏大和偏小，没有规律变化的误差。随机误差通常是由于实验环境变化、实验仪器设备不稳定以及实验人员不同引起的。

（3）过失误差。过失误差是由于实验过程中错误的操作造成的，可以明显看出测量值与实际值有较大区别，由过失误差测量得到的实验数据是不能使用的。

实验中的测量误差通常使用绝对误差和相对误差来表示，绝对误差表示测量值与真实值的差，见式（2-11）。在计算绝对误差时，测量值一般为一组数据，一般使用平均值来表示测量值，此时绝对误差的计算方法见式（2-12）。相对误差表示绝对误差和真实值的比值，见式（2-13）。

$$E_a = x - x_T \tag{2-11}$$

$$E_a = \bar{x} - x_T \tag{2-12}$$

$$E_r = \frac{E_a}{x_T} \times 100\% \tag{2-13}$$

式中，E_a 为绝对误差；x 为测量值；x_T 为真实值；$\bar{x}$ 为测量值的平均值；E_r 为相对误差。

由于误差的不可避免性，研究者在进行实验时要尽量减小误差带来的影响，最常用的就是引入修正值来消除绝对误差的影响。由于引入的修正值本身也存在误差，所以修正后的数据依旧是存在误差的，但修正值相对于测量值较为准确。修正值的计算见式（2-14）和式（2-15）。

$$\sigma = x_{\text{T}} - x \tag{2-14}$$

$$x_{\text{T},\sigma} = x + \sigma \tag{2-15}$$

式中，σ 为修正值；$x_{\text{T},\sigma}$ 为修正测量值。

2.2.3　回归分析

回归分析是利用回归方程确定两种或两种以上变量之间的相互关系的一种数据分析方法，能够分析自变量和因变量之间的关系，常用于预测分析和变量之间因果的分析，回归分析基本流程如图 2-7 所示。

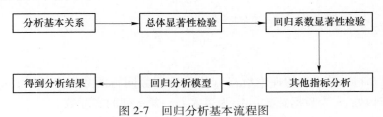

图 2-7　回归分析基本流程图

在进行回归分析之前要先进行基本关系的分析，一般根据变量之间的散点图或相关系数进行确认，如使用散点图可以清晰直观地看出自变量与因变量之间的对应关系。在回归分析中显著性检验分为总体显著性检验和回归系数显著性检验，前者使用 F 检验，后者使用 t 检验，以此来判断自变量与因变量之间的相互关系是否具有显著性。其他指标的分析具体指 VIF 值、DW 值和残差等，是对自变量之间是否彼此相关、模型的自相关性以及模型构建是否合理的分析，根据以上分析可以确定回归分析模型，得到回归分析曲线，进行后续的实验安排和实际的运用[14]。回归分析一般可分为一元线性回归分析、多元线性回归分析和非线性回归分析，其中非线性回归分析分为一元非线性回归分析与多元非线性回归分析，如图 2-8 所示。

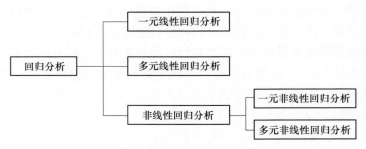

图 2-8　回归分析的类型

2.2.3.1　一元线性回归分析

如果自变量和因变量都只有一个，且因变量随自变量的变化是线性变化的，此时的回归分析称为一元线性回归分析。根据自变量 x 与因变量 y 之间的关系在平面直角坐标系中绘制 (x,y) 散点图，在 x、y 的坐标系中可以作无数条直线与散点图相交，回归直线是这无数条直线中最接近散点图中全部点的直线，回归直线方程的表示方法见式（2-16）~式（2-18）[15]。

$$\hat{y} = a + bx \tag{2-16}$$

$$b = \frac{\sum_{i=1}^{n}(x_i - \bar{x})(y_i - \bar{y})}{\sum_{i=1}^{n}(x_i - \bar{x})^2} \tag{2-17}$$

$$a = \bar{y} - b\bar{x} \tag{2-18}$$

式中，$\hat{y}$ 为因变量 y 的估计值；a 为回归直线的纵截距；b 为回归系数；$\bar{x}$、$\bar{y}$ 分别为 n 对实际测量值（x_i、y_i）的算术平均值。

回归直线方程建立完成之后，需要对已经建立好的回归方程进行检验，判断建立的回归直线方程是否符合实际的自变量、因变量之间的关系，即需要对回归系数 b 进行检验，检验可以采用 F 检验方法或 t 检验方法。下面以 F 检验方法为例对回归系数 b 进行检验。

（1）若 x、y 之间不存在线性关系，则 $b=0$，若 x、y 之间存在线性关系，则 $b \neq 0$，一元线性回归关系中，回归自由度等于自变量的个数，即 $f_R = 1$，则 $f_r = n-2$，由此做出假设 M：$b=0$。若假设成立，则根据式（2-19）计算 F 值[16]。

$$F = \frac{S_R^2}{S_r^2} = \frac{\dfrac{\sum_{i=1}^{n}(\hat{y}_i - \bar{y})^2}{f_R}}{\dfrac{\sum_{i=1}^{n}(y_i - \hat{y}_i)^2}{f_r}} \tag{2-19}$$

式中，$\hat{y}_i$ 为计算得到的因变量 y_i 的估计值；$\bar{y}$ 为 n 个实际测量值 y 的算术平均值。

（2）在给定的检验水准下，查 F 分布表得 $F_表$。

（3）比较 F 与 $F_表$，若 $F > F_表$，则拒绝 M：$b=0$，即两变量 x、y 之间存在显著的线性关系；若 $F \leqslant F_表$，则接受 M：$b=0$，即两变量 x、y 之间没有线性关系，建立起来的线性回归方程没有意义[17]。

2.2.3.2　多元线性回归分析

如果一个因变量受多个自变量影响，则需要分析因变量 y 与自变量 x_1，x_2，x_3，…，x_n 之间的线性关系，这种回归分析称为多元线性回归分析。多元线性回归模型的一般表现形式见式（2-20）[18]。

$$\hat{y} = a + b_1 x_1 + b_2 x_2 + \cdots + b_n x_n \tag{2-20}$$

式中，$\hat{y}$ 为因变量 y 的估计值；a 为回归方程的常数项；b_i 为自变量 x_i 的回归系数；n 为自变量的个数。

多元线性回归模型的建立过程如下，令自变量 x_1，x_2，x_3，…，x_n 取不同的值，得到 m 组实验数据 x_{1i}，x_{2i}，x_{3i}，…，$x_{ni}(i=1,2,3,\cdots,m)(m>n)$，将 m 组实验数据代入

式（2-20）中得到对应的 $\hat{y}$ 值，则残差平方和的计算见式（2-21）[19]。

$$S_e^2 = \sum_{i=1}^{n} (y_i - \hat{y}_i)^2 = \sum_{i=1}^{n} (y_i - a - b_1 x_1 - b_2 x_2 - \cdots - b_n x_n)^2 \qquad (2\text{-}21)$$

要使残差最小，则：

$$\frac{\partial S_e^2}{\partial a} = 0, \; \frac{\partial S_e^2}{\partial b_j} = 0, \; j = 1, \; 2, \; 3, \; \cdots, \; n \qquad (2\text{-}22)$$

将式（2-21）与式（2-22）联立并化简计算得到如下方程组：

$$a + \frac{b_1 \sum_{i=1}^{m} x_{1i}}{m} + \frac{b_2 \sum_{i=1}^{m} x_{2i}}{m} + \cdots + \frac{b_n \sum_{i=1}^{m} x_{ni}}{m} = \frac{\sum_{i=1}^{m} y_i}{m} \qquad (2\text{-}23)$$

$$a \sum_{i=1}^{m} x_{1i} + b_1 \sum_{i=1}^{m} x_{1i}^2 + b_2 \sum_{i=1}^{m} x_{1i} x_{2i} + \cdots + b_n \sum_{i=1}^{m} x_{1i} x_{ni} = \sum_{i=1}^{m} x_{1i} y_i \qquad (2\text{-}24)$$

$$a \sum_{i=1}^{m} x_{2i} + b_1 \sum_{i=1}^{m} x_{1i} x_{2i} + b_2 \sum_{i=1}^{m} x_{2i}^2 + \cdots + b_n \sum_{i=1}^{m} x_{2i} x_{ni} = \sum_{i=1}^{m} x_{2i} y_i \qquad (2\text{-}25)$$

$$\vdots$$

$$a \sum_{i=1}^{m} x_{ni} + b_1 \sum_{i=1}^{m} x_{1i} x_{2i} + b_2 \sum_{i=1}^{m} x_{1i} x_{ni} + \cdots + b_n \sum_{i=1}^{m} x_{ni}^2 = \sum_{i=1}^{m} x_{ni} y_i \qquad (2\text{-}26)$$

解方程组式（2-23）~式（2-26）得到的解就是式（2-20）中的系数 a，b_1，b_2，$\cdots$，b_n，多元线性回归方程的检验同样采用 F 检验方法[20]。

2.2.3.3　非线性回归分析

一元非线性回归分析根据散点图推测 x、y 的函数关系，一般为双曲线函数、对数函数、指数函数和 *Sigmoid* 函数等。当存在多个函数关系都可以拟合实验数据时，可选择数学形式较为简单的函数关系。非线性回归方程的确立一般分为两步：

（1）确定 x，y 的函数类型，根据实验数据绘制散点图，分析散点图的分布情况和特点，选择合适的曲线来拟合实际数据。

（2）用最小二乘法确定上步中确定的曲线方程中的未知数。

多元非线性回归分析的因变量 y 与自变量 x_1，x_2，x_3，$\cdots$，x_n 之间的回归模型见式（2-27）[21]。

$$\hat{y} = a + \sum_{i=1}^{n} b_i x_i + \sum_{i=1}^{n} b_{ii} x_i^2 + \sum_{i<k}^{n} b_{ik} x_i x_k \qquad (2\text{-}27)$$

对于许多类型的函数，可以通过一些数学变换将非线性函数关系转变为线性函数关系，这有利于研究者计算线性回归方程中的系数。

2.2.4　图表展示

实验完成之后，通常需要借助工具将实验结果呈现出来，常用的工具就是图表，利用图表可以清晰、直观地将实验结果展示出来。常用的图表有多种类型，包括柱状图、折线图、饼图、散点图、点线图和三维曲面图等，下面介绍一些常用的图表。

（1）柱状图。柱状图利用不同数据条形的长度来反映数据的差异，适用于小规模的数据。其只能在一个维度上对数据进行比较，只能用于一个变量的数据分析。简单的柱状图如图 2-9 所示。此外，柱状图还可以在三维坐标系中用柱体进行两个维度上的数据对比，如图 2-10 所示。

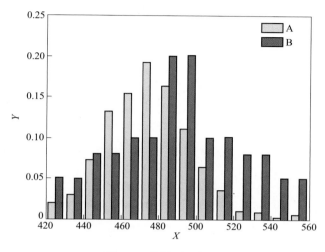

图 2-9　柱状图示例图

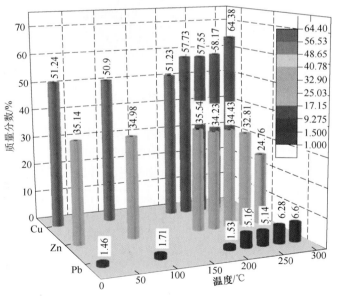

图 2-10 彩图

图 2-10　二维柱状图示例图[22]

（2）折线图。折线图用上下起伏的线段表示随时间或其他因素变化的连续数据的变化。简单的折线图如图 2-11 所示。

（3）饼图。饼图利用面积大小或占比表示数据的分布情况，适用于数据类型较少且实验数据均为正值的数据分析。简单的饼图如图 2-12 所示。

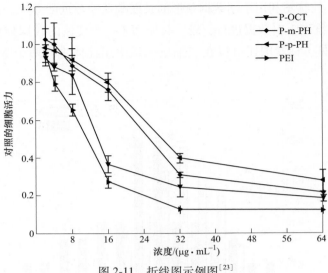

图 2-11　折线图示例图[23]

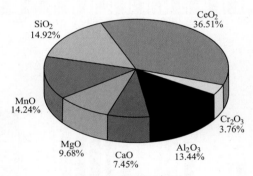

图 2-12　饼图示例图

图 2-12 彩图

（4）散点图。回归分析中，散点图在直角坐标系内用数据点表示各个数据的分布情况，可反映因变量随自变量的变化趋势。散点图还可用于判断两个变量之间是否存在相互关系，常用于跨类别的数据类型分析。简单的散点图如图 2-13 所示。

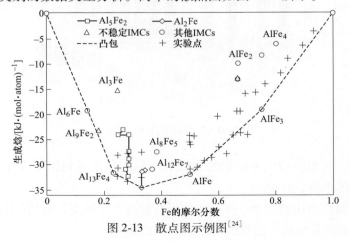

图 2-13　散点图示例图[24]

（5）点线图。点线图是根据散点图对数据进行拟合之后的符合数据变化趋势的图，可用来展示因变量随自变量的变化趋势，如图 2-14 所示。

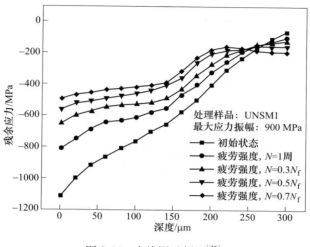

图 2-14   点线图示例图[25]

（6）面积图。面积图在平面坐标系中用各部分的面积来表示各部分数据的数量，可以用来估计数据的总值趋势，也可以用来展示整体与部分的关系，如图 2-15 所示。

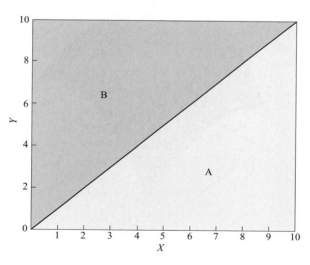

图 2-15   面积图示例图

（7）轮廓线图。轮廓线图是使用轮廓曲线和颜色深浅来表示数据的一种表示方法，可以较为明显地显示出数据之间的差异和变化趋势，如图 2-16 所示。

（8）三维曲面图。三维曲面图可以用来展示三个变量之间的相互关系，通过曲面的形状、高度和颜色等来表示数据的变化趋势，以及数据在三维空间的分布情况。简单的三维曲面图如图 2-17 所示。

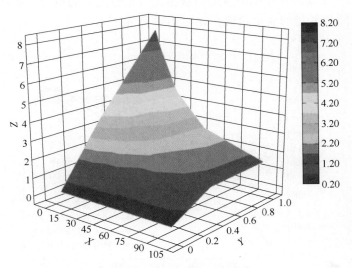

图 2-16 彩图

图 2-16　轮廓线图示例图[26]

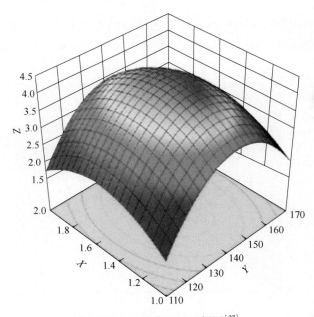

图 2-17 彩图

图 2-17　三维曲面图示例图[27]

（9）电镜图。电镜图是使用透射电子显微镜或扫描电子显微镜等仪器观察实验样品得到的微观图，能够将实验样品的微观状态清晰地显现出来，如图 2-18 所示。

（10）机理图。机理图常用来展示实验的全部或部分基本原理或工艺过程，可以使实验的过程清晰明了，如图 2-19 所示。

（11）设备图。设备图用来展示实验中用到的仪器设备的组成与功能，能够较为清晰地呈现出实验装置的内部构造，如图 2-20 所示。

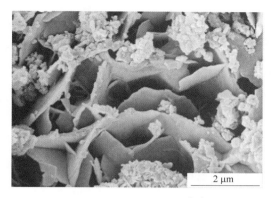

图 2-18　电镜图示例图[28]

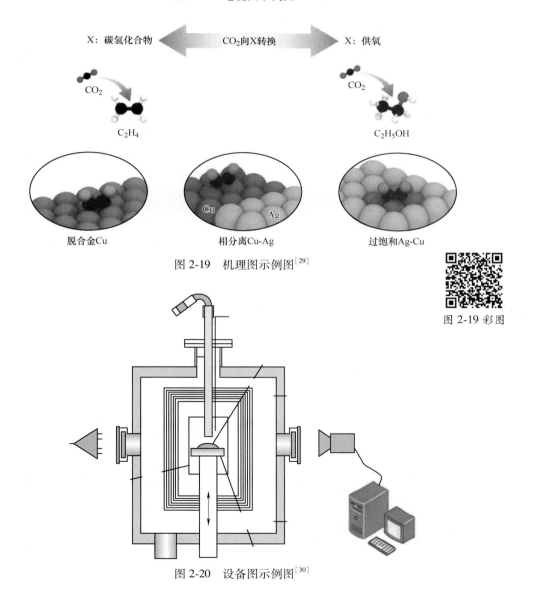

图 2-19　机理图示例图[29]

图 2-19 彩图

图 2-20　设备图示例图[30]

（12）综合图。综合图是将两个或多个简单图组合在一起的图，可以在一个坐标系下进行多组数据的对比，如图 2-21 所示。

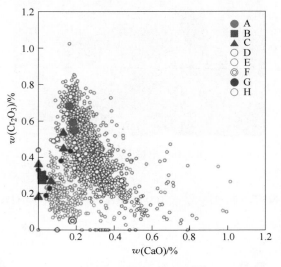

图 2-21 彩图

图 2-21　综合图示例图[31]

（13）表格。将实验数据放入一行或多行单元格，能够较为清晰地观察到数据整体，便于对实验数据进行整合与分析，简单的表格如图 2-22 所示。

1	2	3	4	6	7	8	9
1	2	3	4	6	7	8	9
1	2	3	4	6	7	8	9
1	2	3	4	6	7	8	9
1	2	3	4	6	7	8	9
1	2	3	4	6	7	8	9
1	2	3	4	6	7	8	9
1	2	3	4	6	7	8	9

图 2-22　表格示例图

2.3　小　　结

（1）科研工作中，实验的作用是不可替代的，通过正确且合理的实验，研究者可以较为准确地把握科研方向的正确性与准确性。在进行实验之前要进行合理的实验设计，包括确定研究目的、做出实验假设、选择合适的实验方法、选择合适的实验材料、设计合理的实验流程、精准控制实验变量、详细记录实验数据、统计分析实验结果和总结概括实验结论等方面。其中正确选择合适的实验方法尤为重要，需要综合考虑实验的各个方面，以提高实验的准确性和可靠性。

（2）在得到实验数据之后，为了验证实验数据的正确性与准确性，需要选择合适的方法进行数据处理，包括数据的检验、误差数据的剔除和数据回归曲线的建立等。通过实验数据的处理步骤，研究者才能得到较为准确的实验结论。

（3）选择合适的图表用来展示实验数据是科研工作中很重要的环节。在选择合适的图表之前，需要明确实验数据的类型与数量、实验结果的展示方式和读者的需求等因素。恰当的图表类型可以更好地将实验数据和结果展示出来，也方便研究者进行后续的实验分析与处理。

参 考 文 献

［1］唐明，陈宁．工程试验优化设计［M］．北京：中国计量出版社，2009．

［2］刘文卿，谢邦昌．质量控制与实验设计：方法与应用［M］．北京：中国人民大学出版社，2008．

［3］陈魁．试验设计与分析［M］．2版．北京：清华大学出版社，2005．

［4］王万中．试验的设计与分析［M］．北京：高等教育出版社，2004．

［5］王瑞生．无机非金属材料实验教程［M］．北京：冶金工业出版社，2004．

［6］宋晓岚，金胜明，卢清华．无机材料专业实验［M］．北京：冶金工业出版社，2013．

［7］刘振学，黄仁和，田爱民．实验设计与数据处理［M］．北京：化学工业出版社，2005．

［8］蔡正泳，王足献．正交设计在混凝土中的应用［M］．北京：中国建筑工业出版社，1985．

［9］袁志发，周静芋．试验设计与分析［M］．北京：高等教育出版社，2000．

［10］蒙哥马利．实验设计与分析［M］．傅珏生，张健，王振羽，等译．北京：人民邮电出版社，2009．

［11］张真真，高扬，张宝娟，等．F检验法与t检验法在煤工业值分析中的运用［J］．纯碱工业，2022（6）：10-12．

［12］李甜，龚燕华．T检验法在检验检测机构结果质量控制中的应用［J］．建筑技术开发，2021，48（11）：137-138．

［13］李濛，包蕾，胡毅，等．基于卡方检验的随机数在线检测方法的实现［J］．微电子学，2022，52（3）：388-392．

［14］白新桂．数据分析与试验优化设计［M］．北京：清华大学出版社，1986．

［15］董德元，杨节，苏敏文，等．试验研究的数理统计方法［M］．北京：中国计量出版社，1987．

［16］赵茹．区间数据回归分析［D］．天津：天津大学，2014．

［17］沈世云，杨春德，刘勇，等．数学建模理论与方法［M］．北京：清华大学出版社，2016．

［18］左国新，黄超，詹英副．数据分析实验教程［M］．武汉：华中师范大学出版社，2015．

［19］茆诗松，程依明，濮晓龙．概率论与数理统计教程［M］．3版．北京：高等教育出版社，2019．

［20］何晓群，刘文卿．应用回归分析［M］．北京：中国人民大学出版社，2001．

［21］张成军．实验设计与数据处理［M］．北京：化学工业出版社，2009．

［22］TE Z，WEI L，MING C J K，et al. Metallurgical pathways of lead leaching from brass［J］. npj Materials Degradation，2023，7（1）：1-12．

［23］张琴芳，任小雨，王爱群，等．环氧开环聚合制备的基因载体研究［J］．实验科学与技术，2020，18（2）：36-40．

［24］SHANG S L，SUN H，PAN B，et al. Forming mechanism of equilibrium and non-equilibrium metallurgical phases in dissimilar aluminum/steel（Al-Fe）joints［J］. Scientific Reports，2021，11（1）：24251．

［25］ERFAN M，OKAN U，MARIO G，et al. The effects of shot peening, laser shock peening and ultrasonic nanocrystal surface modification on the fatigue strength of Inconel 718［J］. Materials Science and Engineering：A，2021，810：141029．

［26］ LI W C, LIU K N, WU J S, et al. Numerical simulation of carbon steel atmospheric corrosion under varying electrolyte-film thickness and corrosion product porosity ［J］. npj Materials Degradation, 2023, 7 (1): 1-12.

［27］ CHEN L W, ZHAO Y H, LI M X, et al. Reinforced AZ91D magnesium alloy with thixomolding process facilitated dispersion of graphene nanoplatelets and enhanced interfacial interactions ［J］. Materials Science and Engineering: A, 2021, 804: 140793.

［28］ DONG X C, ZHAI X F, ZHANG Y M, et al. Steel rust layers immersed in the South China Sea with a highly corrosive Desulfovibrio strain ［J］. npj Materials Degradation, 2022, 6 (1): 1-14.

［29］ KIM J Y, AHN H S, KIM I, et al. Selective hydrocarbon or oxygenate production in CO_2 electroreduction over metallurgical alloy catalysts ［J］. Nature Synthesis, 2023, 3 (4): 452-465.

［30］ GAO L, HUANG Y, ZHAN W, et al. Interfacial phenomenon and Marangoni convection of Fe-C melt on coke substrate under in situ observation ［J］. Scientific Reports, 2023, 13 (1): 15547.

［31］ NAKASHIMA D, NAKAMURA T, ZHANG M M, et al. Chondrule-like objects and Ca-Al-rich inclusions in Ryugu may potentially be the oldest Solar System materials ［J］. Nat. Commun. , 2023, 14 (1): 532.

3 高温实验

3.1 钢液脱氧实验

3.1.1 实验目的

非金属夹杂物是影响连铸坯质量的一个重要因素，控制不当会造成连铸坯修磨工作量的增加，甚至产生废坯。钢的机械性能很大程度上受能产生应力集中的夹杂物和沉淀析出物的体积、尺寸、分布、化学成分以及形态的影响，而大部分的非金属夹杂物都是在脱氧过程中产生的。钢液脱氧是生产洁净钢的重要技术，对精炼过程中夹杂物的去除、夹杂物类型的控制、组织的细化以及钢性能的提高有重要的作用。因此，有必要研究在一定溶解氧条件下加铝脱氧后钢液洁净度以及夹杂物的特征变化（包括夹杂物形貌、尺寸和数量等），从而得到加铝脱氧后夹杂物的生成与长大机理，并依此更深入地理解工业生产脱氧过程中夹杂物的变化规律。由于实际生产中钢液搅拌强度较大，钢中夹杂物上浮去除很快，容易导致小块试样中夹杂物较少而不具备代表性，因此本实验采用实验室小炉试验的方法。实验中不吹氩搅拌，坩埚底部取样位置夹杂物含量的减少纯粹依靠浮力上浮去除，去除量较少，因此能够保证所取试样中有足够多的夹杂物，以便更好地对脱氧后夹杂物形貌的变化进行观测分析。

3.1.2 实验方法

实验用到的主要设备为高温硅钼电阻炉，其示意图如图 3-1 所示，实验过程全程吹氩保护。以 500 g 正常浇铸条件下的 SPHC 连铸坯样为母铁（主要成分见表 3-1），熔于 MgO 坩埚，在 1600 ℃下保温半小时以使钢液成分和温度稳定，之后加入 Fe_2O_3 来增加钢中溶解氧，约 10 min 待钢液稳定后采用氧化锆定氧探头测定钢中溶解氧含量，随后加入铝丝对钢液脱氧并取样。

为了能够立即取到加铝脱氧后的钢液试样，本实验设计了图 3-2 所示的取样方法，脱氧时用铝丝一端绑在取样用石英管的下端，另一端拧成团，悬于石英管下面，在绑有铝丝的石英管插入至坩埚底部后立即开始抽吸钢液，并将抽吸的钢液立即放入凉水中冷却，此时所取试样认为是脱氧后 0 min 时的试样。实验所用石英管内径为 6 mm，所取试样很小，因此可以实现较快速冷却。取完加铝脱氧的试样后再对钢液进行定氧，而后每隔一定时间用石英管吸取钢水样，取样位置位于坩埚底部，所取试样采用水冷。所取试样中的钢中总氧（T.O）和［Al］含量由钢铁研究总院国家钢铁材料测试中心进行检测。试样磨平抛光后采用 ASPEX 自动扫描电子显微镜对其中的夹杂物数量、尺寸、面积和二维形貌等进行统计分析。同样，采用 3.1.1 节所描述的夹杂物萃取方法得到部分试样中的夹杂物，对其喷碳后利用扫描电子显微镜（SEM）观测脱氧后不同保温时间下 Al_2O_3 夹杂物的三维形貌。

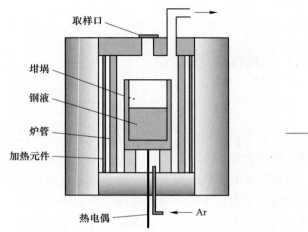

图 3-1　实验用高温硅钼电阻炉示意图[1]

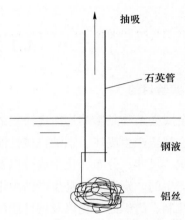

图 3-2　加铝脱氧时的取样方法图[1]

表 3-1　试验用母铁成分[1]

元　素	C	Si	Mn	P	S
含量（质量分数）/%	0.05	0.01	0.18	0.006	0.005

3.1.3　实验结果

图 3-3 为试样 T.O 和［Al］含量随加铝脱氧后保温时间的变化，由图可以看到，T.O

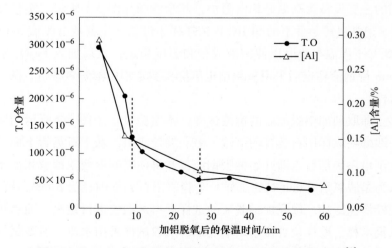

图 3-3　T.O 和［Al］含量随加铝脱氧后保温时间的变化图[1]

和［Al］含量都随着保温时间的增加而减少，并且 T.O 含量的下降分为三个阶段，第一阶段为加铝脱氧后的 0~9 min，T.O 含量快速下降，速率约为 18.78×10^{-6}/min；第二阶段为加铝脱氧后的 9~27 min，T.O 含量下降速率有所减小，约为 4.17×10^{-6}/min；第三阶段为加铝脱氧后的 27~57 min，T.O 含量下降缓慢，速率约为 0.60×10^{-6}/min。

　　图 3-4 为钢中夹杂物面积分数和平均直径随加铝脱氧后保温时间的变化。夹杂物平均尺寸变化的不同阶段代表了夹杂物的不同行为，第一阶段中夹杂物的聚合占主导地位，即在这个阶段小尺寸夹杂物的聚合使得较大尺寸夹杂物的生成速率大于上浮去除速率，引起大尺寸夹杂物比重的增加，所以夹杂物平均尺寸呈增加趋势。在第二阶段中，由于夹杂物粒子的减少，由小尺寸夹杂物聚合而成的大尺寸夹杂物的生成速率要小于其上浮去除速率，使得大尺寸夹杂物数量比重不断下降，造成夹杂物平均尺寸减小，即第二阶段夹杂物的上浮占主导地位。在第三阶段中，由于之前大量夹杂物的聚合上浮，造成此时坩埚底部夹杂物数量较少，尺寸也较小，增加了聚合上浮难度，因此变化缓慢。

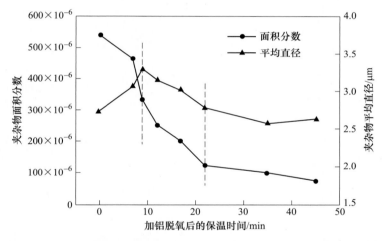

图 3-4　夹杂物面积分数和平均直径随加铝脱氧后保温时间的变化图[1]

　　加铝脱氧过程中夹杂物的三维形貌变化如图 3-5 所示。通过以上对加铝脱氧后不同时间 Al_2O_3 夹杂物数量和形貌变化的研究，发现在加铝脱氧初始时刻钢液中生成了大量不同形貌类别的 Al_2O_3 单体粒子，而后随着时间的延长，粒子间发生聚合长大以及上浮，在粒子聚合后会发生高温烧结，使得聚合后的多面体夹杂合为一体，而簇状夹杂物形貌则逐渐转变为珊瑚状。在加铝脱氧的初始阶段，根据反应溶质元素过饱和度和浓度均匀性的变化，生成了不同形貌的初始 Al_2O_3 夹杂物单体粒子。随着溶质元素过饱和度的降低，依次生成了球状夹杂物、枝晶状夹杂物、簇状夹杂物、花瓣状夹杂物、带尖角的薄片状夹杂物和不规则多面体夹杂物等。其中部分大尺寸夹杂物开始上浮，同时，大量不同形貌的夹杂物单体粒子也会聚合到一起，并伴随着一定量的上浮。此时，聚合在一起的夹杂物之间的连接面还比较小，相互间的空隙大，排列杂乱无章。在加铝脱氧 7 min 时观察到的大量聚合形貌夹杂物都呈现不规则的聚合状态，在聚合的簇群里包含有各种形貌夹杂物单体粒子，它们的排列杂乱无章，没有秩序，由此可知它们之间刚聚合不久，夹杂物之间还未来得及烧结紧密，聚合体也还未来得及重排。加铝脱氧 9 min 后观察到的夹杂物形貌包括由簇状或枝晶状夹杂物聚合形成的大尺寸簇群夹杂物、烧结前后的多面体和球形粒子聚合形成的夹杂物形貌。在加铝脱氧 12 min 后依然有不少大尺寸簇群状夹杂物，但是通过观察可以发现，由于夹杂物的高温烧结作用，此时的夹杂物棱角较之前更少，枝干变得更为光滑圆润，夹杂物形貌正慢慢向珊瑚状转变。由此可知，初始阶段时夹杂物粒子聚合形成簇状夹杂物，之后烧结作用使粒子之间变得紧密，因为烧结过程有降低界面面积的趋势，因此，随着烧结过程的进行簇状夹杂物枝干逐渐向球形转变，并且变得更加光滑，并最终转变为珊瑚状形貌。

图 3-5　加铝脱氧过程中夹杂物的三维形貌变化图[1]
（a）加铝脱氧初始；（b）加铝脱氧 7 min；（c）加铝脱氧 9 min；（d）加铝脱氧 12 min

3.2　合金扩散实验

3.2.1　实验目的

　　铁合金在广义上是指炼钢时作为脱氧剂、合金添加剂等原料加入铁水中以得到具备某种特性或达到某种要求的钢产品；狭义上是指铁与一种或几种元素组成的中间合金。在钢铁工业中一般还把所有炼钢过程中使用的中间合金，不论含铁与否（如硅钙合金等），都称为铁合金。铁合金是炼钢过程中常用的脱氧剂和合金添加剂，还在铸铁生产中用作孕育剂来改善铸件的结晶组织。铁合金的加入可改善钢的理化性能和铸件的机械性能，其产量、品种及质量直接影响钢铁工业的生产和发展。

界面扩散现象可以揭示化学反应初期元素的扩散、界面形貌的变化和反应层的成分变化。在高温反应过程中，通常较难实现对整个反应过程的完整观察，通过初始阶段界面扩散实验可以较好地研究高温下物质的熔化和扩散过程。铁合金中的残余元素对钢液洁净度有较大的影响，为了研究铁合金中残余元素对钢液洁净度的影响，对铁合金加入钢液后初始熔化过程的研究尤为重要。因此，为了明确硅铁合金中残余元素铝和钙对钢液洁净度的影响，对硅铁合金在钢液中初始熔化过程的残余元素铝和钙的分布机理的研究十分必要。

3.2.2　实验方法

实验过程使用的硅铁合金为高铝高钙硅铁合金，其成分为 T.Al（钢中总铝）4.00%（质量分数）和 T.Ca（钢中总钙）3.08%（质量分数）。实验具体步骤如下：

（1）将硅铁合金块和钢块打磨光亮，去掉表层氧化层，硅铁合金块为 $\phi 8\ mm \times 10\ mm$ 的圆柱，钢块质量为 500 g 左右，所用坩埚为高纯 MgO 坩埚，内径为 40 mm，高为 100 mm。

（2）将装有钢块的坩埚放入硅钼炉中加热，MgO 坩埚外面套有石墨保护坩埚并加上石墨盖子防止氧化，在 Ar 保护气氛下以 10 ℃/min 的速率加热至 1550 ℃，通入的 Ar 流量为 3 L/min。

（3）温度达到 1550 ℃时保温 30 min，然后将装有硅铁合金块的石英管插入钢液中，此时开始计时，分别在插入后 1 s、2 s、5 s、10 s、20 s 和 30 s 时将石英管迅速取出并水冷。

实验过程和取样装置示意图如图 3-6 所示。

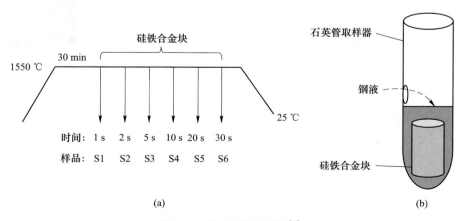

图 3-6　实验过程示意图[2]

（a）取样过程；（b）取样装置

3.2.3　实验结果

高铝高钙硅铁合金与硅锰脱氧钢钢液接触不同时间后界面的微观形貌如图3-7所示。微观形貌包括钢液区域、扩散区域、熔化区域、过渡区域和未熔区域五个区域。其中钢液区域为硅锰脱氧钢原始成分区域，无孔洞分布；扩散区域相邻钢液区域，和钢液区域形貌类似，但其中弥散分布大量黑色含钙颗粒；熔化区域相邻扩散区域，其中弥散分布大量含钙颗粒、含铝和钙杂质相以及块状硅铁相；过渡区域中分布大量灰白色块状硅铁相，无深灰色纯硅相；未熔区域为原始硅铁相组成区域，其中有含铝和钙杂质相、深灰色纯硅相和浅灰色硅铁相。未熔区域靠近过渡区域的位置有孔洞出现，这是因为硅铁相熔点约为1300 ℃，而纯硅相熔点为1410 ℃，高温下硅铁相先熔化。此外，两区域中间有明显的裂缝，这是因为合金在高温下取出后在冷却凝固过程发生收缩。接触时间在10 s以内时，不同区域界面明显，随着接触时间的增长，熔化区域和扩散区域也会出现孔洞，这是因为硅铁合金熔化后扩散不均匀。

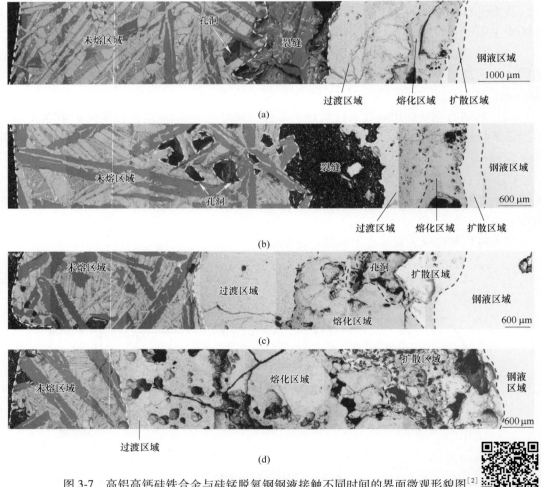

图3-7　高铝高钙硅铁合金与硅锰脱氧钢钢液接触不同时间的界面微观形貌图[2]

(a) 1 s；(b) 2 s；(c) 5 s；(d) 10 s

图3-7 彩图

接触不同时间后扩散区域与钢液界面处成分线扫描结果如图 3-8 所示。硅元素含量从扩散区域到钢液区域逐渐降低，铁元素含量变化呈相反的趋势。扩散区域和钢液界面处，氧元素和钙元素含量很低且基本不变，表明钙元素在高温下形成钙气泡逸出。相反，铝元素在扩散区域中含量更高，表明硅铁合金中含铝和钙杂质相在高温下逐渐熔化后分离，其中钙元素在扩散区域靠近钢液区域处逐渐气化形成钙气泡，铝元素均匀溶解在硅铁合金熔体中。接触时间为 20 s 时，硅铁合金已完全熔化，但在熔化区域中有明显的孔洞分布，可能是高温下形成大量的钙气泡逸出导致。此时，仍有部分含铝和钙杂质相呈细条状交织均匀分布在硅铁相中，其中硅铁相组成大致为 Fe-Si，含铝和钙杂质相中钙元素含量较高，为 32.1%（质量分数），铝元素含量为 8.9%（质量分数）。接触时间为 30 s 时，硅铁合金完全熔化后未出现明显孔洞，表明硅铁合金完全熔化后已扩散均匀。此时未观察到含铝和钙复合杂质相，说明含铝和钙杂质相中铝元素和钙元素已完全分离。

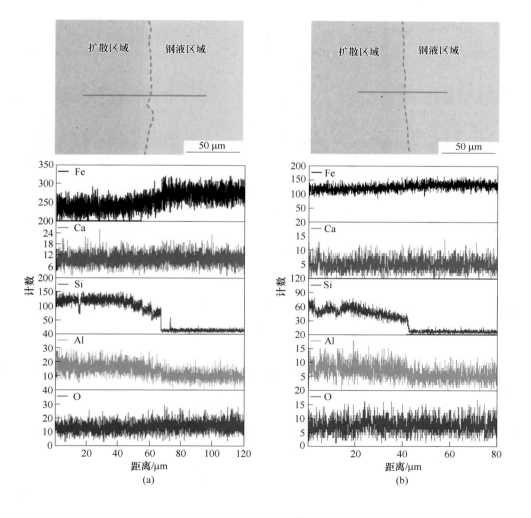

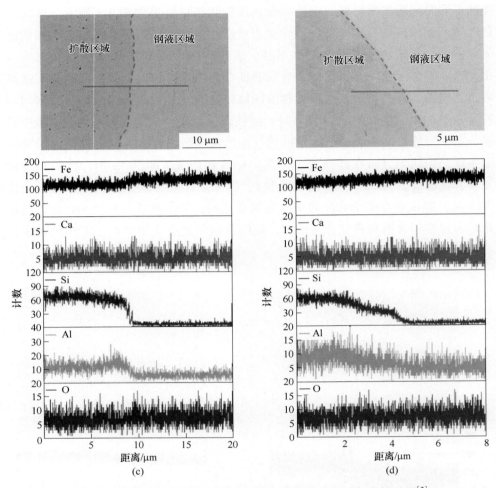

图 3-8   接触不同时间后扩散区域与钢液界面处成分线扫描结果图[2]

(a) 1 s; (b) 2 s; (c) 5 s; (d) 10 s

3.3   合金处理实验

3.3.1   实验目的

合金处理是调整钢液化学成分、改性钢中夹杂物以及细化钢的晶粒组织的重要手段。常见的合金处理主要包括钙处理、镁处理、钛处理和稀土处理等。一方面,这些合金元素化学性质较为活泼,可以有效地将钢中的第二相粒子改性;另一方面,这些元素合金处理后生成的夹杂物粒子在熔点、变形能力和与钢基体的错配度等方面具有特殊的性质,可以实现钢铁材料的质量或性能提升。比如,钙处理可以将高熔点的 Al_2O_3 夹杂物改性为低熔点的钙铝酸盐夹杂物,抑制连铸过程中的水口结瘤。镁处理、钛处理或稀土处理可以改性钢中夹杂物,形成的夹杂物粒子可以诱导针状铁素体形成或钉扎奥氏体晶界,从而实现钢基体的晶粒细化。因此,有必要通过合金处理实验,研究不同合金元素种类和含量对钢铁材料性能影响的定量关系，确定有利于钢铁材料性能提升的最优合金处理加入制度。

3.3.2　实验方法

实验所用原料为电解铁及高纯铝粒（99.999%）。电解铁成分见表3-2。使用真空感应炉将电解铁及高纯铝粒熔化，配置成铝含量为0.04%的母铁合金，然后将试样加热锻造成一根直径为25 mm的圆棒。通过图3-9中所示的电阻炉开展合金处理实验，具体实验步骤如下：

（1）将400 g母铁合金放入直径为30 mm，高度为120 mm的高纯MgO坩埚中，使用硅钼电阻炉以5 K/min的加热速率加热至1873 K，通入的Ar流量为5 L/min。

（2）当温度升温至1873 K后保温10 min，将用铁皮包裹着的硅钙合金加入到钢液中，加入的硅钙合金质量分别为0.2 g、0.5 g、1.2 g、2.3 g和4.6 g。

（3）分别在加入硅钙合金1 min、5 min、10 min、15 min和20 min后用石英管取样并进行水冷，如图3-10所示，实验后将坩埚内试样取出，观察研究钙处理后不同时间钢中夹杂物成分、形貌及数量等变化特征。

（4）使用SEM检测坩埚样品中夹杂物的成分。使用电感耦合等离子体光谱仪（ICP）分析钢中铝、钙、镁等元素成分。使用LECO ONH836氧氮氢分析仪检测T.O含量和钢中氮含量。

（5）将镶嵌后的试样打磨抛光后使用SEM分析试样中的夹杂物数量、尺寸及形貌，设置的夹杂物最小扫描尺寸为1 μm。

表 3-2　实验用电解铁成分

元素	C	Si	Mn	P	T.S（钢中总硫）	T.O	Fe
含量	$<5×10^{-6}$	$<5×10^{-6}$	$<5×10^{-6}$	$<5×10^{-6}$	$6×10^{-6}$	$70×10^{-6}$	其余

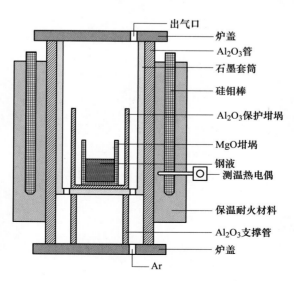

图 3-9　合金处理实验用电阻炉示意图[3]

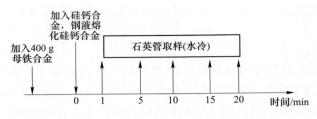

图 3-10　实验过程取样流程示意图[3]

3.3.3　实验结果

钙处理前后夹杂物的典型形貌如图 3-11 所示。加钙前的样品中，夹杂物主要为 Al_2O_3 夹杂物，夹杂物形状不规则，多为尖角状或块状，也能观察到一些棒状夹杂物以及小部分聚合到一起的形状不规则的夹杂物。钙处理后，夹杂物为不规则的块状及尖角状，能够观察到一些接近球状的夹杂物，很少见到多个块状夹杂物聚集到一起的情况。

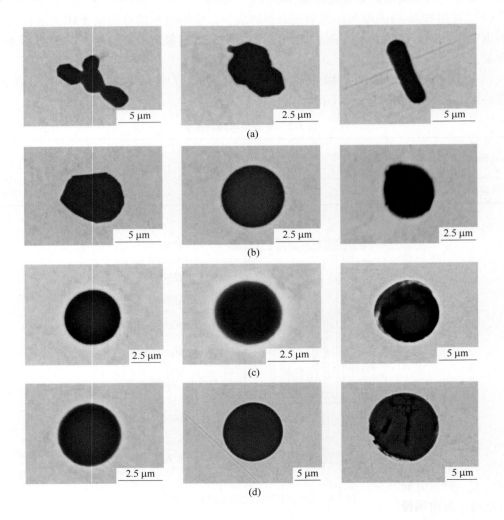

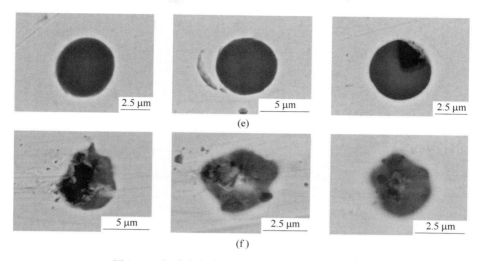

图 3-11　钢液中夹杂物形貌随钙含量的变化图[3]

（a）加钙前；（b）加 8×10⁻⁶钙后；（c）加 20×10⁻⁶钙后；
（d）加 23×10⁻⁶钙后；（e）加 30×10⁻⁶钙后；（f）加 76×10⁻⁶钙后

　　图 3-12 为夹杂物成分的热力学计算结果与实验结果的对比。随着加钙量的增加，夹杂物中 CaO 含量增加，夹杂物由固态夹杂物转变为液态夹杂物，随着加钙量的进一步增加，夹杂物又重新变为固态。固态的钙铝酸盐类夹杂物呈不规则的块状，液态的钙铝酸盐夹杂物呈规则的球状。钢液中夹杂物为液态时，数量相对较多，平均尺寸相对较小。

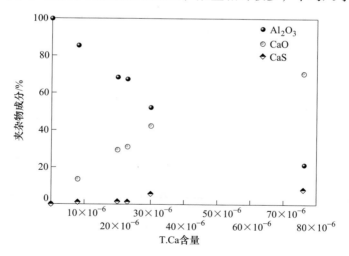

图 3-12　钙含量对钢中夹杂物成分的改性效果图[3]

　　图 3-13 为前述实验得到的钙含量对夹杂物数密度的影响，当钢中钙含量为 8×10⁻⁶、30×10⁻⁶和 76×10⁻⁶时，夹杂物主要为固态，数密度相对较低，并且随时间的延长，夹杂物数密度变化不大。当钢中钙含量为 20×10⁻⁶和 23×10⁻⁶时，夹杂物在钢液中主要为液态，数密度较大，随着时间的延长，数密度增加。当钢中钙含量为 76×10⁻⁶时，钢中溶解钙含量相对较高，对坩埚侵蚀相对较多，夹杂物数密度略微增加。

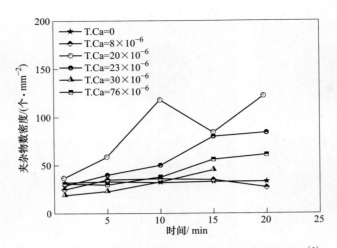

图 3-13　钢液中夹杂物数密度随时间和钙含量的变化图[3]

图 3-14 中，钢液中夹杂物平均尺寸逐渐降低，这主要是夹杂物上浮去除引起的。与不加钙相比，钙处理后夹杂物平均尺寸呈现降低的趋势。当钢中钙含量为 $20×10^{-6}$ 和 $23×10^{-6}$ 时，此时夹杂物在钢液温度下为液态，平均尺寸相对较小，并且随着时间的增加，夹杂物平均尺寸呈降低趋势，夹杂物聚集长大现象不明显。当钢中钙含量为 $8×10^{-6}$、$30×10^{-6}$ 以及 $76×10^{-6}$ 时，此时夹杂物在钢液中为固态，夹杂物平均尺寸有所增加。

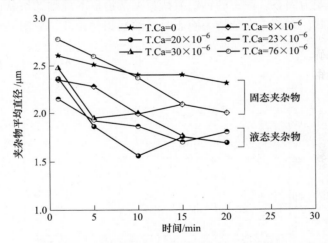

图 3-14　钢液中夹杂物的平均尺寸随时间和钢中钙含量的变化图[3]

图 3-15 为钢液中夹杂物面积分数随时间和钢中钙含量的变化情况。当钢中钙含量为 $20×10^{-6}$ 和 $23×10^{-6}$ 时，由于液态夹杂物较难去除，容易停留在钢液中，而小于 1 μm 的夹杂物不断聚集，因此夹杂物面积分数从 $100×10^{-6}$ 逐渐增加至约 $300×10^{-6}$。当钢中钙含量为 $8×10^{-6}$ 和 $30×10^{-6}$ 时，固态夹杂物较容易去除，夹杂物面积分数变化不大，夹杂物面积分数保持在 $100×10^{-6}$ 左右。当钢中钙含量为 $76×10^{-6}$ 时，钢中溶解钙含量较高，对坩埚侵蚀程度增加，钢液洁净度降低，因此夹杂物面积分数增加，但夹杂物面积分数仍低于钢中钙含量为 $20×10^{-6}$ 和 $23×10^{-6}$ 的结果。

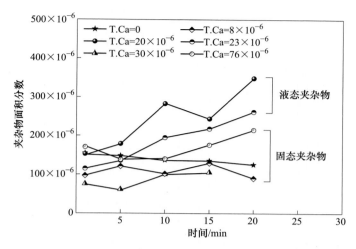

图 3-15　钢液中夹杂物面积分数随时间和钢中钙含量的变化图[3]

3.4　渣钢反应实验

3.4.1　实验目的

渣钢反应是钢铁材料铁水预处理、炼钢、精炼和连铸过程中的重要反应过程。在铁水预处理过程中，渣钢反应会影响铁液的脱硫效果（脱硫结束后需要将脱硫渣扒除干净避免后续冶炼过程中回硫）。转炉或电炉冶炼过程中，渣钢反应有利于钢液脱磷的进行。在炉外精炼过程中，渣钢反应具有脱硫、脱氧、杂质元素去除和夹杂物改性等方面的作用。在中间包浇铸过程中，中间包覆盖剂与钢液的反应对钢液洁净度也有重要影响。在结晶器连铸过程中，渣钢反应对保护渣的性质会有重要作用，直接影响最终的连铸坯质量。可以说，渣钢反应是整个炼钢过程中提升钢液洁净度和改善连铸坯质量的重要方法。工业试验过程中，影响因素较多，试验成本较高，很难通过工业试验进行大量的渣成分对钢液质量影响的实验。因此，有必要通过实验室渣钢反应实验对不同的精炼渣成分进行优化设计，确定有利于提升钢液质量的最优精炼渣的成分体系。

3.4.2　实验方法

渣钢反应实验前，首先使用双铂铑热电偶对硅钼电阻炉 1873 K 温度下的恒温区的位置进行测量，得到 1873 K 下炉管内恒温区所处的位置和恒温区的高度。实验装置图如图 3-16 所示。实验过程中详细的操作步骤如下：

（1）将 150 g 的 304 不锈钢连铸坯钢样与 30 g 精炼渣料装入 MgO 坩埚中，并将坩埚放置于恒温区，封闭硅钼电阻炉上下端。

（2）从硅钼电阻炉下端通入高纯度的 Ar 和 3%H_2，排空 10 min 后，准备升温。

（3）分两段升温，首先将炉内温度升高到 1273 K，保温 5 min，然后将温度升高到 1873 K，由此作为实际渣钢反应的计时起点，保温 2 h。

（4）当硅钼电阻炉内钢液/精炼渣反应达到预定时间以后，试样经过 1 h 在炉体内缓冷到 1573 K，将坩埚由炉内取出，空冷到室温，然后进行钢渣分离。

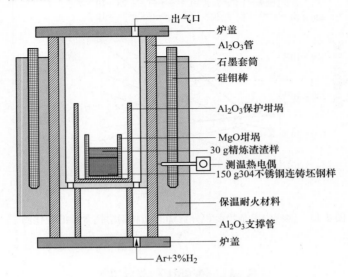

出气口
炉盖
Al₂O₃管
石墨套筒
硅钼棒
Al₂O₃保护坩埚
MgO坩埚
30 g精炼渣渣样
测温热电偶
150 g304不锈钢连铸坯钢样
保温耐火材料
Al₂O₃支撑管
炉盖
Ar+3%H₂

图 3-16　渣钢反应实验装置图

为了保证和现场的一致性，实验室的实验在现场 AOD 炉生成的炉渣的基础上混入一定量的其他渣料进行精炼渣成分调整，其加入的精炼渣具体成分见表 3-3，分别调整精炼渣碱度为 1.0、1.1、1.2、1.3、1.4、1.5、1.8、2.0 和 2.3。实验用连铸坯成分见表 3-4。

表 3-3　实验反应前加入的精炼渣的化学组成[4]　　　　（质量分数,%）

编号	碱度	CaF₂	CaO	SiO₂	MgO	Al₂O₃	S	合计
R1	1.0	20.0	37.8	37.8	2.8	0.7	0.9	100
R2	1.1	20.0	39.4	35.9	3.0	0.7	1.0	100
R3	1.2	20.0	41.1	34.1	3.1	0.7	1.0	100
R4	1.3	20.0	42.4	32.6	3.2	0.8	1.0	100
R5	1.4	20.0	43.7	31.2	3.3	0.8	1.1	100
R6	1.5	20.0	44.8	29.9	3.4	0.8	1.1	100
R7	1.8	20.0	47.4	27.0	3.6	0.9	1.1	100
R8	2.0	20.0	49.5	24.7	3.7	0.9	1.2	100
R9	2.3	20.0	51.4	22.6	3.9	0.9	1.2	100

表 3-4　实验反应前加入的连铸坯的化学组成[4]　　　　（质量分数,%）

元素	[C]	[Si]	[Mn]	[S]	[P]	[Cr]	[Ni]	[Al]	[Ti]	[Ca]	T.O	[N]
含量	0.048	0.48	1.06	0.003	0.024	18.11	8.00	0.0018	0.003	0.0003	0.0050	0.037

3.4.3 实验结果

经过 2 h 的渣钢反应之后，钢液成分发生了变化，分别对钢中的 T. O、T. S、［Al］、T. Ca 和 T. Mg（钢中总镁）含量进行了分析。其中选取反应后钢中的 T. O 变化进行具体分析，结果如图 3-17 所示。随着精炼渣的碱度从 1.0 增加到 2.3，T. O 含量逐渐下降，因此，高碱度精炼渣有利于不锈钢洁净度的控制。对［Al］、T. Mg、T. Ca 和 T. S 含量随精炼渣碱度的变化作图，如图 3-18 所示。随着精炼渣碱度的增加，T. S 含量逐渐降低，表明高碱度精炼渣有利于不锈钢的脱硫。精炼渣碱度从 1.0 增加到 1.8 的过程中，［Al］、T. Mg 和 T. Ca 含量略有增加；当精炼渣碱度超过 1.8 以后，随着精炼渣碱度的增加，［Al］、T. Mg 和 T. Ca 含量迅速上升。因此，为了降低钢中的［Al］含量，应适当降低精炼渣碱度。

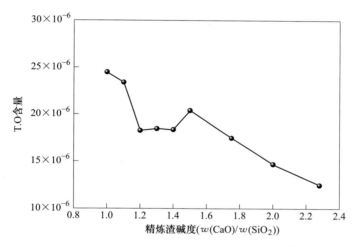

图 3-17 T. O 含量随精炼渣碱度的变化图[5]

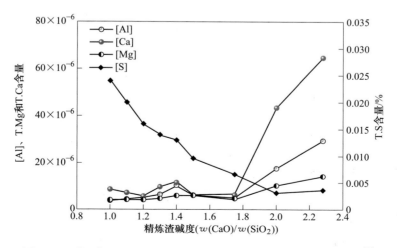

图 3-18 ［Al］、T. Mg、T. Ca 和 T. S 含量随精炼渣碱度的变化图[5]

夹杂物成分随精炼渣碱度变化的演变如图 3-19 所示。在图 3-19（a）中，随精炼渣碱度增加，夹杂物中的 MgO、Al_2O_3、CaO 和 TiO_2 含量缓慢增加，当精炼渣碱度超过 1.8 以后，Al_2O_3 含量明显增加。在图 3-19（b）中，SiO_2 和 MnO 含量随精炼渣碱度增加而降低。成分变化说明低碱度有利于夹杂物中 Al_2O_3 的去除和夹杂物的低熔点化控制。

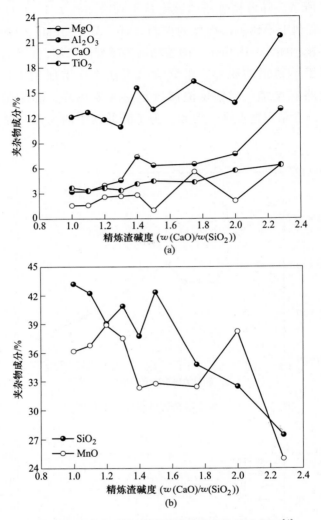

图 3-19　夹杂物成分随精炼渣碱度变化的演变图[4]
（a）MgO、Al_2O_3、CaO 和 TiO_2 含量变化；（b）SiO_2 和 MnO 含量变化

夹杂物数密度和尺寸随精炼渣碱度变化的演变如图 3-20 和图 3-21 所示。在图 3-20 中，随精炼渣碱度从 1.0 增加到 2.28，不锈钢中夹杂物的数量从 1.9 个/mm^2 降低到 1.1 个/mm^2，说明低碱度条件下，钢中夹杂物数量较多，不锈钢洁净度较低，这与低碱度下 T.O 含量较高一致。在图 3-21 中，随精炼渣碱度从 1.0 增加到 2.28，不锈钢中夹杂物的平均直径从 4.2 μm 降低到 0.6 μm，说明低碱度条件下的液态夹杂物尺寸大于高碱度下的固态夹杂物尺寸。

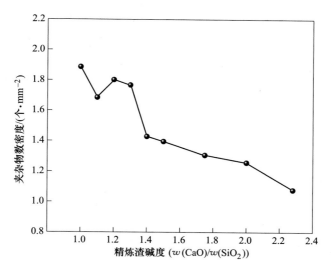

图 3-20　夹杂物数密度随精炼渣碱度变化的演变图[4]

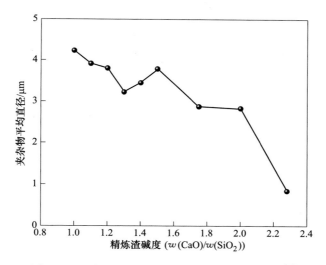

图 3-21　夹杂物尺寸随精炼渣碱度变化的演变图[4]

3.5 耐火材料侵蚀实验

3.5.1 实验目的

随着各行各业对钢材性能和质量的要求逐渐增加，对钢铁材料的洁净度需求也逐渐增加，耐火材料的选择在洁净钢冶炼过程中的作用逐渐得到人们的重视。比如钢包内衬、中间包内衬和浸入式水口等都会使用到耐火材料，这些耐火材料会影响钢的清洁度和可浇铸性。耐火材料作为钢铁冶炼过程中高温反应容器的内衬，熔渣与钢液会对耐火材料进行侵蚀，严重限制了冶炼过程中耐火材料的使用寿命[6-7]。高温有利于促进冶金反应器内的流体流动，以此来增加生产效率和产品质量，但同时也加速了耐火材料内衬的侵蚀和磨损速率，导致钢中的非金属夹杂物数量增加。提高耐火材料对钢液的抗侵蚀性已成为炼钢工艺发展的重点和难点之一。因此，有必要研究钢液的成分和温度、钢液与耐火材料的反应时间和钢液对耐火材料的冲刷速率对耐火材料的侵蚀程度和钢液的洁净度的影响。

3.5.2　实验方法

本实验所用钢为国内某钢厂连铸生产的加铝脱氧钢坯，原始钢成分见表 3-5，实验所用镁碳砖（耐火材料）成分见表 3-6。实验前的准备工作包括将钢块打磨清洗并称量好 400 g 放入 Al_2O_3 坩埚中；将镁碳砖放入 100 ℃ 的恒温烘箱中以备使用；将 20%（质量分数）Ce-Fe 合金粉碎成细小颗粒，称量好并用铁皮包裹。实验都是在硅钼电阻炉中进行，如图 3-22 所示。实验过程如图 3-23 所示，将盛有钢块的 Al_2O_3 坩埚放到硅钼电阻炉中，全程通入 Ar 来保证炉内惰性气氛，电阻炉升温至 1600 ℃，等钢块完全熔化后使用钼棒将实验所需的 Ce-Fe 合金插到钢中搅拌均匀并计时，5 min 后用石英管取样器取 1#原始稀土钢水冷样，即反应前钢样，之后将镁碳砖在炉管上方预热 5 min 后再插到钢水中反应不同时间（分别为 15 min、45 min、90 min 和 120 min），实验结束时取 2#试样，将坩埚-钢液-镁碳砖一起取出水冷。使用配有能谱的扫描电子显微镜（SEM-EDS）分析钢/耐火材料的界面形貌和成分，同时使用夹杂物自动扫描系统检测钢中夹杂物数量、尺寸及形貌。使用 ICP 分析钢中 Ce 含量和 Mg 含量。

表 3-5　实验用钢成分表

元　素	Al	Si	Mg	S	P	T.O	C	N	Fe
含量（质量分数）/%	0.25	1	0.0004	0.0022	0.01	0.001	0.002	0.002	其余

表 3-6　实验用镁碳砖成分表

成　分	MgO	C	Al	Si	CaO	Fe_2O_3	其他
含量（质量分数）/%	77.6	10	4.91	4.41	2.09	0.6	≤ 0.39

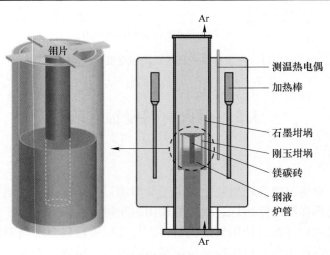

图 3-22　耐火材料侵蚀实验装置图[8]

图 3-22 彩图

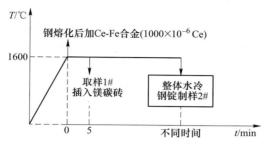

图 3-23 耐火材料侵蚀实验过程图[8]

3.5.3 实验结果

镁碳砖与含 Ce 稀土钢反应后界面形貌如图 3-24 所示，镁碳砖与含 Ce 稀土钢反应 15 min 时会在界面形成 Ce_2O_2S-MgO-CaO-CaS-CeP 复合反应层界面，如图 3-24（a）所示；反应 45 min 时，界面处新生成较为明显的没有贴附在镁碳砖表面的 MgO 层，以及 Ce_2O_2S-MgO 复合层，如图 3-24（b）所示；反应 90 min 时，含 Ce 的反应层进一步增厚，界面层中不再含 P，部分 Ce_2O_2S 开始从之前的复合层中逐渐分离并独立存在，如图 3-24（c）所示；

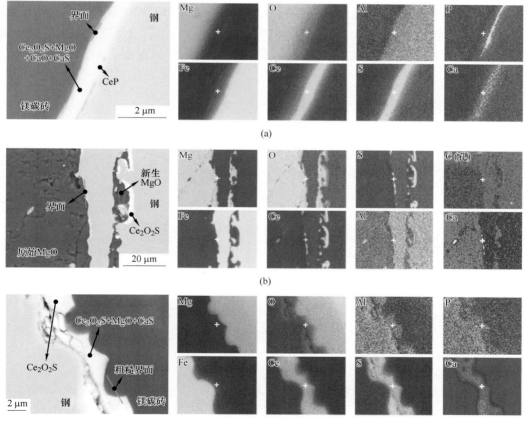

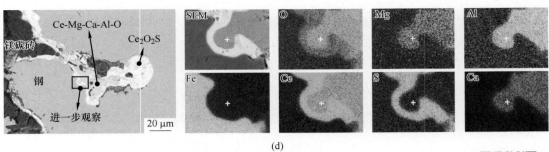

(d)

图 3-24　钢/镁碳砖界面形貌图[8]

(a) 15 min；(b) 45 min；(c) 90 min；(d) 120 min

图 3-24 彩图

反应 120 min 时，Ce 对镁碳砖有更为严重的反应和侵蚀，界面处镁碳砖和反应层的剥落也更为严重，一起剥落进钢中的大尺寸剥落物是含 Ce 的反应层与其夹带的镁碳砖颗粒，如图 3-24 (d) 所示。

　　钢中 Ce 含量变化趋势如图 3-25 (a) 所示，实验反应前钢中 Ce 含量为 760×10^{-6}，不同反应时间后钢中剩余 Ce 含量分别为 203×10^{-6}、155×10^{-6}、107×10^{-6} 和 85×10^{-6}，钢中剩余 Ce 含量随反应时间越来越少。反应前钢中 Mg 含量为 11×10^{-6}，反应 15 min 后钢中 Mg 含量为 46×10^{-6}，反应 45 min 后达到最多的 52×10^{-6}，之后开始逐渐下降，变化趋势如图 3-25 (b) 所示。

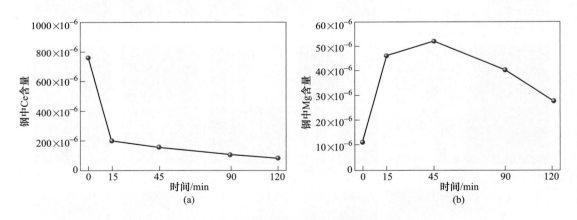

图 3-25　实验钢中成分随反应时间的变化图[8]

(a) Ce；(b) Mg

　　钢中夹杂物成分随反应时间的变化如图 3-26 所示，反应前钢中主要的夹杂物为 CeS 和 Ce_2O_2S，其余夹杂物为 CeP 和 Ce_2O_3。与镁碳砖反应 15 min 后，CeS 夹杂物的含量降低，典型 Ce-Mg-Al-O 夹杂物的形貌如图 3-27 (a) 所示。钢中的镁铝尖晶石与钢中的 Ce_2O_2S 结合形成镁铝尖晶石-Ce_2O_2S 复合夹杂物，记为 MA-Ce_2O_2S，如图 3-27 (b) 所示。

镁碳砖与钢反应 45 min 以后，MA-Ce$_2$O$_2$S 复合夹杂物逐渐被改性成 Ce$_2$O$_2$S 夹杂物，钢中 Ce$_2$O$_2$S 占比逐渐增加，夹杂物形貌如图 3-27（c）所示。

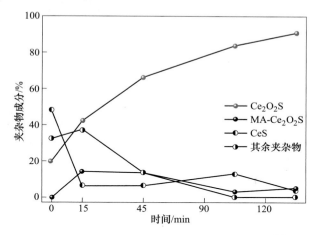

图 3-26　钢中夹杂物成分随反应时间的变化图[8]

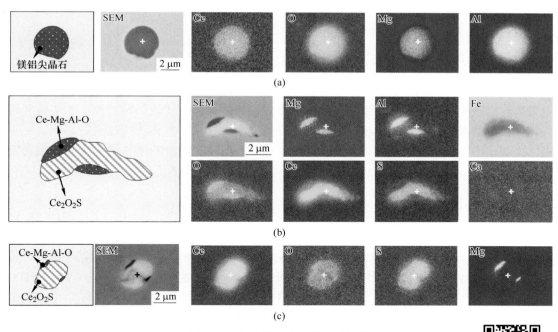

图 3-27　钢中典型夹杂物形貌图[8]
（a）Ce-Mg-Al-O 夹杂物；（b）MA-Ce$_2$O$_2$S 复合夹杂物；
（c）Ce$_2$O$_2$S 占比更高的复合夹杂物

图 3-27 彩图

与镁碳砖反应后钢中夹杂物数密度如图 3-28 所示，反应 0 min 时钢中夹杂物数密度为 32 个/mm^2，反应 15 min、45 min、90 min 和 120 min 后钢中夹杂物数密度分别为 42 个/mm^2、47 个/mm^2、28 个/mm^2 和 21 个/mm^2，钢中夹杂物数密度呈先增加后降低的趋势。

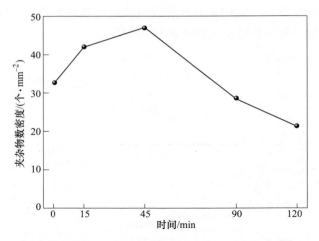

图 3-28   钢中夹杂物数密度随反应时间的变化图[8]

3.6   高温共聚焦显微镜原位观察氧化物冶金实验

3.6.1   实验目的

氧化物冶金技术是利用非金属夹杂物诱导针状铁素体形核细化热影响区晶粒，提高钢的低温韧性。夹杂物成分、尺寸、外部的冷却速率和内部的奥氏体晶粒尺寸都能影响针状铁素体在夹杂物表面形核。为了研究冷却速率对针状铁素体转变的影响规律，本实验利用高温共聚焦显微镜原位观察奥氏体化温度和冷却速率对针状铁素体转变过程的影响，在不同的冷却速率下观察针状铁素体和侧板条铁素体的开始转变温度和增长速率以及结束转变温度。

3.6.2   实验方法

本实验所用钢均为 25 kg 真空感应炉冶炼所得，成分见表 3-7。在铸锭过程中加工多个 8 mm×8 mm×4 mm 的小方块后，将小方块打磨成直径为 8 mm，厚度为 4 mm 的小圆片，将小圆片放置在原位观察实验所用的 Al_2O_3 坩埚内。实验室高温共聚焦显微镜（VL2000DX-SVF18SP）由高温加热炉和激光共聚焦显微镜组成。在加热炉中，配置一个装有 R 型热电偶的样品架，加热炉下方装有卤素灯（1.5 kW），提供加热源和光源，最高工作温度为 1700 ℃，在氦气（He）气氛下冷却速率高达 3000 ℃/min。显示温度与小圆片表面温度之间存在（30±3）K 的差异，可以通过校温使得显示温度就是小圆片表面温度。样品仓在放入小圆片后进行两次抽真空操作，然后打开加热装置，进行不同奥氏体化温度和冷却速率的原位观察实验。如图 3-29 所示，将室温以 5 ℃/s 升温至 1250 ℃、1300 ℃、1350 ℃和 1400 ℃后保温 300 s，然后以 3 ℃/s 的冷却速率冷却至室温，研究不同奥氏体化温度对针状铁素体转变的影响。此外，再将室温以 5 ℃/s 升温至 1400 ℃后保温 300 s，然后分别以 1 ℃/s、3 ℃/s、5 ℃/s、7 ℃/s 和 10 ℃/s 的冷却速率冷却至室温，研究不同冷却速率对针状铁素体转变的影响。每一种钢均重复上述实验，则可以研究不同夹杂物尺寸和类型对夹杂物成分的影响。实验过程中记录针状铁素体和侧板条铁素体开始转变的时间，每一组实验均重复三次。

表 3-7　实验用钢成分　　　　　　　　　（质量分数，%）

样品号	C	Si	Mn	P	S	Al	Ti	Zr	O	N
B	0.10	0.38	1.72	0.0048	0.0029	0.002	0	0	0.005	0.004
T1	0.06	0.38	1.63	0.0051	0.0061	0.003	0.016	0	0.006	0.004
T2	0.10	0.39	1.79	0.0059	0.0023	0.003	0.037	0	0.003	0.003
Z1	0.10	0.38	1.77	0.0055	0.0033	0.003	0.038	0.008	0.003	0.002
Z2	0.09	0.39	1.75	0.0054	0.0037	0.003	0.040	0.014	0.002	0.002

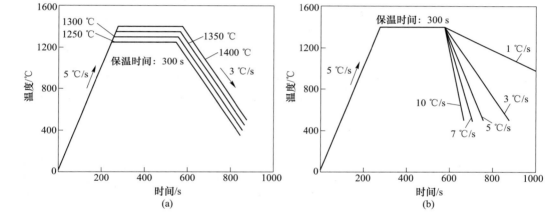

图 3-29　高温共聚焦显微镜原位观察氧化物冶金实验升温和降温制度图
（a）不同奥氏体化温度；（b）不同冷却速率

3.6.3　实验结果

　　Z2 钢的原位观察结果如图 3-30 所示[9]，图 3-30（a）~（c）为冷却速率为 1 ℃/s 时的原位观察图像。如图 3-30（a）所示，侧板条铁素体在 765.2 ℃左右开始在奥氏体晶界形核并向晶粒内部生长。如图 3-30（b）中椭圆框所示，冷却至 727.9 ℃时，针状铁素体开始在夹杂物表面形核，此时侧板条铁素体相比图 3-30（a）中的侧板条铁素体明显增长。图 3-30（c）则展示了后续冷却过程针状铁素体和侧板条铁素体的增长情况，针状铁素体在夹杂物表面形核长大，侧板条铁素体在奥氏体晶界上或在多边形铁素体基础上向晶粒内部生长。图 3-30（d）~（f）为冷却速率为 3 ℃/s 时的铁素体转变图像，与冷却速率为 1 ℃/s 相比，针状铁素体与侧板条铁素体的开始转变温度均有所降低，侧板条铁素体开始转变温度为 701.3 ℃，针状铁素体开始转变温度为 667.8 ℃。图 3-30（g）~（o）分别为冷却速率为 5 ℃/s、7 ℃/s、10 ℃/s 时的铁素体转变图像，侧板条铁素体开始转变温度依次为 678.5 ℃、645.3 ℃和 628.7 ℃，针状铁素体开始转变温度依次为 633.3 ℃、615.9 ℃和 610.6 ℃。可以确定随着冷却速率从 1 ℃/s 提高至 10 ℃/s，针状铁素体开始转变温度与侧板条铁素体开始转变温度均有所降低。

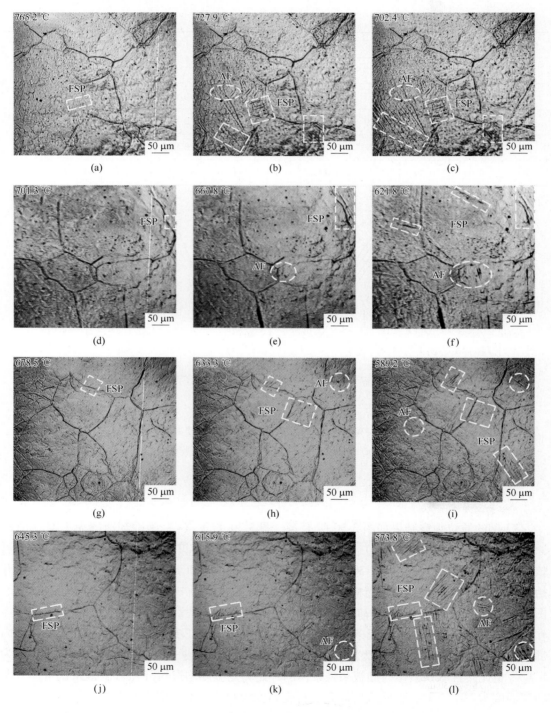

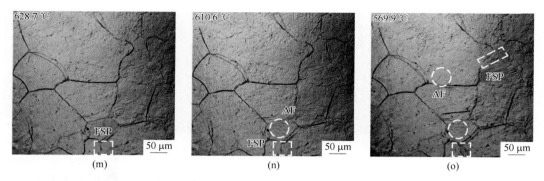

图 3-30　Z2 钢在不同冷却速率下铁素体转变的原位观察图像[9]

（图中 AF 为针状铁素体，FSP 为侧板条铁素体）

(a)～(c) 1 ℃/s；(d)～(f) 3 ℃/s；(g)～(i) 5 ℃/s；
(j)～(l) 7 ℃/s；(m)～(o) 10 ℃/s

图 3-30 彩图

　　图 3-31 为侧板条铁素体和针状铁素体在不同奥氏体化温度下开始转变的原位图像[10]。为了明显展示针状铁素体和侧板条铁素体形核长大的过程，图 3-31 中展示的温度稍低于实际开始转变温度。对于 T1 钢，在 1400 ℃的奥氏体化温度下，当温度降至 767.7 ℃时，图 3-31（a）中虚线矩形框的侧板条铁素体开始在晶界处形核和生长，随着温度降低到 710.8 ℃，图 3-31（b）中虚线椭圆框的针状铁素体开始在夹杂物表面形核。如图 3-31（e）和（f）所示，在 1350 ℃的奥氏体化温度下，在 722.9 ℃出现侧板条铁素体转变，在 703.6 ℃出现针状铁素体。如图 3-31（i）、（j）、（m）和（n）所示，当奥氏体化温度降至 1300 ℃时，侧板条铁素体和针状铁素体分别在 695.4 ℃和 677.0 ℃形成，当奥

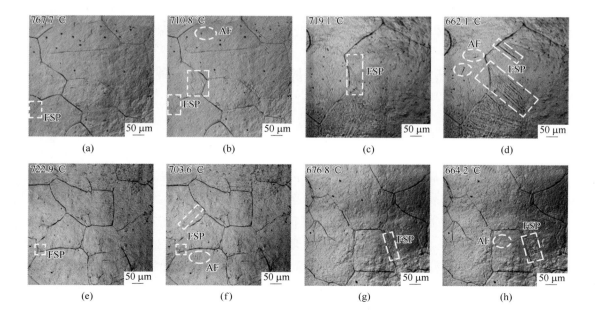

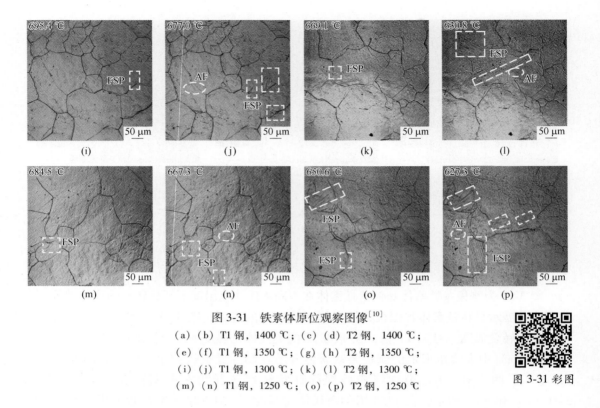

图 3-31　铁素体原位观察图像[10]

(a)（b）T1 钢，1400 ℃；（c）（d）T2 钢，1400 ℃；
(e)（f）T1 钢，1350 ℃；（g）（h）T2 钢，1350 ℃；
(i)（j）T1 钢，1300 ℃；（k）（l）T2 钢，1300 ℃；
(m)（n）T1 钢，1250 ℃；（o）（p）T2 钢，1250 ℃

图 3-31 彩图

氏体化温度降至 1250 ℃时它们形成的温度分别为 684.5 ℃和 667.3 ℃。对于 T2 钢，图 3-31（c）和（d）为奥氏体化温度在 1400 ℃下的铁素体开始转变的图像，对应的温度分别为 719.1 ℃和 662.1 ℃。图 3-31（g）、（h）、（k）、（l）、（o）和（p）为不同奥氏体化温度下的侧板条铁素体和针状铁素体开始转变时的组织，此处便不展开论述。

3.7　高温共聚焦显微镜原位观察夹杂物碰撞实验

3.7.1　实验目的

随着工业水平的快速提高，钢的洁净度对需要满足更高机械性能要求的优质钢材愈发重要。钢中非金属夹杂物是影响钢洁净度的重要因素，了解并控制钢中非金属夹杂物的碰撞、团聚与长大行为对提高钢洁净度非常重要。高温共聚焦扫描激光显微镜（HT-CSLM）可在高温下对钢液表面进行原位观察，目前已广泛应用于夹杂物的碰撞和团聚现象研究。本实验为探究镁处理对钢表面夹杂物碰撞趋势的影响，使用 CSLM 对实验室高温实验制得的样品在高温下进行原位观察，并通过分析 CSLM 拍摄的图像计算出不同 MgO 含量夹杂物碰撞时的速度、加速度和吸引力等，判断镁对夹杂物碰撞团聚的影响。

3.7.2 实验方法

通过高温试验取得高 30 mm、直径 10 mm 的钢样 A~E，将钢样掏出 $\phi7.8$ mm 的棒后，将其加工为高 3 mm 的饼状样品，打磨抛光后使用酒精多次清洗振荡，确保表面无杂质后放入内径为 $\phi8$ mm 的纯 Al_2O_3 坩埚中进行实验，样品成分见表 3-8。高温共聚焦显微镜原位观察夹杂物碰撞实验装置图如图 3-32 所示，将钢样放在坩埚中，放入 CSLM 的加热腔的测温热电偶上准备实验，由于是镁处理钢，所以使用纯 Al_2O_3 坩埚盛放样品，为避免钢液将坩埚壁润湿导致的视场不平，应尽量将钢样放置在坩埚中心，四周留有空隙。

表 3-8 镁处理后各样品主要成分[11]　　　　　　　　　　　　　（质量分数,%）

样品	C	Si	Mn	P	S	Cr	Al	T. Ca	T. Mg
A									0.00039
B									0.00060
C	0.95	0.20	0.28	0.011	0.003	1.45	0.04	0.0003	0.00250
D									0.00520
E									0.00610

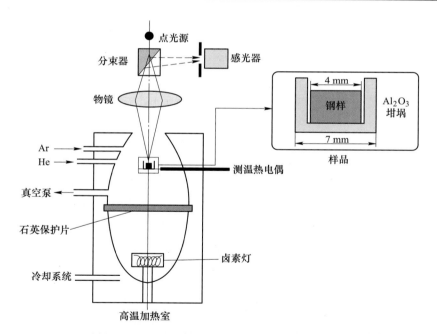

图 3-32 高温共聚焦显微镜原位观察夹杂物碰撞实验装置图[11]

将样品放入加热腔后，首先对加热腔进行抽真空，之后通入 Ar，洗气三次后保持通 Ar，使样品处在恒定的惰性氛围中，之后使用高倍物镜（10×）观察钢样表面较平整的位置，按照设置的加热制度进行升温，直到钢样表面熔化，看到夹杂物后调整镜头位置追踪夹杂物，得到不同尺寸夹杂物相互碰撞的图像及视频。加热制度如图 3-33 所示。当温度升至 1420 ℃（1693 K）时对样品进行手动升温。轴承钢熔点约为 1460 ℃（1733 K），提前进行手动升温是为了防止加热过快，钢样在短时间内迅速熔化成球，镜头无法聚焦观察导致实验失败。当钢样表面熔化后进行保温，移动镜头追踪夹杂物碰撞行为，以 5 fps 的速率进行拍摄。由于钢液流动，可能会导致夹杂物运动过快，镜头无法捕捉，因此要确保钢样表面平整，熔化后钢液也较为平整，此时夹杂物运动可被捕捉拍摄。

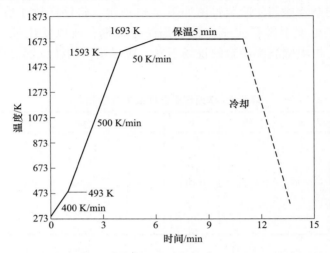

图 3-33　高温共聚焦显微镜原位观察夹杂物碰撞实验加热制度图[11]

3.7.3　实验结果

图 3-34（a）~（e）展示了样品 A~E 表面夹杂物典型的碰撞和团聚过程。图 3-34（a）显示了 T. Mg = 3.9×10⁻⁶ 的样品 A 中纯 Al_2O_3 夹杂物的团聚过程，两个 Al_2O_3 颗粒从远处靠近，当两个夹杂物之间距离小于 130 μm 时，夹杂物的加速运动导致了团簇夹杂物的形成，两夹杂物发生碰撞后团聚在一起不再分开。图 3-34（b）与（c）显示了夹杂物 MgO 质量分数分别为 23.3% 和 60% 的 T. Mg = 6×10⁻⁶ 的样品 B 与 T. Mg = 25×10⁻⁶ 的样品 C 中 MgO-Al_2O_3 夹杂物的团聚过程，两个夹杂物对从大约 100 μm 处开始互相吸引，在 2 s 内聚集成较大的夹杂物，碰撞团聚后同样不再分开。而图 3-34（d）与（e）分别显示了 T. Mg = 52×10⁻⁶ 的样品 D 与 T. Mg = 61×10⁻⁶ 的样品 E 中 MgO 夹杂物的团聚过程，两个 MgO 颗粒在钢液流动的推动下直到距离小于 50 μm 时才出现相互团聚的趋势，加速趋势明显小于 Al_2O_3 夹杂物颗粒与 MgO-Al_2O_3 夹杂物颗粒。

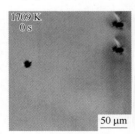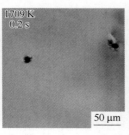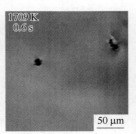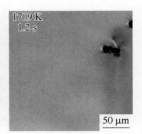

(a)

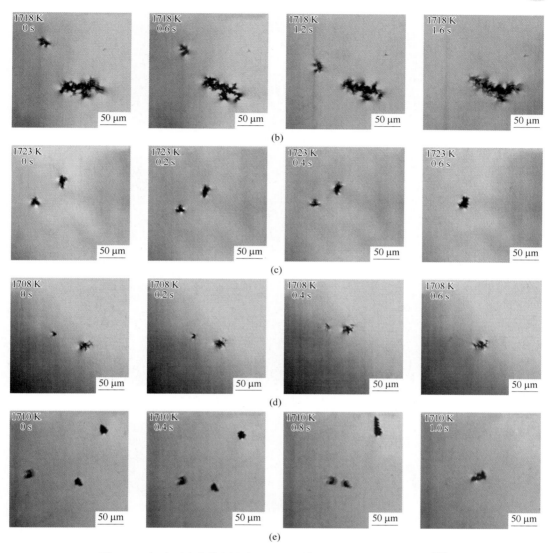

图 3-34　钢表面夹杂物团聚的 CSLM 图像随 T. Mg 含量的变化图[12]
(a) 样品 A；(b) 样品 B；(c) 样品 C；(d) 样品 D；(e) 样品 E

使用场发射扫描电子显微镜（FESEM）观察 CSLM 实验后冷却钢表面夹杂物的形态和成分，结果如图 3-35 所示。当钢中没有镁元素时，发生碰撞的典型夹杂物主要是大尺寸的 Al_2O_3 团簇，夹杂物最大尺寸超过 75 μm，呈不规则团簇状。随着钢中镁元素含量的增加，夹杂物中的 MgO 逐渐增加，发生碰撞的夹杂物逐渐从大尺寸的 Al_2O_3 夹杂物转变为较小的 MgO-Al_2O_3 夹杂物，T. Mg = $6×10^{-6}$ 和 T. Mg = $25×10^{-6}$ 的样品中，发生碰撞的夹杂物主要是不同 MgO 质量分数的 MgO-Al_2O_3 夹杂物，碰撞后的夹杂物尺寸为 5 ~ 10 μm，夹杂物尺寸明显减小。随着镁元素含量的继续增加，T. Mg = $52×10^{-6}$ 和 T. Mg = $61×10^{-6}$ 即样品 D 和样品 E 中发生碰撞的夹杂物逐渐变为 MgO 颗粒，此外包括含量极少的 MgO-Al_2O_3 夹杂物，尺寸在 2 ~ 5 μm。

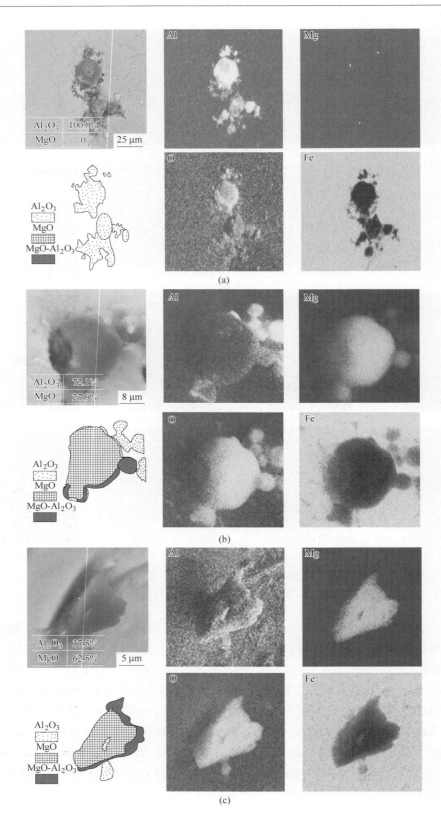

(a)

(b)

(c)

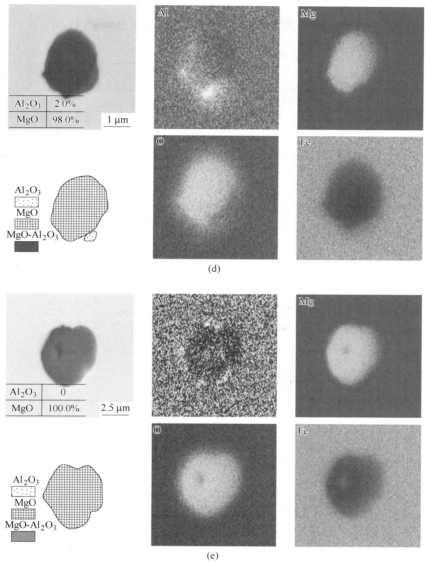

图 3-35　CSLM 实验后冷却钢表面典型夹杂物的形态和组成图[12]

（a）样品 A，T. Mg＝3.9×10⁻⁶；（b）样品 B，T. Mg＝6×10⁻⁶；（c）样品 C，T. Mg＝25×10⁻⁶

（d）样品 D，T. Mg＝52×10⁻⁶；（e）样品 E，T. Mg＝61×10⁻⁶

图 3-35 彩图

使用 ImageJ 软件处理 CSLM 图像，得到碰撞夹杂物对的等效圆半径、距离等数据，不同镁元素含量的钢中夹杂物碰撞过程中夹杂物之间距离-夹杂物尺寸-时间的关系如图 3-36 所示，图中 R_1 为钢液表面夹杂物尺寸，R_2 为夹杂物对中较大的夹杂物的尺寸范围。由图 3-36（a）可知，T. Mg＝3.9×10⁻⁶ 样品的钢液表面 Al_2O_3 夹杂物的临界加速距离均大于 120 μm，并在 1.5 s 内完成碰撞团聚。夹杂物尺寸越大，临界加速距离越大，发生碰撞前 0.2 s 夹杂物之间的距离也越大。这证明夹杂物尺寸越大，夹杂物碰撞趋势越大。

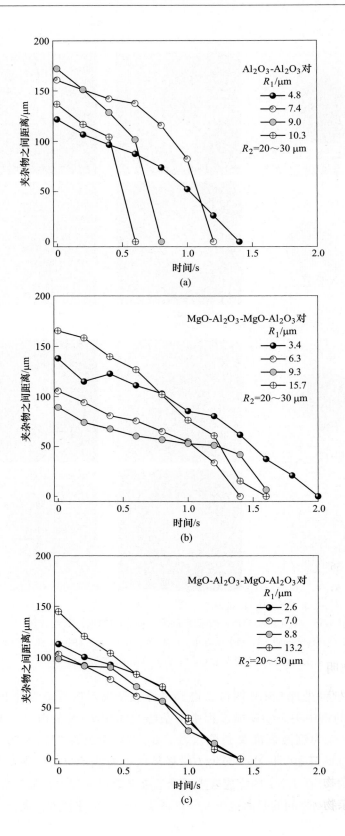

(a)

(b)

(c)

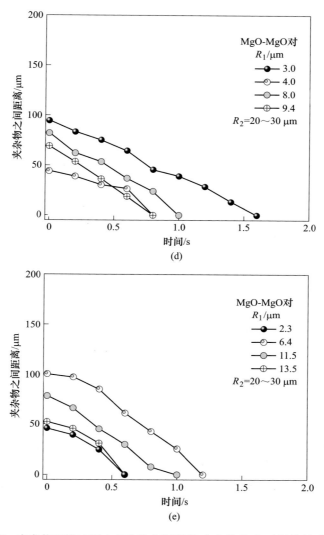

图 3-36 夹杂物碰撞过程中夹杂物之间距离-夹杂物尺寸-时间的关系图[11]

(a) 样品 A, T. Mg = 3.9×10⁻⁶; (b) 样品 B, T. Mg = 6×10⁻⁶; (c) 样品 C, T. Mg = 25×10⁻⁶;
(d) 样品 D, T. Mg = 52×10⁻⁶; (e) 样品 E, T. Mg = 61×10⁻⁶

由图 3-36（b）与（c）可知，T. Mg = 6×10⁻⁶与 T. Mg = 25×10⁻⁶时，钢液表面的 MgO-Al₂O₃ 夹杂物临界加速距离明显减小，平均临界加速距离约为 110 μm，碰撞时间增加，夹杂物尺寸与碰撞趋势的关系与 Al₂O₃ 相似。需要注意的是，即使同为 MgO-Al₂O₃ 夹杂物，随着夹杂物中 MgO 的增加，临界加速距离也不相同，镁元素含量较高的样品中夹杂物临界加速距离更小。由图 3-36（d）与（e）可知，T. Mg = 52×10⁻⁶与 T. Mg = 61×10⁻⁶的样品中夹杂物均为 MgO，临界加速距离平均为 80 μm 左右，碰撞趋势明显减弱。夹杂物之间距离均随着时间的推移而减小，直到夹杂物碰撞为止。在镁元素含量相同和夹杂物开始碰撞前距离相近的情况下，尺寸大的夹杂物临界发生碰撞所需的时间更少；而对于相似尺寸的夹杂物而言，随着镁元素含量的增加，临界加速距离也在不断减小。值得注意的是，虽然样品 B 与样品 C 中夹杂物均是 MgO-Al$_2$O$_3$，但随着夹杂物中 MgO 的增加，临界加速距离同样减小。

3.8 高温共聚焦显微镜原位观察夹杂物在精炼渣中溶解实验

3.8.1 实验目的

夹杂物溶解实验用来研究非金属夹杂物在熔渣中的溶解行为，以探究温度、熔渣成分、夹杂物性质和黏度等对夹杂物在熔渣中溶解行为的影响，通过动力学模型来探究夹杂物的溶解机制。过去常采用浸测法[13-15]、相场模型[16]等方法研究夹杂物在熔渣中的溶解，随着 CSLM 在冶金领域的应用，CSLM 原位观察法已逐渐成为研究夹杂物在熔渣中溶解的重要手段之一。高温共聚焦显微镜可以在高温状态下实时观测熔渣对夹杂物的吸附行为，获得夹杂物的溶解动力学模型，从而确定不同夹杂物颗粒的溶解机理。这对求出夹杂物在熔渣中的扩散系数，研究夹杂物在熔渣中的溶解速率和熔渣的溶解能力具有重要意义，为渣系的选择和夹杂物的吸附去除提供理论指导，从而实现钢铁材料质量或性能的提升。比如，炉外精炼是炼钢过程提升钢品质的重要环节，而运用好精炼渣能够大幅去除夹杂物，显著提高钢水洁净度。因此，有必要通过高温共聚焦显微镜原位观察夹杂物在熔渣中的溶解实验，研究不同渣系成分对不同种类夹杂物的吸附去除效果，确定有利于夹杂物去除的最优渣系成分。

3.8.2 实验方法

实验所用夹杂物为高纯 Al$_2$O$_3$。将 CaO（西陇科学，纯度≥98%）、Al$_2$O$_3$（国药，纯度≥99%）、SiO$_2$（国药，纯度≥99%）试剂按一定比例配制得到实验所需的精炼渣，放入石墨坩埚后在 1600 ℃的硅钼电阻炉中预熔 2 h 使精炼渣混合均匀，水冷得到渣样。随后将渣样先后在钢研钵和玛瑙研钵中破碎、研磨，使用压片机压制成 φ5 mm×3 mm 的圆片并放入 Pt 坩埚（φ5 mm×4 mm）中。之后在 CSLM 的加热炉中于 1600 ℃下再次熔化并保温 20 min，使用 He 急冷得到实验所需渣样。为避免溶解实验过程中夹杂物的溶解对精炼渣成分产生影响，应保证夹杂物质量低于精炼渣质量的 0.2%。具体实验步骤如下：

（1）准备好实验所需的夹杂物颗粒和渣样。利用 CSLM 进行校准，校准后将夹杂物颗粒放在渣样表面的中央，放入 CSLM 的加热炉中准备实验，如图 3-37（a）所示。

（2）将图 3-37（a）的实验装置放入 CSLM 的加热炉后，首先对加热炉抽真空和通 Ar，重复 3 次，每次 3～5 min；接着使用物镜（5×）聚焦试样，得到每个时刻的夹杂物溶解图像。

（3）将实验样品以 1000 ℃/min 加热至目标温度 50 ℃以下，此时根据夹杂物种类和目标温度值将加热速率降为 100～300 ℃/min，实验热处理制度如图 3-37（b）所示。

（4）数据分析。每组夹杂物溶解实验可得到 1000～10000 张图像，将得到的夹杂物溶解过程图像按一定时间间隔提取出每组 30 张图像，使用 Adobe Photoshop 软件处理得到的夹杂物颗粒在每一时刻下的形状。假设夹杂物颗粒为球型，将处理后的图片使用 ImageJ 软件计算夹杂物在每一时刻的等效圆半径，求得夹杂物颗粒半径随时间的变化，由此得到夹杂物在渣中的溶解过程。

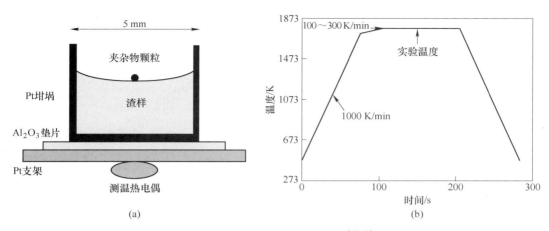

图 3-37 夹杂物溶解实验示意图[17,18]

（a）样品装置示意图；（b）加热制度曲线

3.8.3 实验结果

图 3-38 显示了 1500 ℃ 下 Al_2O_3 夹杂物在精炼渣中溶解的 CSLM 图像。图 3-38（a）~（d）分别表示第 80 s、107 s、180 s 和 242 s 的夹杂物形貌，可看出夹杂物尺寸逐渐变小并溶解于渣中。由此实时溶解图像可得到不同时刻下的夹杂物尺寸，获得夹杂物在精炼渣中的溶解曲线，如图 3-39 所示。Ren 等[19]采用 CSLM 方法研究 Al_2O_3 在 CaO-Al_2O_3-SiO_2 渣中的溶解，Al_2O_3 溶解的控速步骤是熔渣中的扩散，其曲线呈抛物线型。

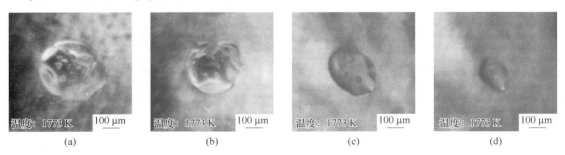

图 3-38 Al_2O_3 夹杂物在精炼渣中溶解的 CSLM 图像[19]

（a）80 s；（b）107 s；（c）180 s；（d）242 s

夹杂物在精炼渣中的溶解行为会受到温度、夹杂物直径、精炼渣钙铝比和精炼渣碱度等因素的影响，如图 3-40 和图 3-41 所示。Gou 等[17]研究了夹杂物直径对 Al_2O_3 在 CaO-Al_2O_3-SiO_2 渣中溶解的影响。图 3-40（a）为不同直径的 Al_2O_3 夹杂物体积随溶解时间变化的曲线，图中夹杂物的溶解时间随初始直径的增加而增长。进一步分析可以得到夹杂物的平均溶解速率随夹杂物直径的增加而增大，拟合曲线后得到夹杂物溶解速率与初始直径的关系，如图 3-40（b）所示。图 3-41 为温度和精炼渣钙铝比对 Al_2O_3 夹杂物在 CaO-Al_2O_3-SiO_2 渣中溶解的影响，从图中分析可知，温度升高，夹杂物的总溶解时间减少，夹杂物的溶解速率增加；钙铝比提高，夹杂物的溶解速率增加。

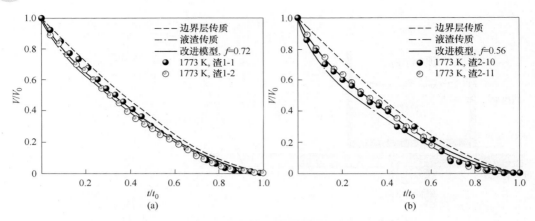

图 3-39　Al_2O_3 夹杂物在精炼渣中的溶解曲线[19]

（a）渣 1-1，渣 1-2；（b）渣 2-10，渣 2-11

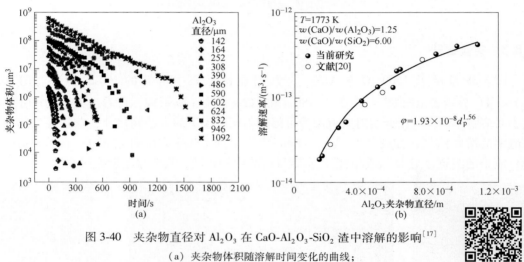

图 3-40　夹杂物直径对 Al_2O_3 在 $CaO-Al_2O_3-SiO_2$ 渣中溶解的影响[17]

（a）夹杂物体积随溶解时间变化的曲线；

（b）夹杂物溶解速率与夹杂物直径的关系曲线

图 3-40 彩图

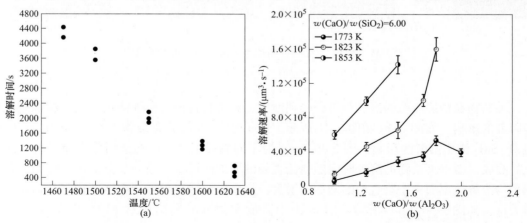

图 3-41　温度和精炼渣钙铝比对 Al_2O_3 夹杂物在 $CaO-Al_2O_3-SiO_2$ 渣中溶解的影响[17,18,21]

（a）温度对溶解时间的影响；（b）钙铝比对溶解速率的影响

Al_2O_3 的溶解速率预测模型可以用于分析夹杂物颗粒上浮至钢渣界面后在钢渣界面的存在时间、优化夹杂物的去除模型以及在精炼过程中夹杂物被卷回钢液的模型研究。图 3-42 为 Ren 等[19] 预测的温度、精炼渣的钙铝比和粒度对夹杂物溶解的影响，结果发现高温、高精炼渣钙铝比和小粒径有利于夹杂物在精炼渣中的溶解。图 3-43 为 Gou 等[17] 的溶解速率模型，模型使用夹杂物容量来表征 1773 K 时夹杂物的溶解速率。夹杂物直径一定时，夹杂物容量增加，夹杂物溶解速率降低，可用于模拟计算不同粒径夹杂物的溶解时间。

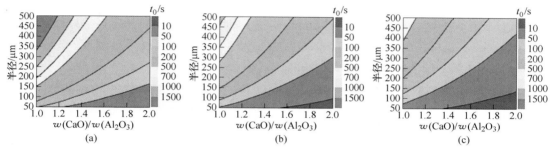

图 3-42　不同初始半径的 Al_2O_3 颗粒在 $CaO-Al_2O_3-SiO_2$ 渣中的总溶解时间预测[19]

（a）1773 K；（b）1823 K；（c）1873 K

图 3-42 彩图

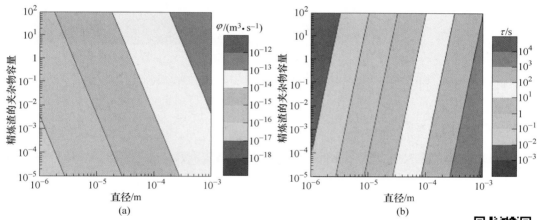

图 3-43　50.0%CaO-41.7%Al_2O_3-8.3%SiO_2 渣中 Al_2O_3 夹杂物溶解速率和

总溶解时间与夹杂物直径和精炼渣夹杂物容量的关系图[17]

（a）溶解速率与夹杂物直径和夹杂物容量的关系；

（b）总溶解时间与夹杂物直径和夹杂物容量的关系

图 3-43 彩图

3.9　Gleeble 热模拟实验

热模拟试验机是一种用于模拟材料在高温环境下的性能表现的实验设备，其原理主要是通过加热元件将试样加热到指定温度，并在该温度下对试样进行相应的测试。测试过程中，力传感器和位移传感器分别测量试样所受的力和位移变化，并将这些数据传输到控制系统中进行处理和分析。控制系统可以根据实验要求，对加热元件的温度、加载速度和加载方式等进行控制，从而实现试样在不同条件下的测试。

　　Gleeble 热／力模拟试验机是美国 DSI 公司研制的模拟试验设备，其功能是研究金属材料在加热、冷却及受力情况下的组织性能及其变化规律，可以模拟热过程和力学过程。该仪器由加力系统、加热系统以及计算机控制系统三部分组成，是电热阻加热试样的物理模拟装置中的典型代表。以 Gleeble-1500D 热／力模拟试验机为例，主要技术参数有：加热变压器的容量为 75 kV·A；最大加载能力为 8 t（196 kN）；最大加热速率为 10000 ℃／s；最大冷却速率为 140 ℃／s；最大冲程为 100 mm；最大冲程速率为 1000 mm／s；最小冲程速率为 0.01 mm／s；温度范围为室温~1700 ℃，精度为 1 ℃，4 个温度采集通道。图 3-44 是 Gleeble-1500D 热／力模拟试验机的整体图和工作室局部放大图。

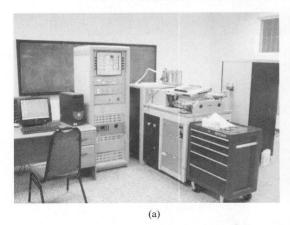
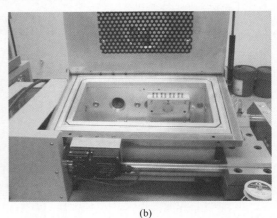

(a)　　　　　　　　　　　　　　　　　(b)

图 3-44　Gleeble-1500D 热／力模拟试验机整体图（a）和工作室局部放大图（b）[22]

3.9.1　实验目的

　　Gleeble 热模拟实验通过加热元件将试样加热到指定温度，并在该温度下对试样进行相应的测试，以获得样品在该测试条件下的性能。常用的热模拟实验包括热拉伸实验和热压缩实验。3.9 节以热拉伸实验为例进行详细阐述。钢的高温力学性能直接影响钢铁生产以及最终产品的质量，因此有必要通过 Gleeble 热模拟实验测试钢的高温力学性能，为钢的生产及加工提供理论依据。

3.9.2　实验方法

　　为了改善钢凝固过程的裂纹等缺陷，需要利用 Gleeble 热模拟试验机获得钢种的热塑性曲线。首先从铸锭或者连铸坯中取样，并加工成实验要求的尺寸。例如在连铸坯的热模拟实验中，可将样品加工为直径 10 mm、长 120 mm 且两端各加工长 15 mm 的标准螺纹。在真空条件下，将拉伸试验棒以 20 ℃／s 的加热速率加热至 1350 ℃，保温 3 min 以溶解微合金元素的析出物和产生类似连铸坯组织的粗大晶粒。然后以 1 ℃／s 的冷却速率冷却至试验温度，保温 1 min 后以 3×10^{-3} s^{-1} 的应变速率进行拉伸试验，试样拉断后，迅速加大冷却强度以保留高温下的断口形貌和金相特征。

3.9.3　实验结果

3.9.3.1　断面收缩率

断面收缩率是连铸坯试样在进行热拉伸实验断裂之后，断口最大缩小面积与原始断面面积的百分比，是衡量连铸坯塑性好坏的重要指标。断面收缩率（RA 值）的大小反映了连铸坯在连铸高温过程中的韧性能力，即连铸坯在高温下发生塑性变形可能性的大小。RA 值越大，说明连铸坯受外力作用产生裂纹的可能性越小。

对于测试试样的断面收缩率，其计算公式如下：

$$RA = \left(1 - \frac{4S_T}{\pi d_0^2}\right) \times 100\% \qquad (3-1)$$

式中，S_T 为不同温度下实验结束后试样的断口截面积，m^2；d_0 为高温力学试样的原始直径，m。

对于 S_T 的测量本实验采用多组测量求均值的方法计算获得，即认为各组实验拉伸结束后试样断口基本为圆形，对每一组实验的断口直径进行多次测量求平均值，再利用该平均值进行计算求得截面积。为了提高试样断口截面积测量的精度，本实验采用图 3-45 所示拍照法求截面积，即运用如 SEM 等设备对断口处全貌进行拍摄，拍摄后对所得图像进行后处理获得断口截面积，这样可以避免试样断口形貌不规则带来的测量误差。试验钢种 a 的高温断面收缩率与温度的关系如图 3-46 所示。

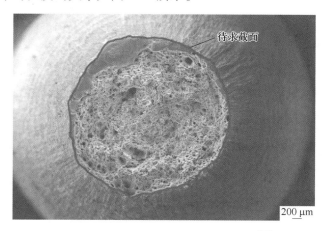

图 3-45 彩图

图 3-45　拍照法测量断口截面积示意图[23]

3.9.3.2　应力-应变曲线

对试验过程中的载荷以及位移进行简单处理可得到应力-应变曲线，试验钢种 a 在不同温度下的应力-应变曲线如图 3-47 所示。

图中横坐标为应变，可反映实验过程中试样的位移变化，从图 3-47 中可以看出，在高温区试样整体被拉伸的长度较低温区的更长。在高温区试样的断面收缩率整体较低温区的更大，两者是相互对应的。随着温度的降低，试样的屈服极限是逐渐升高的。当温度由 1000 ℃ 降低至 950 ℃ 后，试样的应变及屈服极限发生了突变，推测可能是在本温度区间发生了动态再结晶。而在 875 ℃ 下，试样的屈服极限相对 900 ℃ 的更小，这与温度越低、屈服极限越高的规律相反，推测可能是发生了相变，在此温度范围内本试验钢种 a 可能发生的相变为 γ→α，这与后文断口微观组织研究结果中显示的在 875 ℃时沿晶铁素体开始生成的结果是一致的。

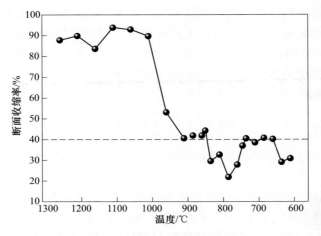

图 3-46　试验钢种 a 的热塑性曲线[24]

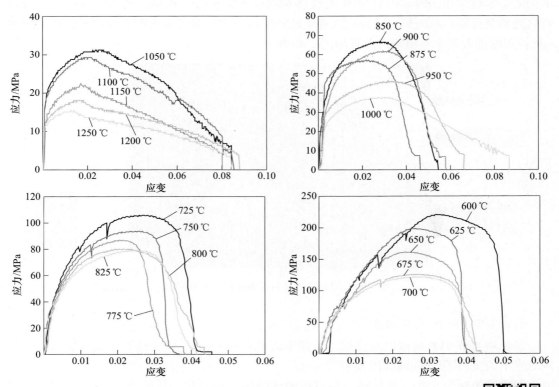

图 3-47　不同温度下试验钢种 a 的应力-应变曲线[23]

3.9.3.3　试样断口形貌

不同温度下拉伸试样断口形貌观察结果如图 3-48 和图 3-49 所示，试样

图 3-47 彩图

断裂方式主要有两种：穿晶延性断裂和沿晶脆性断裂，前者断口以延性韧窝为特征，后者断口呈冰糖状，表面平滑，断口附近基本未发生塑性变形。

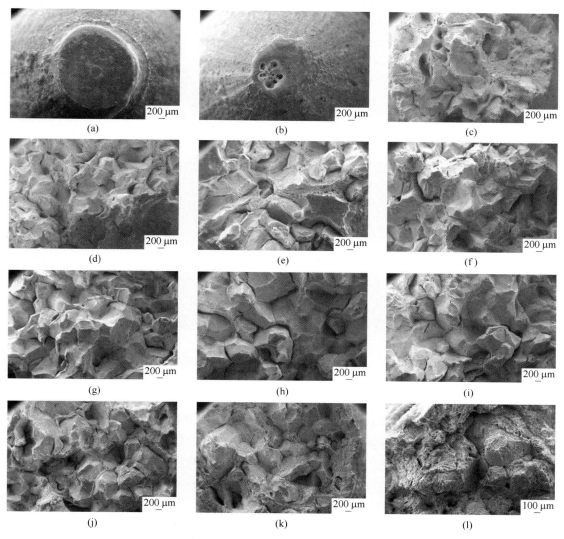

图 3-48　试验钢种 a 拉伸测试样品断口整体形貌图[23]

(a) 1250 ℃；(b) 1100 ℃；(c) 950 ℃；(d) 900 ℃；(e) 850 ℃；(f) 800 ℃；
(g) 775 ℃；(h) 750 ℃；(i) 725 ℃；(j) 700 ℃；(k) 675 ℃；(l) 650 ℃

图 3-48（a）~（c）与图 3-49（a）所呈现的断口为穿晶延性断裂，断口处韧窝较大且深，试样 RA 值非常大，其原因可能是对钢高温塑性影响非常大的析出物并未开始析出，而且在这些温度下，组织全为奥氏体，在晶界并未开始生成铁素体薄膜。

图 3-48（d）~（h）与图 3-49（b）和（c）所呈现的断口为沿晶脆性断裂，断口非常平滑，可以观察到明显的晶界面及晶间裂纹，几乎没有任何塑性变形。在 750~900 ℃温度范围内，对钢种的塑性产生显著影响的为各类碳氮化物的析出，特别是在奥氏体晶界析出

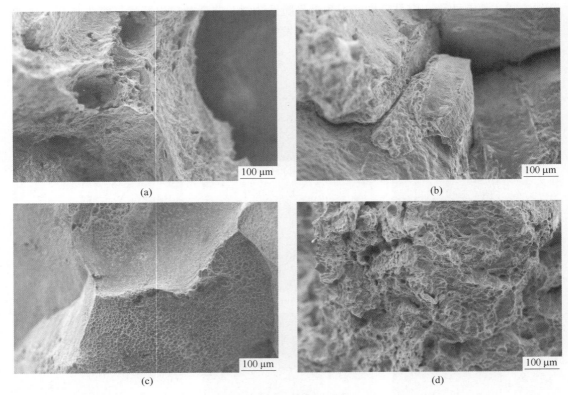

图 3-49　试验钢种 a 拉伸测试样品断口局部形貌图[23]

（a）950 ℃，$RA=53.1\%$；（b）850 ℃，$RA=41.9\%$；（c）750 ℃，$RA=27.9\%$；（d）650 ℃，$RA=40.7\%$

的碳氮化铌、碳氮化钒等，能大幅度降低钢的高温塑性。由后续分析可知，在 750~875 ℃温度范围内进入了奥氏体和铁素体两相区，变形试样组织中开始存在沿晶界析出的薄膜状铁素体。在拉伸实验进行的过程中，试样中沿奥氏体晶界分布的铁素体相对于奥氏体来说在受力的过程中很容易就发生变形并产生微小孔洞和裂纹，随着形变的继续发生，孔洞及裂纹会逐渐聚合、生长，最后导致晶界断裂。

图 3-48（i）~（l）与图 3-49（d）所示为 650~725 ℃变形试样的断口，随着温度的降低，断口处开始在晶内生成铁素体，且铁素体的量逐渐增多，奥氏体晶界及晶内的均匀性逐渐提高，钢种的塑性逐渐提高，断口的断裂方式也由纯沿晶脆性断裂转变为脆性与延性并存的混合断裂。

3.9.3.4　试样断口微观组织

为了进一步分析高温力学性能测试试样在脆性区的组织变化，本实验将试样磨抛后进行浸蚀，浸蚀剂为 4%苦味酸溶液+7 滴盐酸。其中 4%苦味酸溶液的配置方法为将 3 g 苦味酸加入至 30 mL 酒精中，搅拌至苦味酸完全溶解，然后加入 70 mL 蒸馏水，浸蚀方式为在室温下浸蚀 36 s，浸蚀完成后用带自动拼图功能的徕卡光学显微镜对组织进行观察。

图 3-50 为 735 ℃下拉伸试样的纵截面微观组织图，从图中可以看出在距离试样断口表

面约 7 mm 范围内的组织基本一致，均为在奥氏体晶界分布着的一层薄的铁素体膜。随着与断口表面距离的增加，组织在不断变化，具体表现为沿晶分布的铁素体组织逐渐变大，然后在奥氏体晶内生成，直至最后稳定为均匀分布的铁素体和珠光体组织。这是因为断口附近的温度是最高的，随着与断口表面距离的增加，温度会逐渐降低，从而导致了组织的差异性。由此可知在拉伸实验时恒温区范围在断口上下约 7 mm 内，因此在分析不同测试条件下试样组织、形貌等的差异性时应将分析区域控制在距表面 7 mm 范围内。

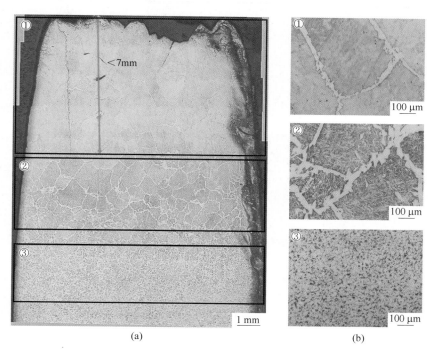

图 3-50 彩图

图 3-50　试验钢种 a 拉伸测试样品纵截面微观组织图[23]
(a) 整体图；(b) 局部放大图

　　从图 3-51 中不同温度下的断口微观组织可以看出，断口的开裂完全是沿着奥氏体晶界展开的，而随着温度的降低，组织会发生显著的变化。图 3-51 (b) 所示 875 ℃下奥氏体晶界有很薄的一层铁素体生成，且在温度降低至 750 ℃之前，该晶界铁素体的厚度变化非常小。该铁素体是形变诱导产生的[25]，在此温度范围内钢种的热塑性急剧降低，即单独沿晶存在的铁素体是恶化钢种热塑性的主要原因。当温度降低至 725 ℃后，如图 3-51 (f) 所示，开始发生奥氏体向铁素体的转变，在奥氏体晶内开始生成铁素体，且奥氏体晶界的铁素体厚度显著增大。随着温度的继续降低，铁素体在奥氏体晶界和晶内大量生成，组织逐渐趋于均匀分布，钢种的塑性也随之逐渐升高。从上述实验分析结果可知，对不同温度下的 Gleeble 拉伸试样断口处的微观组织进行分析，可以明确钢种在冷却过程中奥氏体向铁素体转变的开始温度范围，可为角部横裂纹的发生温度区间预测等提供数据支持。

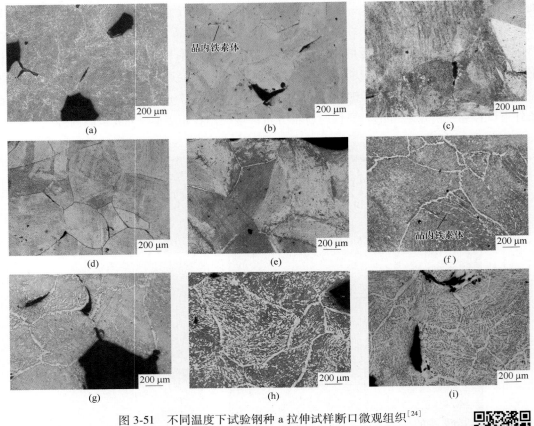

图 3-51　不同温度下试验钢种 a 拉伸试样断口微观组织[24]
(a) 900 ℃；(b) 875 ℃；(c) 850 ℃；(d) 800 ℃；(e) 750 ℃；
(f) 725 ℃；(g) 700 ℃；(h) 675 ℃；(i) 650 ℃

图 3-51 彩图

3.10　定向凝固实验

3.10.1　实验目的

在不同的冷却条件下，材料的凝固组织有树枝状、胞状、平面状和高速胞晶等不同形貌，不同组织形貌和凝固枝晶臂间距等组织特征对组织均匀性、成分均质性和材料性能影响很大。定向凝固技术广泛应用于凝固理论研究和实际生产，通过调控温度梯度及拉坯速度，可以控制实际凝固过程的冷却速率，从而得到不同形貌的凝固组织和晶体生长信息，单一的凝固方向同时方便了对材料宏观与微观偏析进行定量分析。

硫化锰作为含硫钢中常见的夹杂物，在改善钢的切削性能、促进铁素体结晶形成和细化晶粒尺寸方面具有独特的优势[26]。在含硫钢的凝固过程中很容易生成呈长条状或片状的 Ⅱ 类硫化锰夹杂物，其在轧制与加工过程中会沿轧制方向伸长，显著降低钢材的机械性能和力学性能[27]。为提高含硫钢切削性能和机械性能，控制钢中硫化物的成分、形貌、粒径和分布是关键[28-29]。在凝固过程中，由于锰元素和硫元素的大量偏析，尤其是在凝固结束时，会产生大量硫化锰。然而，目前对含硫钢凝固冷却过程冷却速率对钢中硫元素偏析以及硫化锰析出特征的影响规律还没有清晰的认识。本实验对含硫钢在不同的冷却速率下硫化锰夹杂物析出与生长过程进行了分析和研究，通过 SEM 观察统计硫化锰夹杂物在定向凝固后的形态、尺寸和分布规律，揭示冷却速率对含硫钢凝固过程中夹杂物和组织演变的影响规律，为进一步控制含硫钢浇铸过程钢中的大尺寸夹杂物尤其是大尺寸 II 类硫化锰打下基础。

3.10.2　实验方法

为了研究不同拉坯速度下凝固组织及硫化锰夹杂物的生长情况，需了解实际生产过程中连铸坯在凝固过程中的冷却情况，为此对不同连铸坯在连铸过程中的冷却进行了调研[30]，为本定向凝固实验参数的选取提供指导。设计本实验的拉坯速度的范围为 14 ~ 141 μm/s，具体的实验方案见表 3-9。

表 3-9　实验方案

参　数	序　号				
	1	2	3	4	5
冷却速率/(℃·s^{-1})	0.087	0.176	0.434	0.651	0.868
拉坯速度/(μm·s^{-1})	14	28	71	106	141

实验采用国内某企业生产的含硫钢连铸坯。从连铸坯沿内弧到外弧方向取出一部分钢样，加工成 φ5 mm×60 mm 的小圆棒，并将样品表面磨抛干净，在无水乙醇中超声波清洗 3 min。实验采用的定向凝固手段为液态金属冷却法，该技术采用 Ga-In-Sn 合金进行冷却，能够提高铸件的冷却速率和固液界面的温度梯度，定向凝固设备如图 3-52 所示。定

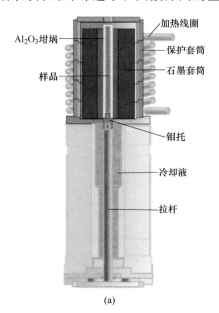

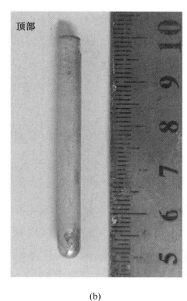

(a)　　　　　　　　　(b)

图 3-52　定向凝固设备图

(a) 定向凝固熔炼区域示意图；(b) 实验后样品图

图 3-52 彩图

向凝固设备采用电磁感应加热设备，使用测温热电偶及 PID 控温，工作气压为 10^{-4} Pa，最高可升温至 1700 ℃，熔炼区全长 120 mm，使用氧化锆陶瓷进行保温，内设石墨保护套筒消除电磁力对凝固产生的影响。定向凝固系统的理论冷却速率 ν 可表示为温度梯度与拉坯速度的乘积，见式（3-2），本实验以固定温度梯度而改变拉坯速度的方式来控制冷却速率。

$$\nu = GV \tag{3-2}$$

式中，ν 为实际冷却速率，℃/s；G 为炉内温度梯度，℃/mm；V 为拉坯速度，mm/s。

实验前需要对炉内温度梯度进行测量，方可确定适宜的拉伸速度。测定方法为：

（1）选取一定长度的石墨棒装入氮化硼管中，其顶部放置测温热电偶，将其与拉伸系统连结。

（2）手动转动丝杆皮带将钼托下降到实验所需高度，将定向凝固炉的温度升至 1580 ℃。

（3）待温度稳定后，手动转动丝杆皮带，使其上升一定高度，等待测温热电偶数值稳定后记录此点温度，重复第（3）步直至移动到最大高度归零。

实验测温结果如图 3-53 所示，由于实验主要考虑的是钢的凝固和冷却过程，因此选取 1270~1540 ℃ 范围内的数据进行线性拟合，得到温度梯度为 6.20 ℃/mm。

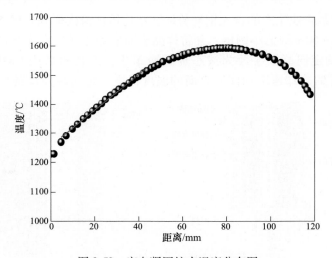

图 3-53　定向凝固炉内温度分布图

测温完成后方可进行实验，具体实验方法为：将干净的样品放置于一个圆柱坩埚中置于炉内加热区，反复多次洗炉直至达到指定真空度后充入保护气。开启感应加热装置，待试样熔化并保温一段时间后，利用拉伸设备以给定的拉坯速度将试样下降，通过一段具有恒定温度梯度的加热区进行竖直定向凝固。在这一过程中，在材料熔点以上的温度区域，材料被熔融，当坩埚被牵引下降经过低于熔点区的区域后，材料开始凝固结晶，并沿单一方向生长。待凝固完成后，迅速将试样拉入冷却液中进行急冷，保留其凝固特性。

最后，将试样沿圆柱中心线方向切开，将切面打磨、抛光后，使用 SEM 观察试样中的夹杂物形貌、数量和分布等特征，之后分别使用饱和苦味酸和 10%AA 溶液对试样进行浸蚀，观察其凝固组织与硫化锰夹杂物的三维形貌。

3.10.3 实验结果

冷却速率对硫化锰析出的尺寸和分布会产生决定性的影响。定向凝固实验得到的试样长度约为 55 mm，沿着试样凝固方向上每隔 5 mm 进行金相观察，得到试样中夹杂物沿着凝固方向的演变情况。图 3-54 是拉坯速度为 71 μm/s 时不同截面处的金相观察结果，所有截面的观察结果都是处于相同的放大倍数下得到。

如图 3-54 所示，在 71 μm/s 的拉坯速度下，在初始凝固区域图 3-54（a）和（b）中硫化锰夹杂物数量多、尺寸小，分布随机。图 3-54（c）~（f）所示凝固中部区域的硫化锰夹杂物具有明显趋向凝固方向的分布特点，并且夹杂物大小均匀，尺寸细小。试样顶部夹杂物生长充分，尺寸最大。

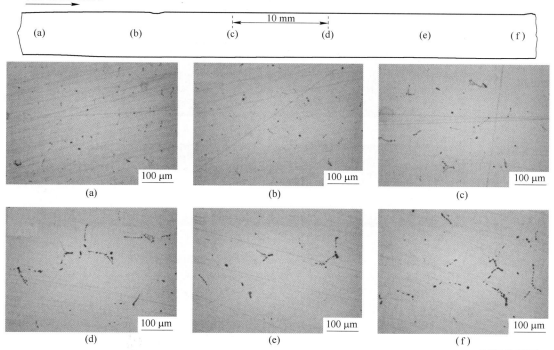

图 3-54　试样中硫化锰夹杂物沿凝固方向的分布及形貌图

图 3-54 彩图

使用饱和苦味酸对试样进行浸蚀，得到其微观组织。图 3-55 为不同拉坯速度下试样顶端微观组织的形貌图。拉坯速度为 14 μm/s、28 μm/s、71 μm/s 和 106 μm/s 的微观组织分别为胞状晶、胞状树枝晶、胞状树枝晶和枝晶。拉坯速度为 141 μm/s 的试样由于拉坯速度过快，传热条件不均匀，其凝固组织很混乱。对比图 3-54 中硫化锰夹杂物的分布，可以得出大部分的硫化锰与枝晶生长趋势相同，分布在枝晶间。硫、锰元素在凝固过程中的固液两相中扩散系数相差很大，易于在液相中富集，所以硫化锰主要分布在晶间。

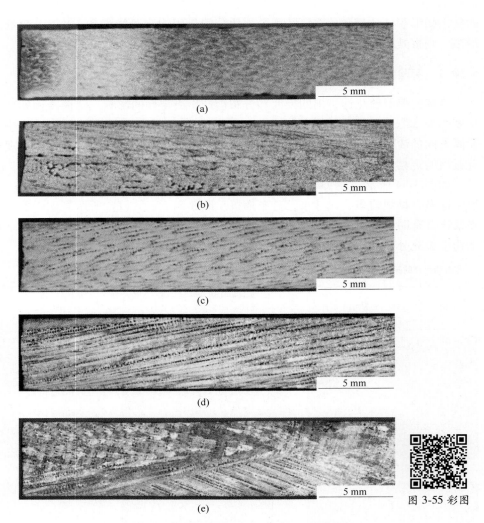

图 3-55 彩图

图 3-55　不同拉坯速度下试样顶端微观组织的形貌图

（a）14 μm/s；（b）28 μm/s；（c）71 μm/s；（d）106 μm/s；（e）141 μm/s

3.11　热处理实验

3.11.1　实验目的

在整个冶炼生产环节中，已经开发了一系列对不锈钢氧化物夹杂进行控制的方法。从 AOD 冶炼末期开始，可以通过脱氧对氧化物夹杂的生成进行控制；在精炼反应器中，可以通过钙处理和炉渣精炼对不锈钢中的氧化物夹杂进行改性，降低氧化物夹杂对钢材的危害，保证连铸生产的顺行；在连铸过程中，通过保护浇注的手段防止钢液成分和氧化物夹杂成分发生转变，减少新夹杂物的生成。可见，冶炼过程中对于不锈钢钢液中各类夹杂的氧化物的控制技术已日臻成熟，迫切需要开发新技术进一步提升不锈钢产品的洁净度和性能。后续的热处理过程不仅能够改变不锈钢的组织结构和性能，也会使得夹杂的氧化物与钢基体发生高温固相反应，造成钢基体成分偏析、原有夹杂的氧化物的改变和新夹杂的氧化物的析出。这也为实现对不锈钢钢基体中夹杂的氧化物的有效控制拓展了一条新的技术思路与方向。同时，热处理过程钢基体中夹杂的氧化物的种类、性质、尺寸及形貌特征的变化直接影响着最终不锈钢产品的组织和性能。因此，研究热处理对不锈钢中夹杂物的影响对进一步完善 304 不锈钢中夹杂物控制技术和提高不锈钢产品性能具有重要的理论意义和实际应用价值。

3.11.2 实验方法

将水冷得到的 304 不锈钢试样加工成片状（20 mm 长、10 mm 宽、3~5 mm 厚）作为热处理实验的样品。用 ICP 对试样中的 Al 元素、Si 元素、Mn 元素和 Cr 元素含量进行分析，用碳硫分析仪对钢中的 S 元素含量进行分析，用氧氮分析仪对钢中的 T.O 和 N 元素含量进行分析，成分见表 3-10。将加工后的试样在 1373 K 下的 Ar 环境中进行 15 min 和 60 min 的热处理，然后将试样取出淬火冷却，用于研究热处理过程中夹杂物的变化机理，热处理用硅钼电阻炉的示意图如图 3-56 所示。此外，将试样在 1273 K 和 1473 K 下的 Ar 环境中进行 60 min 的热处理，然后将试样取出淬火冷却，用于研究热处理温度对夹杂物转变速率的影响，热处理实验操作过程示意图如图 3-57 所示。之后用 ASPEX 自动扫描电子显微镜对热处理前、热处理后 15 min 和热处理后 60 min 的试样进行夹杂物检测分析，ASPEX 自动扫描电子显微镜的加速电压为 10 kV，每个试样检测 20 mm² 以上。

表 3-10　304 不锈钢试样中部分元素初始含量[31]

元素	[Al]	[Si]	[Mn]	[S]	T.O
含量	<5×10⁻⁶	0.20%	0.94%	20×10⁻⁶	46×10⁻⁶

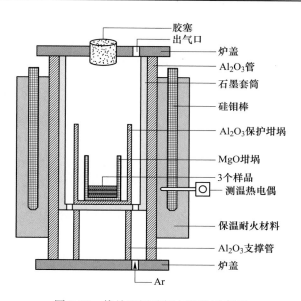

图 3-56　热处理用硅钼电阻炉示意图

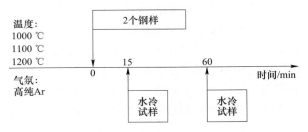

图 3-57 热处理实验操作过程示意图

3.11.3 实验结果

典型夹杂物形貌如图 3-58 所示。热处理之前，检测到的钢中的夹杂物为球形，主要成分为 MnO-SiO$_2$ 且含有少量的 CrO$_x$ 夹杂物，如图 3-58（a）所示。1373 K 下热处理 15 min 后，图 3-58（b）所示开始有 MnO·Cr$_2$O$_3$ 尖晶石夹杂物生成并在初始的球形 MnO-SiO$_2$ 夹杂物上长大。可以注意到初始的球形 MnO-SiO$_2$ 夹杂物没有紧紧地被 MnO·Cr$_2$O$_3$ 尖晶石夹杂物包围，而是在球形 MnO-SiO$_2$ 夹杂物表面有一些开口的区域使得钢基体和球形 MnO-SiO$_2$ 夹杂物直接进行接触，这可能是反应时［Cr］、［Si］和［Mn］元素传质的反应界面。随着反应的进行，MnO·Cr$_2$O$_3$ 夹杂物的形貌逐渐趋于棱角分明的菱形或者六面体形状，这也反映了其尖晶石晶体结构。热处理反应 1 h 以后，检测到的小尺寸夹杂物中基本没有 SiO$_2$，说明夹杂物已经被完全改性。热处理前 MnS 均匀地溶解在液态硅锰酸盐夹杂物中，随着热处理过程反应的进行，硅锰酸盐夹杂物逐渐被改性成纯 MnO·Cr$_2$O$_3$ 尖晶石夹杂物。

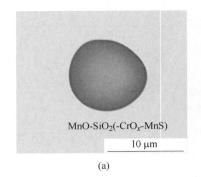
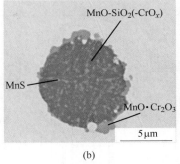
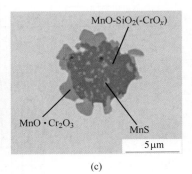

图 3-58 1373 K 下热处理过程中试样的典型夹杂物形貌[31]

（a）热处理前；（b）热处理 15 min 后；（c）热处理 60 min 后

图 3-59 为 1373 K 下热处理过程夹杂物成分的演变。试样中夹杂物的直径范围为 1～15 μm。图中的误差线为平均值的 95% 置信区间。大尺寸夹杂物的误差线较大，因为试样中检测到的大尺寸的夹杂物数量较少。图 3-59（a）所示热处理前夹杂物的主要成分为 MnO-SiO$_2$ 和少量的 CrO$_x$。图 3-59（b）所示在 1373 K 下反应 15 min 后，1 μm 的 MnO-SiO$_2$（-CrO$_x$）夹杂物完全改性为 MnO·Cr$_2$O$_3$ 夹杂物，并且夹杂物中 MnO/Cr$_2$O$_3$ 的摩尔比例为1∶1。夹杂物尺寸从 6 μm 到 1 μm，夹杂物中 Cr$_2$O$_3$ 的摩尔分数逐渐增加，同时

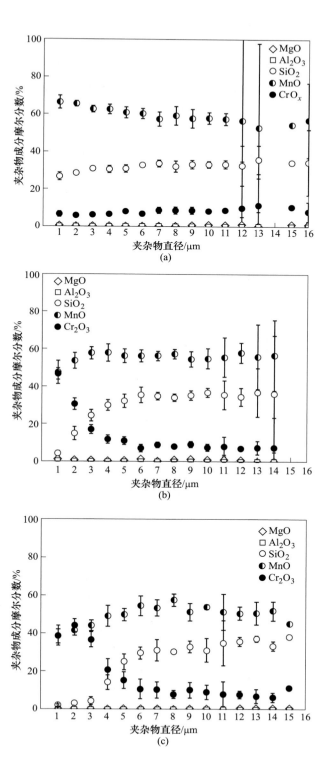

图 3-59 1373 K 下热处理过程中试样夹杂物成分的演变[31]

（a）热处理前；（b）热处理 15 min 后；（c）热处理 60 min 后

图 3-59 彩图

夹杂物中的 SiO_2 含量逐渐下降至消失。这是夹杂物中的 SiO_2 被不锈钢中的 Cr 元素还原造成的。图 3-59（c）所示在 1373 K 下反应 60 min 后，小于 3 μm 的夹杂物都完全被改性为 $MnO \cdot Cr_2O_3$ 夹杂物。所有 10 μm 以下的夹杂物都明显可以检测到此夹杂物的转变，不同尺寸夹杂物反应的量不同是动力学传质的不同引起的。图 3-60 为温度对热处理过程中夹杂物的影响。图 3-60（a）所示 1273 K 下热处理过程中，只有 1 μm 的夹杂物成分部分变化，大于 3 μm 的夹杂物成分基本没有变化。图 3-60（b）所示 1473 K 下热处理过程中，小于 6 μm 的夹杂物基本上都完全转变为纯的 $MnO \cdot Cr_2O_3$ 夹杂物，甚至大于 10 μm 的夹杂物成分都发生了明显的变化。将热处理温度从 1273 K 提升至 1473 K，可以有效地提升 304 不锈钢中氧化物夹杂的转变速率。

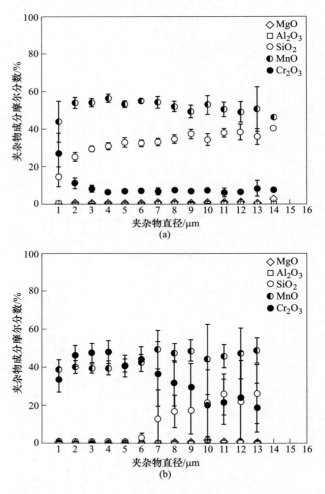

图 3-60 彩图

图 3-60　1273 K 和 1473 K 下热处理过程中试样夹杂物成分的演变[31]

（a）1273 K 下热处理 60 min 后；（b）1473 K 下热处理 60 min 后

3.12 小　　结

炼钢过程中涉及脱碳、脱磷、脱硫、脱氧和夹杂物控制等物理和化学反应，十分复杂，是典型的非稳态过程。其具有高温、反应剧烈的特点，难以直接观测，且成本高昂。高温试验是模拟炼钢过程物理和化学反应的重要研究手段，可以通过高温试验确定主要影响因素，优化操作冶炼参数，提升产品质量，节约生产成本。本章详细介绍了钢液脱氧实验、合金扩散实验、合金处理实验、渣钢反应实验、耐火材料侵蚀实验、高温共聚焦显微镜原位观察氧化物冶金实验、高温共聚焦显微镜原位观察夹杂物碰撞实验、高温共聚焦显微镜原位观察夹杂物在精炼渣中溶解实验、Gleeble 热模拟实验、定向凝固实验和热处理实验，旨在为更好地模拟和揭示炼钢过程的物理化学机理提供理论支撑和实践依据。

参 考 文 献

[1] YANG W, WANG X H, ZHANG L F, et al. Characteristics of alumina-based inclusions in low carbon Al-killed steel under no-stirring condition [J]. Steel Research International, 2013, 84 (9): 878-891.

[2] 张彦辉. 硅铁合金中残余元素铝和钙对钢液洁净度的影响 [D]. 北京: 北京科技大学, 2023.

[3] 王伟健. 精准钙处理改性钢中非金属夹杂物的基础研究 [D]. 北京: 北京科技大学, 2022.

[4] REN Y, ZHANG L F, FANG W, et al. Effect of slag composition on inclusions in Si-deoxidized 18Cr-8Ni stainless steels [J]. Metallurgical and Materials Transactions B, 2016, 47 (2): 1024-1034.

[5] 任英. 304 不锈钢中夹杂物的控制 [D]. 北京: 北京科技大学, 2017.

[6] NIGHTINGALE S A, BROOKS G A, MONAGHAN B J. Degradation of MgO refractory in CaO-SiO$_2$-MgO-FeO$_x$ and CaO-SiO$_2$-Al$_2$O$_3$-MgO-FeO$_x$ slags under forced convection [J]. Metallurgical and Materials Transactions B, 2005, 36 (4): 453-461.

[7] MANTOVANI M C, MORAES L R, CABRAL E F, et al. Interaction between molten steel and different kinds of MgO based tundish linings [J]. Ironmaking & Steelmaking, 2013, 40 (5): 319-325.

[8] 高巨雷. 镁碳砖和莫来石耐火材料与含 Ce 稀土钢界面反应研究 [D]. 秦皇岛: 燕山大学, 2022.

[9] 姚浩, 张立峰, 任强, 等. 冷却速率对 Ti-Zr 处理钢针状铁素体转变的影响 [J]. 钢铁, 2021, 56 (11): 96-103, 121.

[10] HAO Y, QIANG R, WEN Y, et al. In situ observation and prediction of the transformation of acicular ferrites in Ti-containing HLSA steel [J]. Metallurgical and Materials Transactions B, 2022, 53 (3): 1827-1840.

[11] 吴明晖. 镁处理轴承钢中夹杂物碰撞的原位观察研究 [D]. 北京: 北京科技大学, 2023.

[12] WU M, REN C, REN Y, et al. In situ observation of the agglomeration of MgO-Al$_2$O$_3$ inclusions on the surface of a molten GCr15-bearing steel [J]. Metallurgical and Materials Transactions, 2023, 54 (3): 1159-1173.

[13] MIKI T, KAWAKAMI A. Dissolution behavior of SiO$_2$ into molten CaO-FeO phase [J]. ISIJ International, 2020, 60 (7): 1434-1437.

[14] TRIPATHI G, MALFLIET A, BLANPAIN B, et al. Dissolution behavior and phase evolution during aluminum oxide dissolution in BOF slag [J]. Metallurgical and Materials Transactions B, 2019, 50 (4): 1782-1790.

[15] YU B, LV X W, XIANG S L, et al. Dissolution kinetics of SiO$_2$ into CaO-Fe$_2$O$_3$-SiO$_2$ slag [J].

Metallurgical and Materials Transactions B，2016，47（3）：2063-2071.

［16］XUAN C J, MU W Z. A phase-field model for the study of isothermal dissolution behavior of alumina particles into molten silicates［J］. Journal of the American Ceramic Society, 2019, 102（11）：6480-6497.

［17］GOU L, LIU H, REN Y, et al. Concept of inclusion capacity of slag and its application on the dissolution of Al_2O_3, ZrO_2 and SiO_2 inclusions in CaO-Al_2O_3-SiO_2 slag［J］. Metallurgical and Materials Transactions B, 2023, 54（3）：1314-1325.

［18］REN C Y, ZHANG L F, ZHANG J, et al. *In situ* observation of the dissolution of Al_2O_3 particles in CaO-Al_2O_3-SiO_2 slags［J］. Metallurgical and Materials Transactions B, 2021, 52（5）：3288-3301.

［19］REN C Y, HUANG C D, ZHANG L F, et al. *In situ* observation of the dissolution kinetics of Al_2O_3 particles in CaO-Al_2O_3-SiO_2 slags using laser confocal scanning microscopy［J］. International Journal of Minerals, Metallurgy and Materials, 2022, 30（2）：345-353.

［20］张立峰，任英. 精炼渣的夹杂物容量的概念及其应用［J］. 钢铁，2023，58（2）：47-60.

［21］LIU J H, VERHAEGHE F, GUO M X, et al. *In situ* observation of the dissolution of spherical alumina particles in CaO-Al_2O_3-SiO_2 melts［J］. Journal of the American Ceramic Society, 2007, 90（12）：3818-3824.

［22］王亚栋. L245 管线钢连铸板坯角部横裂纹控制研究［D］. 北京：北京科技大学，2018.

［23］杨小刚. 低碳微合金钢铸坯角部横裂纹控制研究［D］. 北京：北京科技大学，2016.

［24］ZHANG L, YANG X, LI S. Control of transverse corner cracks on low-carbon steel slabs［J］. JOM, 2014, 66（9）：1711-1720.

［25］CROWTHER D N, MINTZ B. Influence of carbon on hot ductility of steels［J］. Materials Science and Technology, 1986, 2（7）：671-676.

［26］ZHANG L F. Inclusion and bubble in steel—A review［J］. Journal of Iron and Steel Research International, 2006, 13（3）：1-8.

［27］吕泽安，倪红卫，张华，等. 利用硫化物改善钢性能的应用研究进展［J］. 材料与冶金学报，2015，14（1）：51-57.

［28］YOICHI I, NORIYUKI M, KAICHI M. Formation of MnS-type inclusion in steel［J］. Tetsu To Hagane, 1980, 66（6）：647-656.

［29］张立峰. 钢中非金属夹杂物［M］. 北京：冶金工业出版社，2019.

［30］王亚栋，张立峰，张海杰. 小方坯齿轮钢连铸过程中的宏观偏析模拟［J］. 工程科学学报，2021，43（4）：561-568.

［31］REN Y, ZHANG L F, PISTORIUS C P. Transformation of oxide inclusions in type 304 stainless steels during heat treatment［J］. Metallurgical and Materials Transactions B, 2017, 48（5）：2281-2292.

4 材 料 表 征

4.1 洁净化表征

4.1.1 渣成分测试

4.1.1.1 实验目的

钢铁冶炼的各个环节中都涉及渣，包括高炉渣、转炉渣、精炼渣、中间包覆盖剂和结晶器保护渣等。渣的性质对钢铁冶炼过程的顺利进行和钢的最终质量都起到至关重要的作用，而渣的化学成分是影响渣的性质的最根本因素。通常可以采用 X 射线荧光光谱（XRF）分析渣的成分。

4.1.1.2 XRF 实验方法

XRF 仪器由激发源（X 射线管）和探测系统构成。X 射线管产生入射 X 射线（一次 X 射线），激发被测样品。样品中的每一种元素会放射出二次 X 射线，并且不同的元素所放出的二次 X 射线具有特定的能量特性。用探测系统测量出这些放射出来的二次射线的能量及数量，然后仪器软件会将探测系统所收集的信息转换成样品中的各种元素的种类及含量。在实际应用中，有效的元素测量范围为 11 号元素（钠 Na）到 92 号元素（铀 U），主要分为能量色散型 XRF（EDXRF）光谱仪和波长色散型 XRF（WDXRF）光谱仪。图 4-1 为波长色散型 XRF 设备原理图。

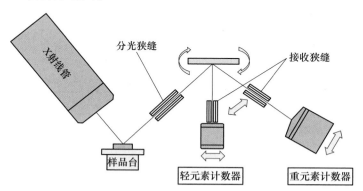

图 4-1　波长色散型 XRF 设备原理图

XRF 分析前需要对渣样进行处理。从现场取出的渣样通常为块状，需要使用破碎机把渣样破碎。渣样中通常还含有细小的金属铁粒，金属铁粒的存在会干扰渣中 FeO（钢中总铁 T. Fe）的分析，因此，需要使用磁铁对破碎后的渣样进行磁选，去除其中的金属铁粒，以保证 XRF 分析结果中的 Fe 都以化合态形式存在。XRF 粉末样品的平均指标要求在 2 g

以上，粒度为 200 目（0.074 mm）以上，样品尽量干燥不含水。在开始实验之前，需要进行仪器的预热，以确保仪器处于稳定工作状态。根据仪器规格，预热时间可能需要几十分钟到数小时不等。同时，还需要进行仪器的校准，在校准过程中，需要设置正确的仪器参数，如 X 射线管电压、电流和扫描速度等，以保证仪器测量的准确性。在进行测量之前，需要选择合适的入射角度、滤光器和检测器，以获取最佳的信噪比和分辨率。测量时应控制好激发电流和测量时间，以避免过高的激发电流和过长的测量时间对样品造成热损伤和辐射损伤。随后，将待测样品置于样品台上开始测量。在测量完成后，需要对得到的荧光光谱数据进行分析和解释。可以使用分析软件进行谱线拟合、峰面积计算等操作，获得元素含量。

XRF 分析的原理决定了 XRF 只能进行渣元素成分的检测，而不能对渣的物相进行分析，因此，XRF 的原始结果为各元素的比例。但是在实际分析过程中往往要将元素比例转成对应的氧化物比例，进而可以分析渣的熔点、黏度等物理性质。值得注意的是，精炼过程为了降低渣的熔点，通常还会加入 CaF_2，此时需要根据分析需求确定是转为 CaF_2 还是单质 F。此外，转炉冶炼过程为氧化气氛，渣中的 Fe 元素通常转为 Fe_2O_3，而精炼过程为还原气氛，此时渣中的 Fe 元素通常转为 FeO。

4.1.1.3　实验结果

表 4-1 为国内某钢厂生产 U71Mn 重轨钢过程中炉渣成分的变化。随着钢包精炼炉（ladle furnace，LF）精炼过程的进行，炉渣碱度逐渐升高，LF 出站后碱度达 2.06。真空脱气炉（vacuum degassing，VD）精炼过程中，炉渣碱度在 1.7 左右，较 LF 出站有所降低。重轨钢是无铝脱氧钢，渣中 Al_2O_3 比例较高会导致渣向钢液传递铝，从而使钢中铝含量和夹杂物中 Al_2O_3 比例增高，Al_2O_3 作为脆性夹杂物，会严重缩短重轨钢的疲劳寿命。

表 4-1　U71Mn 重轨钢炉渣成分变化　　　　　　　　　（质量分数，%）

反应状态	CaO	SiO_2	Al_2O_3	MgO	MnO	TiO_2	Fe_2O_3	碱度
LF 化渣后	33.07	25.89	18.41	11.33	6.78	1.23	3.29	1.28
LF 合金化后	38.26	27.25	19.48	8.81	2.64	1.05	2.50	1.40
LF 结束	53.24	25.87	11.98	5.44	0.70	0.58	2.18	2.06
VD 结束	51.00	29.71	11.24	6.35	0.53	0.59	0.57	1.72

4.1.2　钢中氧、氮含量分析

4.1.2.1　实验目的

钢中氧和氮都是钢中残余气体元素，在固态钢中的溶解度很低，因此，在钢中会以氧化物和氮化物夹杂的形式存在。氧化物夹杂尺寸较大，多数氧化物夹杂是在钢液中已经存在或在钢液凝固过程中析出的，这些夹杂物破坏了钢基体的连续性，对钢材的性能危害较大。而氮化物在不同的钢中作用则不同，在某些钢种中，氮元素通过析出纳米级的氮化铝或氮化钛钉扎晶界，细化钢的组织，而在部分钢中，氮化钛尺寸较为粗大，危害钢的热塑性和产品性能。因此，掌握钢中氧和氮含量对于控制钢中的氧化物和氮化物夹杂至关重要。

4.1.2.2 实验方法

钢中的总氧含量根据《钢铁 氧含量的测定 脉冲加热惰气熔融-红外线吸收法》（GB/T 11261—2006）测定，其原理为将预先制备好的试样放入处在 He（或 Ar）气流的石墨坩埚中，用低压交流电直接加热至 2300 ℃ 左右熔融，试样中的氧呈一氧化碳析出（或经加热 400 ℃ 的稀土氧化铜转化成二氧化碳），导入红外线检测器测定其中一氧化碳（或二氧化碳）含量。钢中氮含量根据《钢铁 氮含量的测定 惰性气体熔融热导法（常规方法)》（GB/T 20124—2006）测定。其基本原理为在 He 中，用石墨坩埚高温熔融试料，氮以分子形态被提取在 He 气流中，与其他气体提取分离后用热导法测量。

进行氧氮测试的样品应选择无明显疏松缩孔的钢样，使用线切割机切出 $\phi5$ mm 的圆棒，使用 SiC 砂纸将样品表面的线切割痕打磨干净，然后使用锉刀将试样表面磨光，再使用剪断机将试样剪断成质量为 0.5~1.0 g 的试样，使用酒精进行冲洗，吹风机热风吹干。测试设备选用氧氮氢联合分析仪。

氧氮氢联合分析仪的使用主要包括仪器的开机、试样分析测试和仪器关机三个部分。

（1）仪器开机前依次通入 Ar 或 N_2、打开循环水，打开稳压电源和主机电源并预热 2 h。之后打开计算机，启动操作软件 Cornerstone，并进行"漏气检查"，查看气体气密性，查验仪器气体流量是否正常。

（2）分析成分时，首先空烧，随后挑选一种合适含量的标准样品进行分析，分析结果满足要求即可进行样品分析。其次选择合适的测试方法，在天平上称好样品，并在软件中输入"样品名称"和"样品质量"，将称重后的样品放入样品仓。放下电极，分别清洗上下电极后将坩埚放在下电极上，上升下电极，分析开始。分析结束后，再次进行称重，根据需要打印或者导出数据。分析测量都结束后，降下电极，分别清理上下电极，将电极升高。

（3）仪器关机步骤需退出分析软件，关闭计算机、仪器电源开关、稳压电源开关、外循环冷却开关和气瓶开关。其中必须注意在使用前应检查内循环水是否充足和外循环水是否开启，检查是否漏气，测量试样结束后清洗电极。

4.1.2.3 实验结果

图 4-2 为国内某厂生产的 B510L 汽车大梁钢在生产过程中氧和氮含量的变化。由图 4-2 可知，在 LF 钙处理后，钢中的氮含量升高了 13.7×10^{-6}，氧含量升高了 6.3×10^{-6}，这说明钙处理过程工艺不合理，导致钢液面裸露，从而发生了二次氧化。

4.1.3 钢中碳、硫含量分析

4.1.3.1 实验目的

钢中的碳元素和硫元素是易偏析元素，可以通过分析连铸坯或铸锭中不同位置处的碳和硫含量来评价偏析程度。此外，硫元素还是钢中的残余元素，一般钢种（硫系易切削钢除外）都会对钢中的硫含量做上限要求。碳元素是钢中的重要元素，对组织和力学性能影响显著。因此，准确测量钢中的碳和硫含量十分重要。

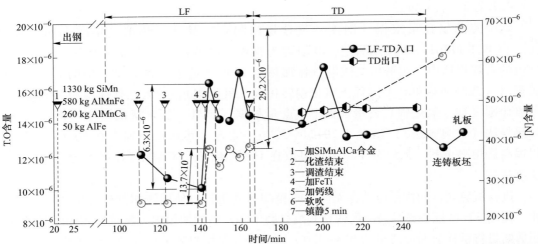

图 4-2   B510L 汽车大梁钢生产过程中氧和氮含量的变化图

图 4-2 彩图

4.1.3.2   实验方法

钢中的碳和硫含量根据《钢铁　总碳硫含量的测定　高频感应炉燃烧后红外吸收法（常规方法）》（GB/T 20123—2006）测定。碳硫分析仪的工作基于激光原理和光谱学原理，其使用激光脉冲来激发样品中的原子和分子并产生发射光谱。其中，测定碳含量的原理为试样在氧气流中燃烧。在高温炉内进行燃烧通常需要达到2000 ℃以上，碳元素在高温下会转化成一氧化碳和二氧化碳，此时可利用氧气流中二氧化碳和一氧化碳的红外吸收光谱进行测量。测定硫含量的原理为试样在氧气流中燃烧会将硫转化成二氧化硫，之后可利用氧气流中二氧化硫的红外吸收光谱进行测定。

对于待测的样品，首先使用钻床或车床获取待测样品的碎屑，然后使用丙酮清洗待测的碎屑，用干燥箱烘干，以去除加工过程可能引入的油污。每次称取 0.5~1.0 g 的试样，混入助熔剂，使用碳硫分析仪进行测量。

碳硫分析仪的使用主要包括仪器开机、试样分析测试和仪器关机三部分。

（1）仪器开机时首先通入 O_2 和 N_2，打开空气开关电源和主机电源，打开计算机，启动操作软件，至少预热 2 h。查看气体气密性及仪器气体流量是否正常。

（2）试样测试时需先进行 3 次空白试样测试，随后挑选一种与试样含量接近的标准样品进行分析，根据标准样品进行校准。选择合适的测试方法，在天平上称好样品，在软件中输入"样品名称"和"样品质量"。随后向坩埚中加入适量助熔剂，打开样品仓，将称重后的样品放入样品仓，开始分析。

（3）分析结束后退出分析软件，关闭计算机、仪器电源开关和气瓶开关。其中在使用前必须检查冷却水量是否充足。

4.1.3.3   实验结果

图 4-3 为国内某钢厂生产 U71Mn 重轨钢过程中硫含量的变化图。由图可知，在 LF 精炼和 VD 真空处理过程，钢中硫含量都逐渐下降，说明 LF 和 VD 过程都可以通过渣钢反应起到较好的脱硫作用。

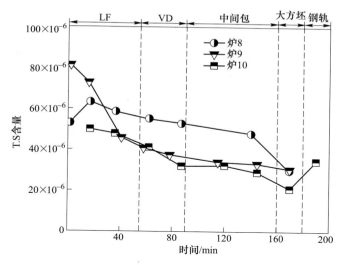

图 4-3 彩图

图 4-3 U71Mn 重轨钢生产过程中硫含量的变化图

4.1.4 直读光谱法分析钢化学成分

4.1.4.1 实验目的

钢的化学成分是影响钢性质的最重要因素。生产过程中准确把握当前钢的成分，有利于制定合理的脱氧和合金化过程。此外，钢成分不仅受到所加的合金元素含量的影响，还受到耐火材料、钢渣以及其他辅料的种类、纯度的影响。并且，不同合金元素的化学活性不同，加入钢中后收得率差别也较大。因此，对钢成分的快速、准确分析对于钢铁企业生产具有重要意义。

4.1.4.2 实验方法

直读光谱法测钢成分的基本原理为利用激发光源激发钢样，钢样在激发状态下会发射特定的光谱信号，此时可通过光谱数据对元素含量进行定量分析。相比于化学法，直读光谱法具有方便、快速和高效的特点，可以直接对固体样品进行测量，不需要化学消解，可以减少消解过程以及定容过程所带来的人为误差。

4.1.4.3 实验结果

图 4-4 为国内某钢厂生产镀锡板过程中钢中铝含量随时间和生产操作的变化图。镀锡板是一种低碳铝镇静钢，维持一定的铝含量有利于降低钢液中的氧含量，提高钢液的洁净度。由图 4-4 可知，向钢液中加入 0.1 t 铝块后，钢中的铝含量从 350×10^{-6} 增加至 550×10^{-6}。

4.1.5 化学法分析钢成分

4.1.5.1 实验目的

虽然直读光谱法具有分析时间短、一次分析多种元素的优点，但是做直读光谱需要有特定的标准样品，并且元素的分析下限较高，对于钢中痕量元素的分析不够精准。因此，有时还需要用化学法分析钢中的化学元素含量。

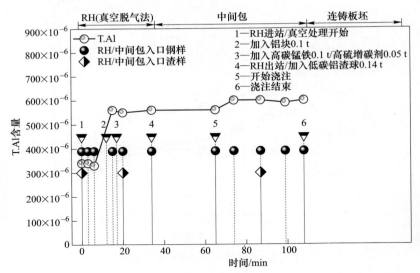

图 4-4 彩图

图 4-4　国内某钢厂生产镀锡板过程钢中铝含量的变化图

4.1.5.2　实验方法

化学法检测又可以分为电感耦合等离子体发射光谱法（ICP-OES）和电感耦合等离子体质谱法（ICP-MS）。ICP-OES 的基本原理是通过利用高频电感耦合产生等离子体放电的光源进行原子发射光谱分析。而 ICP-MS 则是利用离子质谱，按不同质荷比进行分离检测。两者能够分析的元素基本一致，但是 ICP-MS 的检测限度比 ICP-OES 更低，最好可达到 ng/L 的水平，而 ICP-OES 一般是 μg/L 的级别。

在进行 ICP-OES(MS) 检测时，要求样品可以溶解于酸中，配成离子溶液，使待测元素以离子形式存在。若样品不溶于强酸，需对样品进行前置处理，一般为在空气中烧结使待测元素转化成金属氧化物。对溶于酸的样品（金属氧化物），可将其直接溶于盐酸/硝酸/硫酸/王水中，需确保浓酸原始体积小于稀释后总体积的 5%（酸度小于 5%），溶液样品送样浓度要求待测各种离子浓度均在 $1×10^{-6} \sim 10×10^{-6}$。

在测量过程中，样品由载气引入雾化室雾化后，会以气溶胶形式进入等离子体的中心通道，随后在高温惰性气氛中被充分蒸发、原子化、电离和激发，使所含元素发射各自的特征谱线。根据各元素特征谱线的存在与否，定性分析样品中元素的存在与否；由特征谱线的强度，定量分析相应元素的含量。ICP 电离源一般配有 MS 检测器或者 OES 检测器。由于检测器的不同，这两种检测手段在用途上也有些不同：ICP-OES 具备高灵敏度和低检测限度，支持较宽的动态线性范围和多元素同时分析，通常用于痕量及部分常量元素定性定量分析，检测的下限一般是 μg/L 的级别；ICP-MS 具有元素、同位素、形态分析等定性定量分析能力，检测下限水平优于 ICP-OES，最好可达到 ng/L 的水平。

ICP 发射光谱分析过程主要分为三步：激发、分光和检测。

（1）利用等离子体激发光源使试样蒸发汽化，离解或分解为原子状态，原子可能进一步电离成离子状态，原子及离子在光源中激发发光。

（2）利用光谱仪器将光源发射的光分解为按波长排列的光谱。

（3）利用光电器件检测光谱，按测定得到的光谱波长对试样进行定性分析，按发射光强度进行定量分析。图 4-5 为 ICP-OES 的检测原理图。

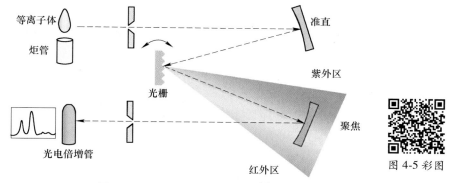

图 4-5 ICP-OES 的检测原理图[1]

4.1.5.3 实验结果

图 4-6 为采用 ICP-MS 分析无取向硅钢中加入稀土后不同时间钢中 Ce 含量的变化图，图中 RH1 为 RH 真空口，RH2 为 RH 加 Ce 后，RH3 为 RH 出站。由于 Ce 元素非常活泼，加入钢中后会与耐火材料和精炼渣反应，从而被氧化消耗，生成的含 Ce 夹杂物也会上浮去除，这都会导致钢中的 Ce 含量降低。

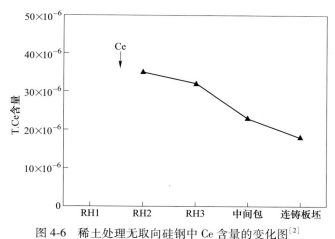

图 4-6 稀土处理无取向硅钢中 Ce 含量的变化图[2]

4.1.6 平面上夹杂物定量分析

4.1.6.1 实验目的

由于凝固后钢对氧、氮、硫等元素的溶解度很低，这些元素会以氧化物、氮化物和硫化物等非金属夹杂物的形式存在。非金属夹杂物的存在破坏了钢基体的连续性，不仅可能危害钢的表面质量，还会影响钢的强度、韧塑性、耐蚀性能和软磁性能等。因此，准确分析钢中非金属夹杂物的形貌、尺寸、数量、形态和分布等是评估和控制钢中非金属夹杂物的前提。

4.1.6.2 实验方法

使用 SEM 可以方便地定量分析一定区域内的夹杂物的尺寸、数量和形态。其基本原理是根据夹杂物与钢基体的成分不同，二者在背散射模式下的衬度则不同，可以方便根据图像识别来区分出夹杂物与钢基体。对于钢中常见的 Al_2O_3、镁铝尖晶石、钙铝酸盐和 MnS 等夹杂物，其在背散射模式下比钢基体要暗，而稀土类夹杂物、ZrO_2 夹杂物等在背散射模式下比钢基体更亮。因此，需要根据钢中夹杂物的类型合理地调整钢基体与夹杂物的灰度值范围。

使用 SEM 分析夹杂物时具体操作如下。首先，将样品磨抛至镜面后放入 SEM 下，要保证试样的上下表面平行，以防止自动扫描过程不同位置焦距不同造成图像失焦。其次，将 SEM 的模式调整为背散射，选择分析区域，设置分析夹杂物的最小尺寸，受限于镜面下 SEM 的分辨率，通常将夹杂物的最小尺寸设置为 ≥1 μm，也可以根据分析需求设置相应的最小尺寸。最后，利用 EDS 分析得到的夹杂物成分为元素的质量分数，通常会根据需要转化成相应化合物的百分比。

4.1.6.3 实验结果

图 4-7 为 U71Mn 重轨钢 LF 到站时钢中夹杂物的成分分布图。重轨钢为硅锰脱氧钢，因此，脱氧后钢中夹杂物主要为 SiO_2-MnO 夹杂物。

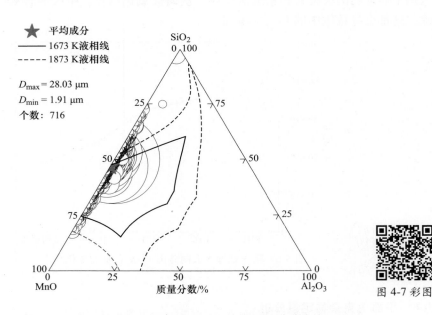

图 4-7　U71Mn 重轨钢 LF 到站时钢中夹杂物的成分分布图

4.1.7　夹杂物三维形貌分析

4.1.7.1　实验目的

虽然在二维抛光面上分析夹杂物具有制样容易、方便定量的优点，但是也存在夹杂物尺寸分析偏小，对夹杂物形貌分析不准确的问题。比如，对于钢中的球形夹杂物，只有过球心的弦长才是夹杂物的真实尺寸，而在二维抛光面下，暴露出来的夹杂物二维图像很难正好穿过圆心，因此，在二维抛光面上测得的夹杂物尺寸偏小。准确地表征夹杂物的真实三维尺寸和形貌对于评价夹杂物的危害具有重要意义。

4.1.7.2　实验方法

有机溶液电解提取的基本原理是在有机试剂中将钢基体通电，使其转变为铁离子，与试剂中的络合剂结合，而钢基体中的非金属夹杂物由于不导电，会残留在电解液或暴露在铁基体表面，后续可通过过滤或离心富集，将夹杂物完整地保留下来。通过喷金提高夹杂物的导电性后，可以使用 SEM 和 EDS 观察分析其三维形貌和化学成分。采用中性的有机电解液可以有效避免硫化物的溶解，能够更完整地观测夹杂物的形貌。电解液的组成为：1%（质量分数）四甲基氯化铵、5%（质量分数）丙三醇、5%（质量分数）三乙醇胺和89%（质量分数）甲醇。本实验的设备示意图如图 4-8 所示。

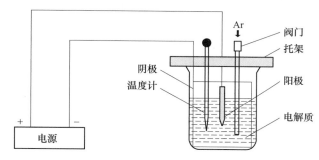

图 4-8　有机溶液电解提取设备示意图

4.1.7.3　实验结果

稀土铈与钢中的氧和硫具有很强的亲和力，可以将钢中夹杂物改性为球形的 Ce_2O_2S 和 $CeAlO_3$ 夹杂物，此类夹杂物尺寸小，可以有效改善大尺寸 MnS 和 Al_2O_3 带来的探伤缺陷。然而，工业试验研究发现对于 303 t 的 16Mn 钢超大型铸锭，铈处理后依然会存在大尺寸夹杂物造成的探伤缺陷。因此，本实验通过在铸锭底部取样，通过非水溶液电解提取夹杂物，如图 4-9 所示。图 4-9 所示团簇状 $CeAlO_3$ 形貌可以完整地呈现，主要为球状和块状，不同 $CeAlO_3$ 颗粒聚合在一起形成尺寸较大、疏松的簇状夹杂物，少量块状 $CeAlO_3$ 颗粒聚合成球状大尺寸夹杂物。此外，能够发现对于传统二维金相分析，很难完整判断此类团簇状夹杂物的实际尺寸，因此，通过非水溶液电解提取准确地评价了钢中缺陷夹杂物的实际尺寸，为夹杂物的控制提供了有效的依据。

图 4-9　有机溶液提取的 303 t 16Mn 钢超大型铸锭底部样品的团簇状 CeAlO₃ 夹杂物三维形貌图[3]

4.2　均质化表征

4.2.1　宏观偏析检测

4.2.1.1　实验目的

在连铸坯凝固过程中，由于溶质元素在固相和液相中溶解度的差异，溶质元素会不断地从固相中排出，富集于枝晶间的液相，产生微观偏析。随着凝固的进行，连铸坯内部的冷却速率逐渐降低，由于受到溶质浮力、晶粒沉淀、凝固收缩和坯壳鼓肚变形等影响，固相排出的溶质元素随液相的流动会在较大尺度范围内进行溶质传输，形成大尺寸范围的溶质元素的波动，造成宏观偏析的形成。元素偏析对于钢组织、析出相和性能都有较大的影响。因此，准确地表征宏观偏析的程度对于评估钢坯质量非常重要。

4.2.1.2　实验方法

宏观偏析的检测就是沿着连铸坯厚度方向检测钢中的碳、硫和锰等易偏析元素的差异。根据取样和成分检测的方法可以将宏观偏析的检测方法分为原位分析法、直读光谱法、刨片检测分析法和钻屑取样分析法。下面分别介绍这四种方法。

（1）原位分析法。金属原位分析技术是对各元素不同含量所占的原位权重比率、材料的疏松度的定量表征、材料中夹杂物的统计定量分布以及材料中不同粒度夹杂物的统计定量分布等进行快速、有效的分析，该技术将成为材料及工艺研究中一种反映材料内在质量的新判据方法。根据原位分析对样品的要求，对于经过火焰切割的正常生产工艺生产的连铸坯，通过锯床、磨床加工，采用线切割方法将样品分为三块，分别是内弧侧样品、中心部分样品和外弧侧样品，样品尺寸为（100～110）mm×80 mm×30 mm。随后采用原位分析仪，分别对试样进行检测扫描，获得不同元素的分布特征。

（2）直读光谱法。直读光谱法是在钢铁生产过程中最为常用的方法，其反应速度快，检测精度高，样品要求低，受到众多冶金工作研究人员的青睐。根据光谱检测设备对样品的要求，对正常生产的连铸坯试样进行火焰切割，经过锯床、磨床加工，采用光谱仪器检测铸坯不同位置处的成分含量。取样示意图如图 4-10 所示。在正常工艺条件下进行铸坯取样，从内弧侧到外弧侧取宽度 30 mm 的长条试样，第一次取样方案是每隔 15 mm 进行取样，共计取 20 个，之后对所有样品进行检测。

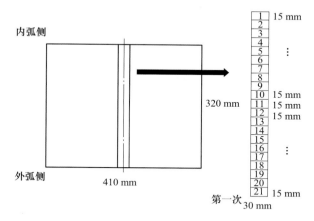

图 4-10　直读光谱法取样示意图

（3）刨片检测分析法。刨片检测分析是将正常工艺生产的连铸坯利用火焰切割下来后，通过锯床加工获得沿拉坯方向的长条试样，再通过刨床加工获得刨片试样，随后对刨片进行分析以检测 C、S、Mn 和 Cr 等元素的分析方法。其中，刨片检测的加工示意图如图 4-11 所示。

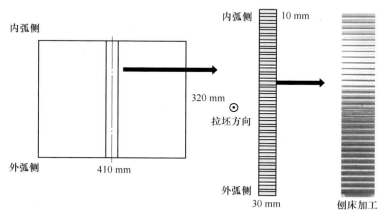

图 4-11　刨片检测加工示意图

（4）钻屑取样分析法。采用钻屑取样分析钢中 C、S 等元素是连铸坯检测最为常规的方法，由于样品容易获得，操作相对简单，长期以来被众多冶金工作研究人员采用。然而，在获得钢屑的过程中，钻床钻头不可避免地出现磨损，尤其是对于高强耐磨钢、轴承钢等，钢的硬度普遍较大，钻头磨损较为严重。常规采用的钻头均为高碳、高合金钢，钻头磨损的碎屑会直接进入检测试样中，造成检测元素成分呈现出一定程度的波动。图 4-12

为钻屑取样示意图，可采用 φ5 mm 的钻头，从连铸坯的内弧侧至外弧侧每隔 10 mm 进行钻孔取屑，对钢屑含量进行分析，获得合金偏析沿铸坯厚度方向的变化。

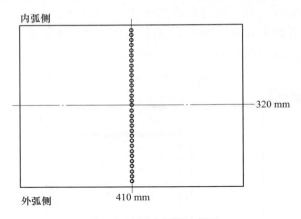

图 4-12　钻屑取样示意图

4.2.1.3　实验结果

图 4-13 为连铸坯中心部分侧面扫描图，可以看出铸坯中心部分表面 C 含量从 0.6043~0.9065 的变化，随着距铸坯表面距离的增加，C 元素含量明显增大，通过面扫描获得的最小偏析为 0.837，最大偏析为 2.924。

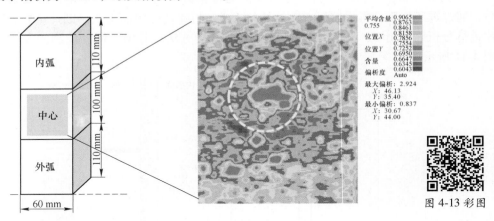

图 4-13 彩图

图 4-13　连铸坯中心部分侧面扫描图

图 4-14 为第 1 次和第 2 次不同取样方案测出的 C 偏析指数距铸坯中心距离的变化，可以看出在铸坯表面附近，两次的测量结果呈现小幅度波动，相差较小。随着距表面距离的增加，波动程度逐渐增大，在铸坯中心，由于第 1 次测量数据点较少，未能捕捉到铸坯中心点的正偏析行为。因此，在后期研究分析过程中，直读光谱的检测点适当增多，以更加准确地测量结果变化。

图 4-15 为对刨片试样同时进行的两次检测结果，可以看出同一个试样在两侧检测时，检测结果更为稳定。在铸坯中心 C 偏析有一定差异，这主要是受到铸坯凝固的不稳定性的影响。C 偏析的刨片检测与直读光谱法检测结果相似，铸坯中心为正偏析，中心两侧为负

偏析，在 1/4 位置处附近呈现一定程度的正偏析。

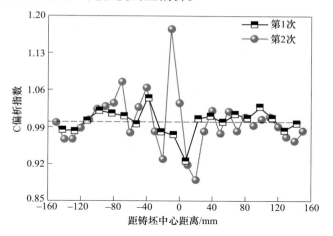

图 4-14 彩图

图 4-14　直读光谱法检测 C 偏析结果图

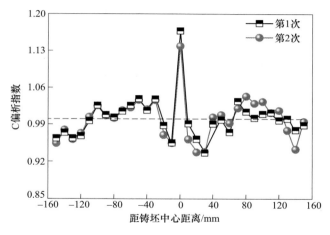

图 4-15 彩图

图 4-15　刨片检测分析法检测 C 偏析结果图

　　图 4-16 为正常生产工艺条件下生产的连铸坯的钻屑取样分析情况，可以看出两次的测量结果基本能够较好地吻合，C 偏析指数差异小于 0.05，说明传统方法获得的钢屑经碳硫分析仪的分析能够反映出连铸坯的偏析程度。由于结晶器电磁搅拌的作用，在连铸坯表层附近还存在一定负偏析。在凝固后期，由于钢液补缩和缩孔的形成，在铸坯中心呈现正偏析，而在中心两侧为负偏析。

4.2.2　微观偏析检测

4.2.2.1　实验目的
　　微观偏析按其形式分为胞状偏析、枝晶偏析和晶界偏析，其尺度范围是在一个晶粒以内。化学成分的不均匀往往同时造成组织上的不均匀，使钢的冲击韧性、塑性和耐腐蚀性等性能降低。因此，通过合适的方法评价微观偏析的程度对于评价钢的组织和成分均匀性十分重要。

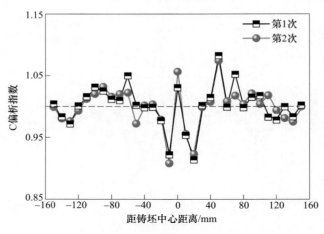

图 4-16 彩图

图 4-16　钻屑取样分析法检测 C 偏析结果图

4.2.2.2　实验方法

电子探针又称微区 X 射线光谱分析仪、X 射线显微分析仪,其原理是利用聚焦的高能电子束轰击固体表面,使被轰击的元素激发出特征 X 射线,按其波长及强度对固体表面微区进行定性及定量化学分析,主要用来分析固体物质表面的细小颗粒或微小区域,最小范围直径为 1 μm 左右。本实验根据试样表面的面扫描结果,确定铸坯不同位置处的偏析情况。

4.2.2.3　实验结果

在重轨钢混晶区取 7 mm×7 mm×10 mm 试样,经过磨抛后用4%硝酸酒精轻微腐蚀30 s后,使用电子探针分析。图 4-17 为铸坯混晶区处的枝晶腐蚀和溶质元素的面扫描结果。在铸坯内部,由于冷却速率的降低,固相中排出的溶质元素有充分的时间进行扩散传输。从图 4-17 可以看出,偏析斑点的最大尺寸能够达到 250 μm,且在偏析斑点区域存在严重的 C、Cr 和 Mn 元素的富集。

4.2.3　铸坯裂纹检测

4.2.3.1　实验目的

连铸坯的质量好坏直接影响着后续产品的生产以及最终产品的质量。连铸坯上 50% 的缺陷是裂纹缺陷。对于微合金钢,钢中的碳氮化物在晶界大量析出,会严重恶化钢的高温热塑性能,从而引发角部横裂纹等缺陷。特别是当钢的碳含量处于包晶反应区域内时,由于包晶反应的发生,液相与 δ 相几乎同时消失转变为奥氏体,造成较大的体积收缩,增大了连铸坯与结晶器之间的空隙,热阻相应增大。由于传热得不均匀,凝固坯壳厚度也不均匀,在热应力、摩擦力和钢水静压力的作用下,裂纹敏感性大大增加。因此,分析裂纹的形貌、尺寸对于确定裂纹发生的原因至关重要。

4.2.3.2　实验方法

从生产现场采取发生角部横裂纹的连铸坯试样,对取得的试样按图 4-18 所示方法进行切割、磨抛，然后用光学显微镜（OM）和 SEM 观察裂纹在铸坯内部的二维形貌。

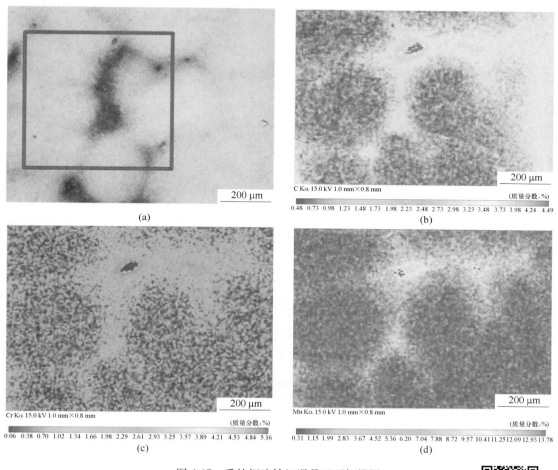

图 4-17 重轨钢连铸坯混晶区面扫描图

（a）枝晶腐蚀；（b）C 元素；（c）Cr 元素；（d）Mn 元素

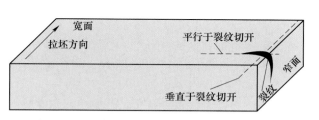

图 4-18 连铸坯角部横裂纹取样示意图[4]

图 4-17 彩图

Micro-CT 是微型的 CT 机，是采用 X 射线成像原理进行超高分辨三维成像的设备，可在不破坏实验样品结构的情况下，对样品内部进行高分辨 X 射线成像，获取样品内部详尽的三维结构信息。其基本原理为 X 射线从各个方向通过实验样品，之后利用计算机程序对所有衰减的 X 射线投影作分析测量，重构断层图像，获得三维图像。实验所用 Micro-CT 装置主要构成包括同步辐射 X 射线源、多层过滤器、样品台、闪烁器以及由 CCD（charge coupled device）相机等组成的探测系统。如图 4-19 所示，为沿铸坯宽度方向和厚度方向取直径 3 mm 的圆柱试样，沿取样方向取样时尽可能保证圆柱体内裂纹形貌的完整性。

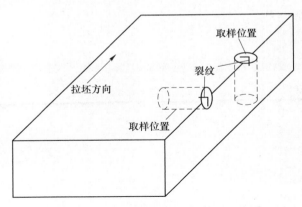

图 4-19   Micro-CT 实验样品制备示意图[4]

4.2.3.3   实验结果

实验典型观察结果如图 4-20 所示。可以看出角部横裂纹会向连铸坯内部延伸，延伸深度超过 3 mm，在裂纹内部会有链状颗粒性物质，后续检测结果表明为 Fe_2O_3。此时，裂纹有沿晶界扩展的趋势。在现有的二维观察技术条件下并不能完整揭露裂纹的真实情况，即二维观察结果信息量有限，具有一定的局限性。

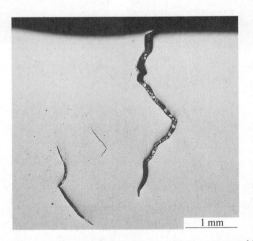

1 mm

图 4-20   连铸坯角部横裂纹光学显微镜二维图像[4]

将上述大量连续二维扫描截面进行组合可得到该角部横裂纹的完整三维形貌，如图 4-21 所示，图中为从不同角度观察到的裂纹三维形貌。从图 4-21 中可以发现该角部横裂纹沿着晶界开裂，存在显著的晶界面以及裂纹的沿晶形貌，在裂纹内部可观察到 Fe_2O_3 颗粒，在裂纹附近还可观察到完整的夹杂物或气泡形貌。另一方面还可观察到裂纹尖端的真实形貌，这对研究裂纹尖端形貌变化，如裂纹尖端张开位移等，为确定裂纹开裂的临界条件提供重要依据，可对从形貌上控制角部横裂纹的发生提供理论支持。

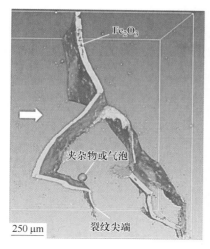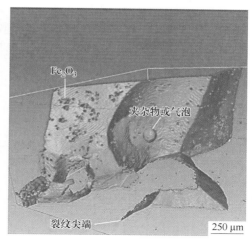

图 4-21 彩图

图 4-21 角部横裂纹三维形貌 Micro-CT 观察结果图[4]

4.3 细晶化表征

4.3.1 凝固组织

4.3.1.1 实验目的

钢在凝固后，基体可以分为三个区域：激冷层、柱状晶区和等轴晶区。激冷层是由于凝固时表层急剧冷却，形成细小的等轴晶粒，范围较小。柱状晶区是由紧接着激冷层出现的粗大的长柱状晶粒所组成的区域。而等轴晶区是位于铸坯心部，由许多粗大的、各方向尺寸近乎一致的晶粒组成。由于柱状晶区和等轴晶区的分界线并不是特别明显，因此还会区分出混晶区。凝固组织通常和浇铸与冷却条件有关，并且会影响到铸锭（坯）的宏观偏析行为。本实验主要通过热酸浸蚀的方法揭示铸锭（坯）的组织。其基本原理是由于元素偏析的存在，不同成分的组织对酸的耐蚀程度不同，在酸蚀后呈现出不同的组织形貌。

4.3.1.2 实验方法

本节对低碳微合金钢连铸坯组织的浸蚀方法进行介绍。连铸坯样品切割示意图如图 4-22 所示。切取横截面和中心纵截面试样，然后将连铸坯待检测面分别进行铣、磨和抛光等机械加工处理，使其表面粗糙度达到 $0.6 \sim 0.8~\mu m$，最后将检测面进行热酸浸蚀以观察低倍凝固组织。低倍浸蚀实验采用热盐酸溶液对连铸坯检测面进行浸蚀，连铸坯低倍浸蚀实验装置示意图如图 4-23 所示。具体浸蚀方法如下：

（1）配置浸蚀溶液，按照热水与浓盐酸 1∶1 体积比配置成溶液。

（2）将磨平抛光后的连铸坯放入塑料容器中，并将配好的浸蚀液倒入塑料容器，使连铸坯完全没入浸蚀液。然后将塑料容器放入水浴加热装置，浸蚀液温度控制在 $70 \sim 80~℃$，浸蚀时间控制在 $1 \sim 2~h$。浸蚀过程中利用刷子将检测面的反应物刷除以提高浸蚀液与检测面的反应速率。此外，由于热盐酸浸蚀液有较强的挥发性，因此实验需在通风处进行，并做好个人防护工作。

（3）待连铸坯的检测面枝晶组织清晰可见，将连铸坯取出并立即用大量热水冲洗，直至连铸坯检测面酸液完全去除，然后使用无水乙醇清洗检测面，并使用吹风机将检测面吹干，最后使用高分辨率扫描仪对检测面进行扫描，获取连铸坯低倍凝固组织图像。

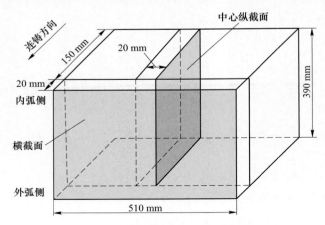

图 4-22　连铸坯样品切割示意图[5]

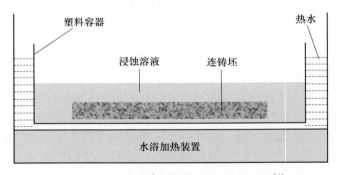

图 4-23　连铸坯低倍浸蚀实验装置示意图[5]

4.3.1.3　实验结果

凝固组织从表面至中心可分为激冷层、柱状晶区、混晶区和中心等轴晶区。等轴晶能够降低连铸坯中心偏析和中心疏松，可以提升连铸坯的内部质量。图 4-24 显示了结晶器电磁搅拌电流对宏观偏析的影响，可以看出，结晶器电磁搅拌电流强度主要影响连铸坯皮下负偏析和枝晶转变处的正偏析。图 4-24（a）和（b）所示电流强度从 0 A 增加至 390 A，连铸坯皮下负偏析从 1.01 降低至 0.89，枝晶转变处正偏析从 1.07 增加至 1.14，中心正偏析变化较小，主要在 1.37～1.40 范围内。其中无电磁搅拌时，连铸坯皮下没有发现负偏析带，偏析度为 1.01。对于大方坯齿轮钢连铸坯，结晶器电磁搅拌对中心偏析基本无改善作用，同时还会恶化连铸坯皮下负偏析。

4.3.2　显微组织

4.3.2.1　实验目的

由铁碳相图可知，钢在平衡凝固时钢中可能出现的组织有铁素体、奥氏体和珠光体，

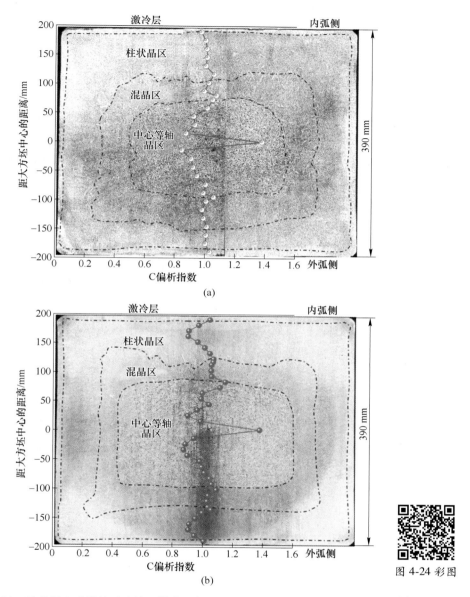

图 4-24 结晶器电磁搅拌对连铸坯横截面凝固组织与宏观偏析影响的对应关系图[5]
(a) 结晶器电磁搅拌电流为 0 A, 凝固末端电磁搅拌电流为 400 A;
(b) 结晶器电磁搅拌电流为 390 A, 凝固末端电磁搅拌电流为 400 A

在冷却速率较快时还会出现贝氏体、马氏体等组织。钢的显微组织是影响钢性能的主要因素，组织的性质包括组织的种类、晶粒的尺寸和晶粒的取向等信息。通过各种腐蚀试剂对抛光后的钢样表面进行腐蚀可以呈现出不同的组织形貌。通过金相法和电子背散射衍射（EBSD）可以分析钢的晶粒尺寸。

4.3.2.2 实验方法

金相法是使用光学显微镜对腐蚀后的组织进行观察，以确定各相组织的形态、比例等的方法。金相法的基本原理是依据不同组织的耐酸蚀能力不同，在酸蚀过程中，部分组织或位置被腐蚀，从而在光学显微镜下呈现出不同的形态。

4.3.2.3 实验结果

超低碳钢为全铁素体组织，在冷轧退火后，会发生再结晶和晶粒长大。将超低碳无取向硅钢的侧截面磨抛后，浸泡在4%硝酸酒精溶液中，直至试样表面明显雾化，取出后迅速用大量清水冲洗，最后喷吹酒精并吹干。图4-25为退火后无取向硅钢的铁素体组织形貌，可以看到铁素体的晶界很明显，可以判断该样品再结晶完全，并能够准确统计出晶粒尺寸。

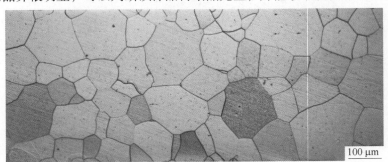

图 4-25　退火后无取向硅钢的铁素体晶界图

4.3.3　晶粒尺寸与晶粒取向表征

4.3.3.1　实验目的

钢的晶粒尺寸对钢性能有重要影响，对于要求力学性能的钢种，减小钢的晶粒尺寸有助于提高钢的力学性能。但是，对于电工钢而言，粗化晶粒尺寸有助于降低铁芯损耗。此外，晶粒的取向对于钢的性能也有显著影响，对于铸态钢，柱状晶具有 {100} 取向，当柱状晶过于发达，将不利于钢的热塑性。对于取向电工钢，成品中高斯取向的晶粒则有利于提高软磁性能。因此，准确地表征钢的晶粒尺寸和取向具有重要意义。

4.3.3.2　实验方法

本实验使用安装在 SEM 上的 EBSD 装置分析钢的晶粒尺寸和取向。如图4-26所示，在 SEM 中，入射电子束进入样品后，会有部分电子因散射角大而从表面逸出，这些逸出

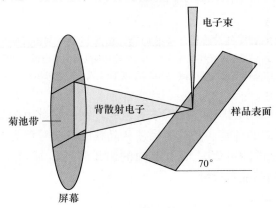

图 4-26　EBSD 衍射谱形成原理图

的电子称为背散射电子。在这些逸出的电子中，满足布拉格衍射条件的电子会发生衍射，EBSD 利用这些电子衍射得到一系列菊池花样，根据菊池花样的特点可得出晶面间距和晶面之间的夹角，然后从数据库中查出相关的晶体结构和晶胞参数，再结合化学成分的信息，采用排除法确定该晶粒的晶体结构，并得出晶粒与膜面法向的取向关系。发生菊池衍射的背散射电子从试样表面逸出之前，会被样品大量吸收，难以产生足够强的衍射信号，因此，为了使更多的背散射电子参与衍射，本实验将样品倾斜 70°左右。EBSD 分析要求钢表面无残余应力，常规的制样流程为机械抛光和电解抛光。

4.3.3.3 实验结果

图 4-27 为镧和铈对无取向硅钢成品板中晶粒的取向分布的影响图。三个样品的平均

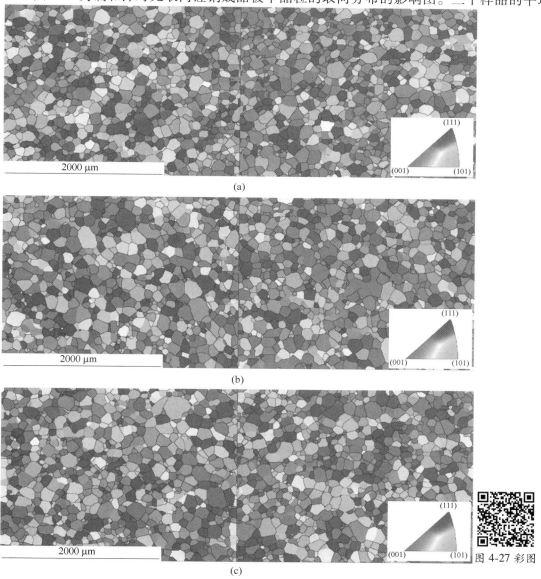

图 4-27 镧和铈对无取向硅钢成品板中晶粒的取向分布的影响图[6]

（a）无稀土处理样品；（b）LaFe 处理样品；（c）LaCe 处理样品

晶粒尺寸分别为 76.9 μm、87.1 μm 和 82.3 μm，说明采用稀土处理可以提高无取向硅钢再结晶后的晶粒尺寸。在再结晶退火过程中，轧态的无取向硅钢的组织演变包括晶粒形核与晶粒长大两个过程。在晶粒的形核过程中，晶粒的形核位点越多，则晶粒的尺寸会越小。在晶粒长大过程中，晶界生长会受到第二相粒子的钉扎，第二相粒子的体积分数越大、平均尺寸越小，则对晶界的钉扎作用越强。由于无稀土处理样品中 MnS 的数量显著高于 LaFe 处理样品和 LaCe 处理样品，因此，无稀土处理样品中的晶粒尺寸是最小的。对于 LaCe 处理样品，虽然钢中 MnS 的数密度是最小的，但是钢中稀土夹杂物的数密度却远高于 LaFe 处理样品。由于稀土夹杂物与铁素体具有较低的错配度，所以稀土夹杂物具有很强的诱导铁素体晶粒形核的能力。因此，过量地添加镧和铈会导致钢中生成大量的稀土夹杂物，也会造成晶粒的细化。而 LaFe 处理样品中同时具有较少的 MnS 和稀土夹杂物，因此，LaFe 处理样品具有最大的晶粒尺寸。

4.4　小　　结

本章首先介绍了钢铁材料洁净化方面所需要的冶金实验方法，包括对钢成分、渣成分以及钢中非金属夹杂物的表征和分析方法，并且介绍了相关分析设备的基本原理，制样注意事项，并给出了典型的分析结果。值得注意的是，对于同一个分析需求，可以通过不同的方法实现，需要读者了解每种方法的优缺点以进行选择，例如对于钢中铝含量的检测，既可以通过直读光谱法检测，也可以通过电感耦合等离子体发射光谱法分析，采用直读光谱法分析时，制样更便捷，但是当铝含量较低时，其检测误差较大，而采用电感耦合等离子体发射光谱法分析时，制样复杂，但结果更为准确。随后，本章介绍了均质化方面的分析方法，包括宏观偏析、微观偏析以及铸坯裂纹的检测，这里尤其要注意实验样品的取样位置的确定。最后，本章介绍了凝固宏观组织、显微组织、晶粒尺寸和取向等细晶化方面的表征方法，对于显微组织表征方法，除了传统的使用光学显微镜的金相法，还可以用 SEM、透射电子显微镜等表征方法，读者可以参考相关的材料表征书籍。

参　考　文　献

[1] 北京京科瑞达科技有限公司. ICP-OES 和 ICP-AES 定性与定量分析原理. [EB/OL]. (2022-06-24) [2024-04-19]. https：//www. asia-eur. cn/tech_news/detail-26283. html.

[2] REN Q，ZHANG L F，HU Z Y，et al. Transient influence of cerium on inclusions in an Al-killed non-oriented electrical steel [J]. Ironmaking & Steelmaking，2021，48 (2)：191-199.

[3] ZHOU Q Y，BA J T，ZHANG L，et al. Aggregation of $CeAlO_3$ inclusions in the heavy ingot of a steel containing 0.007% aluminum [J]. Journal of Iron and Steel Research，2024：1-13.

[4] 杨小刚. 低碳微合金钢铸坯角部横裂纹控制研究 [D]. 北京：北京科技大学，2016.

[5] 王亚栋. 电磁搅拌对连铸大方坯宏观偏析的影响研究 [D]. 北京：北京科技大学，2022.

[6] 胡志远. 高铝无取向硅钢中非金属夹杂物控制研究 [D]. 北京：北京科技大学，2023.

5 熔体物性参数的测定

5.1 熔点的测定

5.1.1 实验目的

熔点是冶金渣最重要的物性参数之一，对渣的冶金性能有重要影响。例如钢包精炼渣若熔点太高，在精炼过程不易熔化，将导致渣面严重结壳，显著降低渣的脱硫和吸附夹杂物能力。此外，结晶器保护渣的熔点过高，将会导致保护渣的化渣效果不佳而形成渣圈并降低其耗量，恶化保护渣的润滑和导热效果，降低连铸坯表面质量。因此，必须对冶金渣的熔点进行精确测定，才能更好地为冶金渣成分和冶金工艺的优化提供指导。

5.1.2 实验方法

目前测量冶金渣熔点比较常用的方法是半球点法。半球点实际上代表的是冶金渣熔化过程中的某一温度，被测试的渣样达到这一温度时，试样中产生的液相量和流动性正好把其余物相带动下沉变形到半球形，此时的温度就为半球点温度。半球点温度实质上是冶金渣固相线和液相线之间的某一温度。

半球点法须将待测定的冶金渣磨细至 200 目（0.074 mm），然后将粉渣与成型黏结剂混匀，并在专用模具内做成直径 3 cm、高 3 cm 的柱状样品，将试样充分干燥后，置于刚玉垫片上放入铂丝炉中加热测量，炉内测温热电偶置于样品附近 2~3 cm 处，铂丝炉以一定的速率升温。随着炉膛温度的升高，渣样受热熔化，柱状形渣样的高度降低。当渣样的高度开始降低（一般定义为降低 1/9）时的温度称为"开始熔化"温度。当试样的高度等于最初样品高度的一半时，称为"半球点温度"或"熔化温度"，此时试样的形状为半球形。当试样的高度等于原高度的 1/5 时称为"流动温度"或"完全熔化温度"。渣样加热熔化过程示意图如图 5-1 所示。

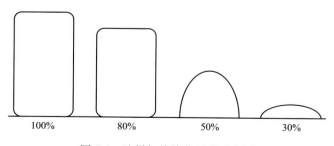

图 5-1　渣样加热熔化过程示意图

测量冶金渣熔点比较常用的设备是炉渣熔点熔速测定仪，如图 5-2 所示。仪器设备的主体装置主要有：高温加热测定仪本体、铂金丝加热电炉、反应管、温控单元、一体化电源、温度变送器、温度变送器隔离电源、热电偶、CCD电子成像系统和微计算机测控系统。

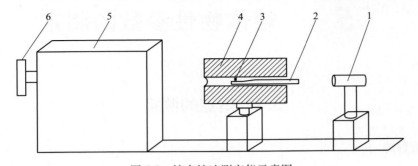

图 5-2　熔点熔速测定仪示意图

1—光源；2—送样管；3—试样；4—铂金丝加热电炉；5—CCD电子成像系统；6—照相机

5.1.3　测定实例

连铸结晶器保护渣的熔化温度与基本原料的配料组成、助熔剂种类和用量以及粉末原料的分散度有关，常用助熔剂以氧化物和钾钠化合物为主。图 5-3 中说明了萤石（CaF_2）和纯碱（Na_2CO_3）对保护渣熔点的影响，当两者的含量增加，保护渣熔点均表现出下降的趋势[1]。

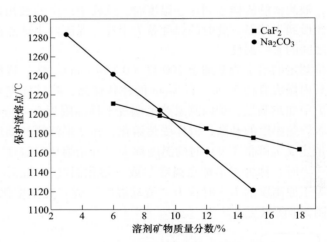

图 5-3　CaF_2和 Na_2CO_3对保护渣熔点的影响图[1]

5.2　结晶性能的测定

5.2.1　实验目的

结晶性能是连铸结晶器保护渣的重要特性之一，对保护渣的润滑性能和控制连铸坯传热至关重要，直接影响连铸坯表面质量和浇铸安全性。在连铸结晶器保护渣成分设计时需对其结晶性能进行重点考虑。同时，夹杂物的结晶性能对其变形性能也有重要影响，一般结晶性强的夹杂物不容易变形，因此，研究夹杂物体系氧化物的结晶性能也有助于对夹杂物变形的控制。综上所述，结晶性能的测定有助于连铸结晶器保护渣和钢中夹杂物成分体系的设计。

5.2.2 实验方法

目前研究渣结晶性能的方法主要有差示扫描量热法（DSC）和热丝法（包括单丝法（single hot thermal technique，SHTT）和双丝法（double hot thermal technique，DHTT）），实物装置如图 5-4 所示。DSC 的准确性高，但其温度的升降速率慢，因此限制了它的应用范围，热丝法既能对渣凝固过程进行原位观察，又能实现快的升降温速率。

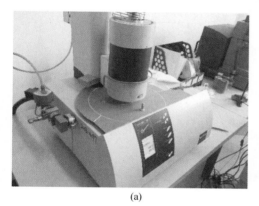 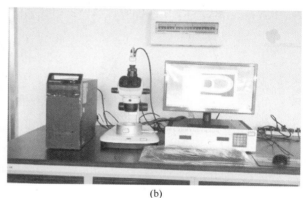

(a)　　　　　　　　　　　　　　　　(b)

图 5-4　结晶性能测定设备

（a）DSC 设备；（b）热丝法设备

SHTT 是目前测量保护渣结晶性能比较常用的方法。SHTT 实验装置示意图如图 5-5 所示，使用计算机系统控制电炉内的热电偶按预定升温速度加热，并同时采集热电偶的热电势，数据通过计算和线性化处理后传送给计算机，计算机以图文方式直接显示出热电偶的温度值。同时，通过图像采集系统将摄像机拍摄到的图像在显示屏上实时显示，整个试样的物性变化过程会被记录下来，可以获得渣样的结晶温度等参数。此外，还可将有价值的

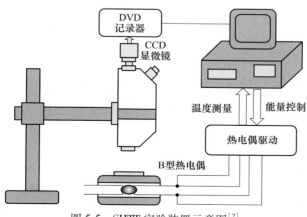

图 5-5　SHTT 实验装置示意图[2]

图片及曲线通过自动方式连续捕捉保存下来并可随时调看。这种方法直观、迅速、准确和方便，为科研和实际生产提供可靠的测量数据。但 SHTT 要求渣熔化状态呈透明或半透明，因此对高 MnO 和 FeO 含量的冶金渣不适用。

由于 SHTT 具有原位观察和能实现 0~100 ℃/s 的较宽冷速范围控制的优点，所以采用 SHTT 可以构建保护渣的连续降温（CCT）曲线和等温转变（TTT）曲线。制备 SHTT 测试的样品需要将分析纯级 CaO、Al$_2$O$_3$ 和 SiO$_2$ 粉末按一定的比例制备渣样。然后将粉末混合物置于石墨坩埚中，并在 1873 K（1600 ℃）的 MoSi$_2$ 炉中熔化 30 min，以均匀其化学成分，然后取出冶金渣。将淬火后的玻璃状熔渣在 873 K（600 ℃）的马弗炉中干燥、粉碎和脱碳 10 h，使用 200 目（0.074 mm）筛子进行筛分。随后根据图 5-6 所示的加热制度对样品分别进行 CCT 和 TTT 测试。

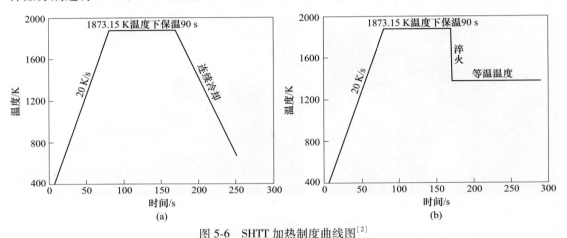

图 5-6　SHTT 加热制度曲线图[2]
（a）CCT 测试的加热温度；（b）TTT 测试的加热温度

5.2.3　测定实例

图 5-7 为测试冶金渣结晶性能过程中 CCD 相机所拍摄的图像。图 5-7（a）为结晶开始时刻，结晶比例达到 5%，图 5-7（c）为结晶比例达到 95% 的时刻，定义为结晶结束。通过对不同时刻的图像的处理可以得到熔体中晶体析出的比例，从而构建渣样的 CCT 曲线和 TTT 曲线，典型结果如图 5-8 所示，从图 5-8（a）CCT 曲线可以得出临界冷却温度随着冷却速率的增大而降低的规律，而图 5-8（b）的 TTT 曲线呈现出两个"C"互相连接，其鼻端温度代表着该处有晶体析出。

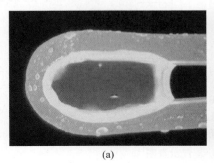
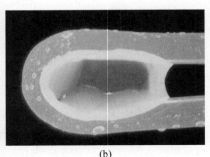

(a) (b)

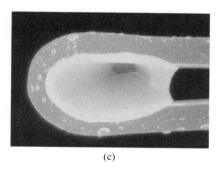

(c)

图 5-7 实验中的结晶过程[2]

（a）结晶 5%；（b）结晶 50%；（c）结晶 95%

图 5-7 彩图

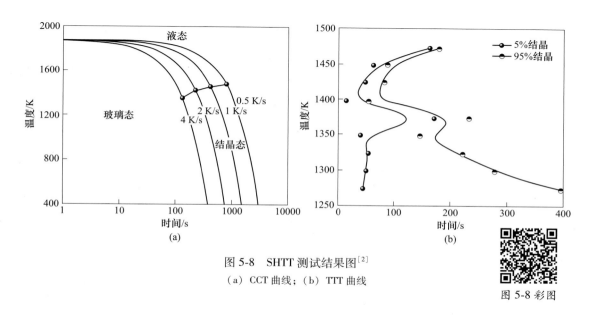

(a)

(b)

图 5-8 SHTT 测试结果图[2]

（a）CCT 曲线；（b）TTT 曲线

图 5-8 彩图

5.3 表面张力的测定

5.3.1 实验目的

在钢铁生产及应用过程中常用到熔体的表面张力，其中主要关注的是熔渣、钢液和部分氧化物（耐火材料成分）的表面张力。熔体表面张力是指熔体表面上的分子间相互作用力，是熔体表面的一种物理性质。钢液表面张力的大小对钢液的生产和加工都有重要影响。在钢液的生产过程中，其表面张力的大小会影响钢液的流动性和稳定性；在钢液的加工过程中，钢液表面张力的大小也会影响加工效果。例如在铸造过程中，钢液表面张力的大小会影响铸件的表面质量和尺寸精度，如果钢液表面张力过大，会导致铸件表面出现气孔和缺陷，从而影响产品质量；而如果表面张力过小，会导致铸件的尺寸不稳定，从而影响产品的使用效果。同时固态金属表面张力的大小决定了金属表面的润湿性和液体在金属表面上的分布情况，其大小对于涂覆、喷涂和印刷等工艺有着重要的影响。此外，熔体表面张力的大小与熔体的性质、温度和压力等因素均有关系。因此，对熔体表面张力进行精确的测定，对表面张力的控制以及熔体的生产工艺的优化具有重要意义。

5.3.2 实验方法

随着技术的发展，测量表面张力的方法也逐渐优化，对于高温熔体，实验室中常常采用以下三种方法：最大气泡压力法、座滴法和电磁悬浮法。

5.3.2.1 最大气泡压力法

A 实验原理

将毛细管插入熔体，并通过毛细管向熔体内吹入 Ar 等惰性气体，由于毛细管的半径很小，管内形成的气泡基本上为球形。当气泡开始形成时，表面几乎是平的，这时曲率半径最大；随着气泡的形成，曲率半径逐渐变小，直到形成半球形，这时气泡曲率半径 R 和毛细管的半径 r 相等，曲率半径为最小值，熔体对气泡的附加压力达到最大值。随着气泡进一步长大，R 变大，附加压力则变小，直到气泡逸出。本方法的实验步骤在具体的实验中有更完善的实验要求。本实验使用的公式见式（5-1）~式（5-3）。

$$a^2 = \frac{2\sigma}{g(\rho - \rho_{Ar})} \tag{5-1}$$

式中，a 为毛细管常数；σ 为表面张力，N/m；g 为重力加速度，m/s^2；ρ 为流体的质量密度，kg/m^3；ρ_{Ar} 为15 ℃下 Ar 的密度，kg/m^3。

$$\sigma = \frac{rp}{2}\left[1 - \frac{2}{3} \times \frac{r\rho g}{p} - \frac{1}{6} \times \left(\frac{r\rho g}{p}\right)^2\right] \tag{5-2}$$

$$p = p_{max} - \rho gh \tag{5-3}$$

式中，r 为毛细管内部半径，m；h 为毛细管的浸入深度，m；p_{max} 为最大气泡压力，Pa。密度由文献［3］导出。

B 实验方法

实验所用设备如图 5-9 所示。对于钢液，需要使用 Ar 从顶部和底部冲洗通过熔炉，以使样品附近的氧气量最小化，因为少量的氧含量变化便有可能使得实验结果发生较大波动。为精确测定最大压力，需保证不能出现其他的不利影响，如出现连串的气泡，此外，毛细管常数需要小于0.7。

5.3.2.2 座滴法

A 实验原理

从侧面观测熔渣与钢液固体相接触，通过对液滴的形状计算得到表面张力。可用杨氏方程描述液滴外形和液滴表面压力与表面张力的关系，见式（5-4）。

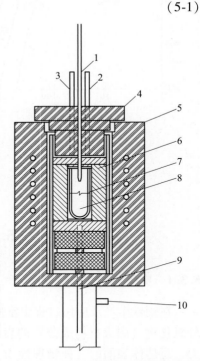

图 5-9 最大气泡压力法实验装置[3]
1—毛细管；2—差压计；3—顶部 Ar；
4—上壳；5—带高频感应器的熔炉；
6—石墨坩埚；7—致密 Al_2O_3 坩埚；
8—液体熔体；9—B 型热电偶；
10—底部 Ar

$$\Delta p = \sigma \left(\frac{1}{R_1} + \frac{1}{R_2} \right) \qquad (5-4)$$

式中，Δp 为液滴表面压力差，Pa；R_1 和 R_2 为液滴曲面主要曲率半径，m。

式（5-4）杨氏方程可变化为：

$$\sigma \left(\frac{1}{R_1} + \frac{1}{R_2} \right) = p_0 + \Delta \rho g z \qquad (5-5)$$

式中，p_0 为图 5-10 中所示顶点 O 处的静压力，Pa；$\Delta \rho$ 为液相和气相的密度差，kg/m^3；z 为以液滴顶点 O 为原点，液滴表面上任意一点 P 的垂直坐标。

在液滴顶点 O 处，$z=0$，$R_1 = R_2 = b$，即 $p_0 = 2\sigma/b$。Φ 为 P 点水平坐标轴和过 P 点的法线 PO' 与对称轴的夹角，即 $R_2 = x/\sin\Phi$。

为求解方便，实验中引入校正因子 β[4]，公式如下：

$$\beta = \frac{\rho g b^2}{\sigma} \qquad (5-6)$$

$$\frac{1}{R_1/b} + \frac{\sin\Phi}{x/b} = 2 + \frac{z}{b}\beta \qquad (5-7)$$

B 实验方法

实验所用设备示意图如图 5-11 所示。将样品置于性质稳定的基片上，同时调节高温炉中气氛，一般使用 Ar。现在一般采用改进的高分辨率 CCD 相机拍摄高清晰度的液滴轮廓图像，并直接输入到计算机中，通过特定的轮廓图像处理程序，就可直接计算得到液滴的表面张力和接触角数值。

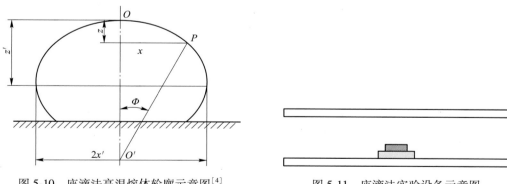

图 5-10 座滴法高温熔体轮廓示意图[4]   图 5-11 座滴法实验设备示意图

使用可以控制炉内氧分压的高温炉完成实验，根据实验条件，可以控制样品在冷却区，待炉内达到合适温度时将样品送至高温区。

5.3.2.3 电磁悬浮法

A 实验原理

电磁悬浮法只需要液滴质量，而不需要测量该温度下的密度大小。测量得到的液滴振动频谱可经过傅里叶变换计算得到液滴的表面张力，见式（5-8）和式（5-9）。

$$\sigma = \frac{3M}{160\pi} \sum_{m=2}^{2} \omega_m^2 - 1.9\Omega^2 - 0.3 \times \frac{g}{a}\Omega^{-2} \tag{5-8}$$

$$\Omega^2 = \frac{1}{3}(\omega_X^2 + \omega_Y^2 + \omega_Z^2) \tag{5-9}$$

式中，M 为样品的质量，kg；Ω 为校正磁压力的参数；a 为样品的半径，m。Ω 根据与样品重心的水平和垂直移动相对应的三个平移频率 ω_X、ω_Y 和 ω_Z 计算。

液滴悬浮在磁场中避免了由于液滴接触垫片和容器壁而引入的杂质。由熔化液滴振动频谱推算液滴表面张力大小的方法是将液滴视为球体，实际上由于振动时液滴变形偏离球形会导致出现较大的误差[5]。

B　实验方法

实验在标准不锈钢高真空室中进行，设备示意图如图 5-12 所示。在预先抽真空之后，用少量 Ar 填充。在实验之前，将样品放置在悬浮线圈的中心，向悬浮线圈施加高频不均匀的电磁场。由金属样品中的感应涡电流与电磁场一起产生洛伦兹力，该洛伦兹力稳定地定位样品以抵抗重力。由于样品内部涡流的热效应，样品被加热直至熔化。为了调节特定的期望温度，使样品在 He 层流中冷却。液滴的形状由高速摄像机记录下来。

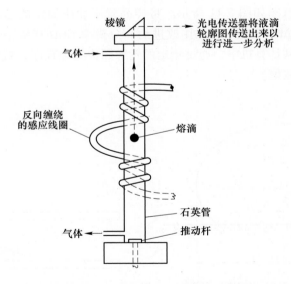

图 5-12　电磁悬浮法实验装置示意图[4]

5.3.3　测定实例

图 5-13 所示为采用两种不同方法测得的 CaO 与 SiO$_2$ 质量分数比为 1.0，Na$_2$O 和 CaF$_2$ 质量分数分别为 15% 和 20% 的 CaO-SiO$_2$-Na$_2$O-CaF$_2$ 渣系的表面张力随温度的变化图，可以看到，随着温度的升高，上述渣系的表面张力降低，且采用座滴法测得的表面张力值稍大于采用拉筒法的测量值[6]。

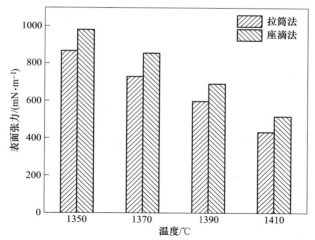

图 5-13 CaO-SiO$_2$-Na$_2$O-CaF$_2$ 渣系的表面张力随温度的变化图[6]

5.4 接触角的测定

5.4.1 实验目的

　　界面润湿性是评价两相之间相互作用的重要指标。在钢铁冶金生产过程中，存在多个气、液、固三相之间相互作用的界面，相与相之间通过界面进行物质和能量的传递，或在界面处发生物理化学作用。各种界面现象涉及冶金生产过程中的多个重要环节。界面润湿性是界面相互作用中重要的一方面，在去除夹杂物以提高钢水洁净度、降低耐火材料侵蚀以提高炉衬寿命、减轻水口结瘤以保证生产顺行和产品质量等方面均有重要影响。两相之间的界面润湿性大小由接触角来衡量。接触角的产生源于气、液、固三相交界处各界面张力相互作用的结果。当接触角小于 90°时，液体会润湿固体；接触角大于 90°时，液体不会润湿固体；当接触角等于 0°时，液体会完全润湿固体；当接触角等于 180°时，液体完全不会润湿固体；当接触角等于 90°时，液体对固体处于润湿与不润湿的分界值。因此，测定接触角对了解两相间的润湿性具有重要作用。

5.4.2 实验原理

　　两相接触角示意图如图 5-14 所示，不同物质的独特表面张力与相互接触的两种物质的界面张力相互作用形成接触角，该接触角在某一温度下应当为定值，即本征接触角，但实验过程中很难测得高温下的准确数值。由于不同基片粗糙度差异、高温炉气氛中少量的氧气、不同的基片表面晶体类型差异等很多因素都会影响测量结果，所以并不容易得出一个普遍相同的实验结果。一般情况下会测量在恒定温度下、一段时间内的稳定的接触角，即平衡接触角，接触角由式（5-10）计算得到。

$$\gamma_{sg} = \gamma_{sl} + \gamma_{lg} cos\theta \qquad (5-10)$$

式中，γ_{sg} 为固气界面张力（固体表面张力），N/m；γ_{sl} 为固液界面张力，N/m；γ_{lg} 为液气界面张力（液体表面张力），N/m；θ 为接触角，（°）[8]。

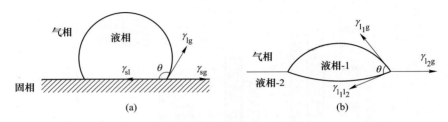

图 5-14　接触角示意图[7]

（a）固液之间的接触角与界面张力；（b）液液之间的接触角与界面张力

接触角定义的提出有多个理论模型，如图 5-15 所示，不同的条件、不同的使用要求可以选择合适的模型，使得理论结果进一步贴合实验结果。

（1）Wenzel 模型。这个模型假设固体表面和液体之间没有空气，即液体完全进入了固体表面的凹凸结构中。在这种情况下，接触角会随着固体表面的粗糙度增大而增大或减小，取决于原始的接触角是否大于 90°，见式（5-11）。

$$\cos\theta_w = r\cos\theta_0 \qquad (5-11)$$

式中，θ_w 为 Wenzel 接触角，（°）；r 为粗糙度因子（即实际表面积与投影表面积之比）；θ_0 为光滑表面上的接触角，（°）[8]。

（2）Cassie-Baxter 模型。这个模型假设固体表面和液体之间有空气，即液体悬浮在固体表面的凹凸结构上，见式（5-12）。在这种情况下，接触角会随着空气占据的比例增大而增大，形成超疏水现象。

$$\cos\theta_c = f_1\cos\theta_1 + f_2\cos\theta_2 \qquad (5-12)$$

式中，θ_c 为 Cassie-Baxter 接触角，（°）；f_1 为固体占据的比例；f_2 为空气占据的比例，$f_1 + f_2 = 1$；θ_1 和 θ_2 分别为固体和空气与液体之间的接触角，通常认为 $\theta_2 = 180°$[8]。

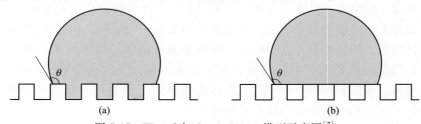

图 5-15　Wenzel 与 Cassie-Baxter 模型示意图[7]

（a）Wenzel 模型；（b）Cassie-Baxter 模型

5.4.3　实验方法

接触角的测定主要采用座滴法。一般情况下，与座滴法测量表面张力的设备可以通用，如图 5-16 所示。座滴法拍摄得到的图像如图 5-17 所示，背景部分为深黑色，逐渐融化的渣样和底部基片为白色，拍摄的图像会直接导入计算机，通过计算软件可以画出渣样轮廓，即椭圆形弧的一部分，如图 5-18 所示，这段轮廓线与底部基片所在直线的交点被认为是熔体-空气-基片的液-气-固三相点，也是接触角的顶点。上述圆弧在三相点的切线与基片上表面线的夹角便是接触角。这个接触角的测量和分析方法也同样用在了改进后的座滴法中。

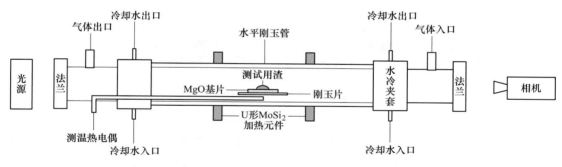

图 5-16　一种座滴法高温接触角测量仪器示意图[9]

图 5-17　座滴法拍摄的典型图像[9]

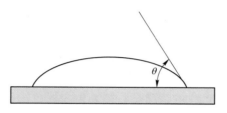

图 5-18　接触角 θ 测量示意图

前述的座滴法由于在达到测定温度前，熔渣滴与基片已经发生接触，在此过程中二者可能已发生了界面反应，从而对测定结果造成影响，导致最终的测定结果偏离最初的目标设定。为了减少甚至避免这种情况的发生，研究人员开发了改进后的座滴法。设备示意图如图 5-19 所示。在惰性气体（Ar）环境中，将基材和带有炉渣颗粒的炉渣保持器的熔炉加热并保温一段时间，以确保炉渣样品完全熔化。将熔融炉渣缓慢地挤出，从熔渣滴接触基底的时刻起，使用 CCD 相机连续记录形状的变化，如图 5-20 所示，即润湿行为。使用图像采集软件精确测量液滴高度和宽度随时间的变化。

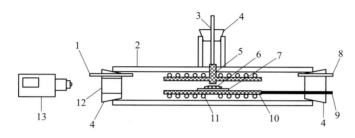

图 5-19　改进后的座滴法实验仪器示意图[10]

1—气体出口；2—石英管；3—Al_2O_3 管；4—硅橡胶塞；5—夹渣器；6—熔渣；7—Al_2O_3 基片；8—气体入口；
9—测温热电偶；10—石墨套管；11—感应线圈（能量输入）；12—玻璃窗口；13—数码摄像机

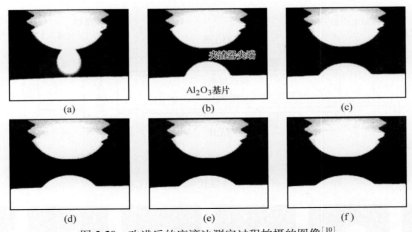

图 5-20　改进后的座滴法测定过程拍摄的图像[10]

（a）$t < 0$ s；（b）$t = 0$ s；（c）$t = 0.5$ s；（d）$t = 1$ s；（e）$t = 5$ s；（f）$t = 10$ s

5.4.4　测定实例

图 5-21 所示为测定的石墨和 MgO 组元与熔渣间接触角随温度的变化图[11]。图 5-21（a）表明在不同的温度下，熔渣对石墨均呈不润湿状态，温度越低接触角越大，石墨越不容易被熔渣润湿。石墨与熔渣间的接触角与恒温温度间呈线性关系。图 5-21（b）表明基片中在没有碳存在即纯 MgO 的情况下，接触角在保持短暂的较高值后，在 1400 ℃迅速下降为近乎 0°，呈完全润湿状态。

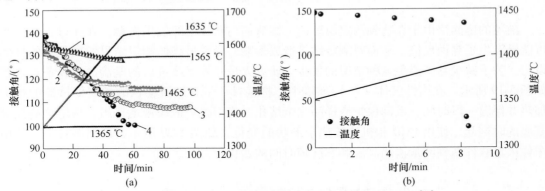

图 5-21　石墨和 MgO 组元与熔渣间接触角随温度的变化图[11]

（a）熔渣-石墨（试验 1~4）；（b）熔渣-MgO（试验 5）

1—1365 ℃对应的接触角；2—1465 ℃对应的接触角；3—1565 ℃对应的接触角；4—1635 ℃对应的接触角

5.5　熔体黏度的测定

5.5.1　实验目的

黏度也是冶金渣重要的物性参数之一，直接表征了熔渣的流动性，从动力学方面对渣的冶金性能产生重要影响。如精炼渣的黏度会影响其吸附钢中夹杂物的能力，渣黏度越大，对钢中夹杂物的吸附速率越低，钢中夹杂物的去除效率就越低，相反，黏度小的精炼渣有利于吸附夹杂物。同时，黏度太低的渣容易被卷入钢液中，或者增大浇铸末期钢包和中间包的下渣高度。此外，黏度也是结晶器保护渣的重要参数，对连铸过程保护渣的卷渣、保护渣在铜板和坯壳间的渗入与润滑等产生重要影响。因此，熔体黏度的测量对精炼渣和结晶器保护渣的成分和性能设计均有重要意义。

5.5.2 实验原理

一般采用旋转柱体法测量熔体黏度。柱体在装有液体的静止的同心圆柱坩埚内旋转，由于柱体外壁和坩埚内壁间的熔体产生了相对运动，因此在这二者之间会形成速度梯度。此外，由于液体的黏性力作用，在柱体上会产生一个力矩。当液体为牛顿流体时，速度梯度和力矩均是一个恒定值，可以按照下式进行计算：

$$M = \frac{4\pi h\eta\omega}{\dfrac{1}{r^2} - \dfrac{1}{R^2}} \tag{5-13}$$

式中，M 为扭矩，$N \cdot m$；r 为柱体的外径，m；R 为坩埚的内径，m；h 为柱体浸入熔体深度，m；η 为熔体的黏度，$Pa \cdot s$；ω 为角速度，s^{-1}。

将式（5-13）变形可以得到：

$$\eta = \frac{M\left(\dfrac{1}{r^2} - \dfrac{1}{R^2}\right)}{4\pi h\omega} \tag{5-14}$$

一般来说，坩埚内径、柱体外径为常数，改变测头情况除外。当柱体浸入熔体深度 h 为固定值时，黏度公式可简化为：

$$\eta = K \cdot \frac{M}{\omega} \tag{5-15}$$

$$K = \frac{\dfrac{1}{r^2} - \dfrac{1}{R^2}}{4\pi h} \tag{5-16}$$

因此，只要测量到柱体的扭矩，就能测量出液体的黏度。在本实验中，测量扭矩采用 Brookfield DV2T 黏度计作为传感器。当采用 Brookfield DV2T 黏度计作为传感器时，$M = \alpha D$，其中 α 为传感器感应到的扭矩百分数，D 为传感器的最大扭矩。

因此，黏度可以由下式计算：

$$\eta = K \times \frac{\alpha D}{\omega} \Rightarrow \eta = K' \times \frac{\alpha}{\omega} \tag{5-17}$$

通常情况下，仪器常数 K' 由标准油标定出。

5.5.3 实验方法

熔体黏度测试系统结构如图 5-22 所示，由高温炉控制器、高温炉、升降装置、恒温水箱、黏度计、高精度电子秤和数字电桥等构成。高温炉炉体由刚玉炉管（内径为

80 mm）、炉膛耐火材料（轻质耐火砖以及硬化陶瓷纤维板等构成）、发热元件（6 只硅钼棒）和水冷炉壳等组成。升降装置采用伺服电动机驱动蜗轮蜗杆。黏度测量采用的是 Brookfield DV2T 黏度计。

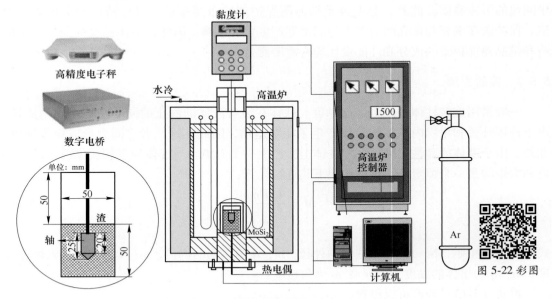

图 5-22　熔体黏度测试系统结构原理图

本系统可以实现熔体恒温和连续降温条件下的黏度测量。另外，可以通过改变转速、测头的大小，实现不同精度和量程范围内的测量。

5.5.3.1　低温测试

将测头测杆连接好以后，按照前述方法找到测头位置以后就可以开始测量。首先打开 Brookfield DV2T 黏度计，将其设置为外部模式，然后打开 Brookfield 专用软件，搜索串口，选择仪器对应的串口号，然后连接。需注意的是连接前必须把 DV2T 设置为外部模式。设置完成后在以上界面点击 run，待测试结束后可以将测试数据保存为电子表格。实验要求在标准油测试之前必须在恒温水浴中停留 30 min 以上，以保证数据的准确性。之后打开之前保存的电子表格，将扭矩平均值代入，计算出黏度常数。为了扣除系统误差，常采用至少 3 种标准油标定常数。

5.5.3.2　高温测试

高温测试分为定温测试与变温测试，其中变温测试就是指温度以一定的速率（不超过 5 ℃/min）下降，同时记录温度与黏度的方法，虽然该方法测试速度快，但测试精度较低，不推荐使用。定温测试与低温标定步骤一样，先寻找液面，然后调节位置，最后测试。实验要求每切换一个温度，保温时间都应在 30 min 以上。变温测试要同时采集扭矩与温度，所以不能用 Brookfield 原厂软件，只能用定制软件。首先，在定制软件中选择黏度界面，然后选择对应的串口并打开，打开成功后当前值会有显示，如果打开失败，应检查仪器是否打开并设置为外部模式，检查串口线是否连接正常，以及串口号是否选择正确。

5.5.4　测定实例

图 5-23 和图 5-24 分别为熔渣黏度随温度和成分的变化规律图。如图 5-23 所示，随着温度的降低，熔渣黏度逐渐增大，当温度降至 1300 ℃ 以后，随着温度的继续降低，熔渣中逐渐发生结晶，且随着结晶量的增加熔渣黏度急剧增大。如图 5-24 所示，随着渣中 $w(CaO)/w(Al_2O_3)$ 由 1 增至 2，熔渣的黏度有所降低，当渣中 $w(CaO)/w(Al_2O_3)$ 由 2 增至 3 时，熔渣黏度基本不变，而当 $w(CaO)/w(Al_2O_3)$ 继续增至 4 时，熔渣黏度再次显著增大，这是因为 $w(CaO)/w(Al_2O_3)$ 达到 4 时，渣的熔点明显增大，熔渣中出现固相，导致熔渣黏度增大。

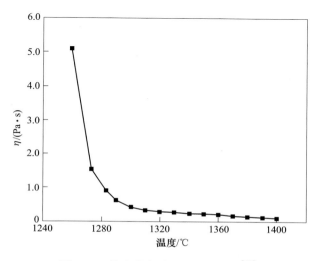

图 5-23　熔渣黏度随温度的变化图[12]

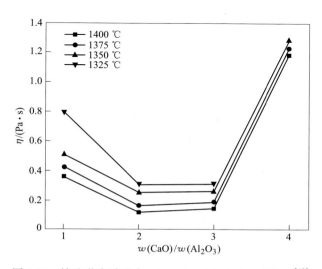

图 5-24　熔渣黏度随渣中 $w(CaO)/w(Al_2O_3)$ 的变化图[12]

5.6   电导率的测定

5.6.1   实验目的

　　熔体的电导率表征了其在高温熔融状态下的导电性能，对电冶金效果有重要影响。对于常规炼钢工艺来说，熔渣的电导率对电炉冶炼和 LF 精炼过程的电极起弧效果以及电耗有重要的影响。尤其对电渣重熔特种冶炼工艺来说，熔渣电导率更是影响电渣重熔的重要物性参数，其会影响电渣的发热效率，同时对电渣锭的凝固也有一定影响。因此，准确测定熔渣的电导率对优化电渣重熔工艺和降低电耗具有重要意义。

5.6.2   实验原理

　　根据图 5-25 所示的电导率测量装置示意图可知，参比电阻和溶液处于同一回路中，电流相等，所以：

$$R_x = \frac{E_x}{E_s} \times R_f \tag{5-18}$$

式中，R_x 为熔体电阻，Ω；E_x 为熔体的分压，V；E_s 为参比电阻的分压，V；R_f 为参比电阻，Ω。

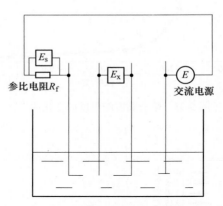

图 5-25　电导率测量装置示意图

　　根据电导率的定义有：

$$\kappa = \frac{I}{S} \times \frac{1}{R} \tag{5-19}$$

式中，κ 为电导率，S/m；I 为长度，m；S 为面积，m^2；R 为总电阻，Ω。

　　所以：

$$\kappa = \frac{I}{S} \times \frac{1}{R_f} \times \frac{E_s}{E_x} \tag{5-20}$$

在本实验中，当插入深度固定以后，电导率可简化为：

$$\kappa = K \times \frac{1}{R_f} \times \frac{E_s}{E_x} \tag{5-21}$$

式中，K 为系统常数，m^{-1}，由已知电导率的溶液标定。

5.6.3 实验方法

电导率测试所采用的加热炉设备与黏度测试一样，只是电导率采用的是交流四探针系统。

5.6.3.1 低温标定

将探针固定在旋转臂上，将数字电桥的两个夹子分别夹在四根探针上面，注意接线顺序，高温测试时必须与此相同。接线完成后在电导率测试界面下打开数字电桥，保证电桥与电脑能够正常连接。然后在位置控制界面下将数据源设置为数字电桥，点击下降与开始记录，找到液面所在位置，继续下降 5 mm。位置确定以后就可以测量标准溶液的电阻值（在电导率测试下选择标定模式，然后连续记录若干数据以后取平均值），以此标定系统常数。

5.6.3.2 高温测试

高温测试与低温标定步骤基本相同。先旋转转动臂，对准坩埚以后下降，找到液面位置，继续下降 20 mm，然后开始测试。可以选择单频或扫频模式，单频模式的特点是速度快，但是必须提前知道最佳频率；扫频模式的特点是不需要人工找最佳频率，但测量时间长。

注意：人工控制数字电桥时必须先关闭与电脑的通信，然后再在电桥上选择 local 模式。

5.6.4 测定实例

图 5-26 所示为电导率随温度的变化图。在 700 ℃ 以下，由于渣完全保持为固态，渣的电阻最大，电导率最小，且基本不随温度变化。在 700~1100 ℃ 范围内，随着温度升高，渣逐渐熔化，渣中的离子增多，电阻逐渐减小，电导率逐渐增大。温度增至 1100 ℃ 后电导率的变化变缓，至 1200 ℃ 后基本保持不变。

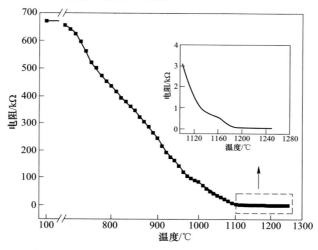

图 5-26　电导率随温度的变化图[13]

5.7 线膨胀系数的测定

5.7.1 实验目的

物体的体积或长度随着温度的升高而增大的现象称为线膨胀。线膨胀系数是材料的主要物理性质之一，它是衡量材料的热稳定性好坏的一个重要指标。在实际应用中，当两种不同的材料彼此焊接或熔接时，选择材料的线膨胀系数显得尤为重要，一般要求两种材料具备相近的膨胀系数，如果选择材料的线膨胀系数相差比较大，焊接时会由于膨胀的速度不同，在焊接处产生应力，将降低材料的机械强度和气密性，严重时会导致焊接处脱落。同时，如果钢中非金属夹杂物与钢基体间的线膨胀系数差别很大，在热加工或者焊接过程中由于夹杂物和钢基体间的膨胀速度不同，也容易导致在二者界面处产生缝隙，从而成为裂纹源。因此，测定材料的线膨胀系数具有重要的意义。

5.7.2 实验原理

对于一般的普通材料，通常所说的膨胀系数是指线膨胀系数，其意义是温度升高 1 ℃时单位长度上所增加的长度，单位为 K^{-1}。

在一定温度范围内，原长为 L_0（在 $T_0 = 0$ ℃时的长度）的物体受热温度升高，一般固体会由于原子的热运动加剧而发生膨胀，在 T 温度时，伸长量为 ΔL，它与温度的增加量 $\Delta T(\Delta T = T - T_0)$ 近似成正比，与原长 L_0 也成正比，即：

$$\Delta L = \alpha L_0 \Delta T \tag{5-22}$$

式中，α 为固体的线膨胀系数。

此时的总长为：

$$L_T = L_0 + \Delta L \tag{5-23}$$

在温度变化不大时，α 是一个常数，可由式（5-22）和式（5-23）计算得：

$$\alpha = \frac{L_T - L_0}{L_0 \Delta T} = \frac{\Delta L}{L_0 \Delta T} \tag{5-24}$$

由上式可见，α 的物理意义为当温度每升高 1 ℃时，物体的伸长量 ΔL 与它在 0 ℃时的长度之比。α 是一个很小的量，当温度变化较大时，α 可用 T 的多项式来描述：

$$\alpha = A + BT + CT^2 + \cdots \tag{5-25}$$

式中，A、B、C 为常数。

在实际的测量当中，通常测得的是固体材料在室温 T_1 下的长度 L_1 及其在温度 T_1 和 T_2 之间的伸长量，据此计算就可以得到线膨胀系数，这样得到的线膨胀系数是平均线膨胀系数 α：

$$\alpha \approx \frac{L_2 - L_1}{L_1(T_2 - T_1)} = \frac{\Delta L}{L_1(T_2 - T_1)} \tag{5-26}$$

式中，L_1 和 L_2 分别为物体在 T_1 和 T_2 下的长度，m；ΔL 是长度为 L_1 的物体在温度从 T_1 升至 T_2 的伸长量，m。

在实验中需要直接测量的物理量是 ΔL、L_1、T_1 和 T_2。

5.7.3 实验方法

测定非金属氧化物材料线膨胀系数常用的标准包括：（1）ASTM E831—06 标准试验方法，适用于金属、陶瓷、塑料和复合材料等多种材料；（2）ISO 11359-2 热分析方法，主要适用于金属和非金属材料；（3）GB/T 34183—2017 适用于建筑材料的线膨胀系数的测量。这些标准方法均规定了测量线膨胀系数的具体步骤、实验条件、仪器设备和数据处理等方面的要求，以确保测试结果的准确性和可比性。测定材料线膨胀系数的方法很多，有示差法、光干涉法、双线法和质量温度计法等，下面介绍一种测量硅酸盐玻璃线膨胀系数的方法[14]。

5.7.3.1 试样准备

首先利用试剂级的氧化物粉末配制需要测定的硅酸盐试样。将粉末试剂在 150 ℃ 空气条件下进行干燥，然后称重配比成目标成分并在研钵中混合 30 min 至均匀。之后将混匀后的粉末在铂金坩埚中熔化并保温 30 min。熔化及脱气后，将熔渣倒入黄铜模具中进行淬火。淬火后将渣样置入马弗炉中在 350 ℃ 下保温 8 h 以去除残余应力。最后将用于线膨胀系数测定的试样加工成梯形棱柱的形状，并将试样表面研磨抛光至镜面，为接下来的测定做准备。

5.7.3.2 试样测定

测定线膨胀系数 α 所用的设备示意图如图 5-27 所示[14]，其带有图像分析部件，设备主要由一个包含莫来石管的电炉、一个 He-Ne 激光源以及一个 CCD 相机组成。电炉炉管（长度 1 m、内径 5 cm）在两端有两个金属塞，其中金属塞上有气体入口、气体出口以及光学窗口，对金属塞和电炉炉管端部均进行水冷。此外，在电炉炉管两端均安装有千分尺校平仪。

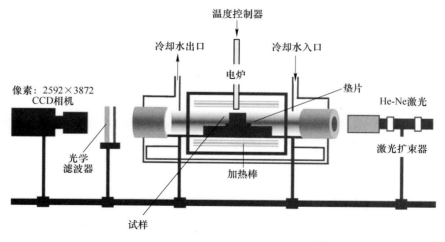

图 5-27 线膨胀系数测定设备示意图[14]

将带有扩束器的 He-Ne 激光源放置在电炉的一侧，通过滤光片投射样品形状以控制亮度，同时将 CCD 相机（10M 像素）放置在电炉的另一侧。整个系统设置在铝制导轨系统上，使光学对准更容易。此外，电炉有一个均匀的温度区，其大小足以容纳样品。使用正好位于电炉炉管外部的 R 型热电偶测量样品的温度，在测量之前，需在该热电偶温度和样品温度之间进行校准。

在测量过程中，将样品放置在炉内由陶瓷砖制成的样品台上的 BN 衬底上，并通过调节校平仪使之保持严格水平。随后，将样品在 He 气流中加热至测量温度，并打开激光进行照射。用 CCD 相机记录样本图像，如图 5-28 所示[14]，将图像数据传输到电脑上进行图像处理。之后对覆盖样本宽度的像素数量进行计数，必要时，对样本边缘的像素进行编辑，使样本的轮廓变得更平滑。线膨胀系数在室温和目标温度范围内进行测量，由伸长率即样品宽度随温度升高的变化而得出。需注意，实验应在每个温度下进行多次测量，以确认伸长率测量的再现性。

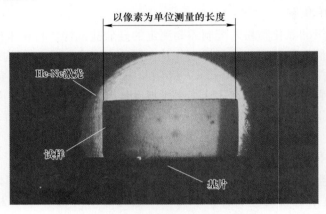

图 5-28　测量过程样品的侧视图[14]

5.7.4　测定实例

Kobayashi 等人采用上述方法在室温至 400 ℃ 范围内对 SiO_2-TiO_2-Na_2O 体系氧化物的线膨胀系数进行了测定，典型结果如图 5-29 所示[14]。可见，该体系氧化物的线膨胀系数随 Na_2O 含量的增加而增加。从玻璃结构的角度来看，Na_2O 改性了 SiO_2 网络，以钠离子作为电荷补偿器形成非桥接氧离子（O^-），使得 Na^+ 和 O^- 之间的键更具离子性。因此，随着

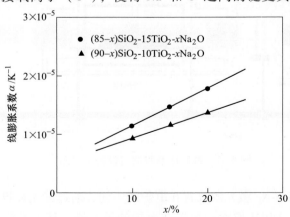

图 5-29　SiO_2-TiO_2-Na_2O 体系氧化物线膨胀系数与 Na_2O 含量的关系图[14]

Na_2O 的加入，硅酸盐更容易发生线膨胀。

更多典型夹杂物的线膨胀系数如图 5-30 所示[15]，图中也标出了钢基体的线膨胀系数，可见大部分夹杂物的线膨胀系数低于钢基体，也有部分夹杂物如硫化物的线膨胀系数大于钢基体。因此，为了减少热加工和焊接过程因膨胀差异引起的裂纹的产生，可将夹杂物成分控制为氧化物与硫化物的复合夹杂物。

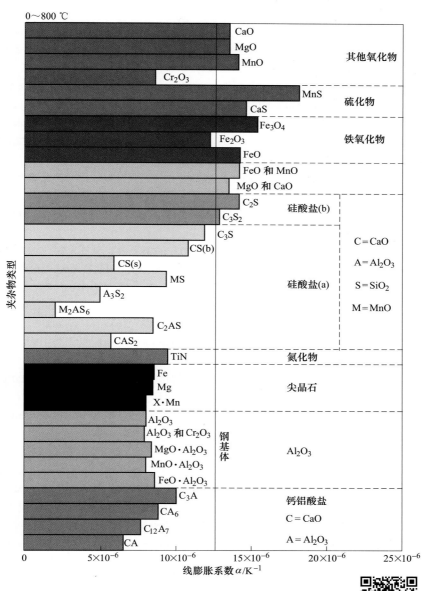

图 5-30　典型夹杂物的线膨胀系数[15]

图 5-30 彩图

5.8 小 结

    冶金熔渣在钢铁生产中发挥了重要作用，其物性参数对冶金功能有重要影响。本章介绍了几种常见的冶金熔渣物性参数的测定方法，并分别给出了测定实例，能够为冶金渣的成分设计乃至钢中非金属夹杂物的成分设计提供指导。

参 考 文 献

[1] 赵俊学，王泽，赵忠宇，等. 氟化物挥发对连铸保护渣熔点的影响 [J]. 钢铁，2019，54（8）：181-186.

[2] LI Z T, LIU N, YANG W, et al. Effect of basicity on the crystallization behavior of 25wt.% Al_2O_3-SiO_2-CaO non-metallic inclusion-type oxides [J]. Journal of Non-Crystalline Solids, 2022, 579: 121367.

[3] DUBBERSTEIN T, HELLER H, KLOSTERMANN J, et al. Surface tension and density data for Fe-Cr-Mo, Fe-Cr-Ni, and Fe-Cr-Mn-Ni steels [J]. Journal of Materials Science, 2015, 50 (22): 7227-7237.

[4] 袁章福，柯家骏，李晶. 金属及合金的表面张力 [M]. 北京：科学出版社，2006.

[5] 范建峰，袁章福，柯家骏. 高温熔体表面张力测量方法的进展 [J]. 化学通报，2004，67（11）：802-807.

[6] 高蔷，毕文岳. 拉筒法和静滴法测定 CaO-SiO_2-Na_2O-CaF_2 结晶器保护渣表面张力 [J]. 当代化工研究，2022（20）：36-39.

[7] 沈平. 冶金过程钢液-渣-耐火材料间界面现象研究 [D]. 北京：北京科技大学，2017.

[8] 程礼梅. 304 不锈钢钢液与 MgO 质耐火材料之间界面润湿行为研究 [D]. 北京：北京科技大学，2021.

[9] LAO Y G, LI G Q, GAO Y M, et al. Wetting and corrosion behavior of MgO substrates by CaO-Al_2O_3-SiO_2-(MgO) molten slags [J]. Ceramics International, 2022, 48 (10): 14799-14812.

[10] CHOI J Y, LEE H G. Wetting of solid Al_2O_3 with molten CaO-Al_2O_3-SiO_2 [J]. ISIJ International, 2003, 43 (9): 1348-1355.

[11] 沈平，张立峰，杨文，等. LF 精炼渣对镁碳质基片的润湿性和渗透性 [J]. 钢铁，2016，51（12）：31-40.

[12] WANG Q, YANG J, ZHANG C, et al. Effect of CaO/Al_2O_3 ratio on viscosity and structure of CaO-Al_2O_3-based fluoride-free mould fluxes [J]. Journal of Iron and Steel Research International, 2019, 26 (4): 374-384.

[13] QIAN L X, CHUN T J, LONG H M, et al. Detection of the assimilation characteristics of iron ores: Dynamic resistance measurements [J]. International Journal of Minerals, Metallurgy and Materials, 2020, 27 (1): 18-25.

[14] KOBAYASHI Y, SHIMIZU T, MIYASHITA S, et al. Determination of refractive indices and linear coefficients of thermal expansion of silicate glasses containing titanium oxides [J]. ISIJ International, 2011, 51 (2): 186-192.

[15] REN Y, YANG W, ZHANG L F. Deformation of non-metallic inclusions in steel during rolling process: A review [J]. ISIJ International, 2022, 62 (11): 2159-2171.

6 热力学与动力学计算

冶金反应热力学和动力学是控制钢中非金属夹杂物的重要理论依据。冶金反应热力学主要研究冶金体系变化过程的可能性和方向性。在冶金反应热力学平衡的条件下,钢中非金属夹杂物的成分应该和渣相成分完全一致。但是在实际生产过程中,由于动力学条件的限制,整个冶金反应体系很难达到热力学平衡状态,非金属夹杂物的成分和渣相成分一定有所差异,这就涉及反应达到平衡时受到阻力的影响,即需要从冶金反应动力学的角度进行考虑。在炼钢过程中,存在着钢液-渣、钢液-夹杂物和钢液-耐火材料等多个反应,这些反应之间相互耦合。研究这种多相多元体系之间的耦合反应,对钢中夹杂物成分、数量和尺寸的控制至关重要[1]。在高品质钢生产中,有必要建立精准的模型预报精炼过程中钢液、渣和夹杂物的变化,以便及时、准确地了解精炼过程的运行状况,使生产始终处于最佳工作状态,从而确保钢铁产品质量的稳定性。本章介绍了炼钢过程常见的热力学和动力学计算方法及案例。

6.1 炼钢过程热力学

6.1.1 夹杂物生成优势区图

6.1.1.1 计算目的

非金属夹杂物是炼铁→炼钢→精炼→连铸长流程钢铁冶炼中不可避免的问题,脱氧合金与钢液中的氧发生反应生成非金属夹杂物,完成炼钢后的脱氧。每一种钢液成分都对应着与之保持热力学平衡的夹杂物,夹杂物的优势区图就是反映某一钢液成分中稳定存在的夹杂物相。通过计算夹杂物的优势区图,能够直观、快速地得到钢液中稳定存在的夹杂物相。夹杂物生成优势区图对于控制钢液中夹杂物和洁净钢的冶炼具有重要意义。

6.1.1.2 计算方法

本节以稀土元素 Ce 改性钢液中的 Al_2O_3 夹杂物为例介绍钢液中夹杂物生成优势区图的计算方法[2],涉及的各种夹杂物的生成吉布斯自由能变化见式(6-1)~式(6-6)。由于产物是纯物质,因此假定其活度为 1。[Al]、[O]、[S] 和 [Ce] 的活度通过 Wagner 模型计算得出,标准态为质量 1% 状态,各元素之间的活度相互作用系数见表 6-1。

$$2[Al] + 3[O] \xrightarrow{\hspace{1cm}} (Al_2O_3) \quad \Delta G^\ominus = -1202000 + 386.3T \ (J/mol) \ [3] \tag{6-1}$$

$$[Ce] + [Al] + 3[O] \xrightarrow{\hspace{1cm}} (CeAlO_3) \quad \Delta G^\ominus = -1366460 + 364.3T \ (J/mol) \ [4] \tag{6-2}$$

$$[Ce] + [S] \xrightarrow{\hspace{1cm}} (CeS) \quad \Delta G^\ominus = -422780 + 121T \ (J/mol) \ [5] \tag{6-3}$$

$$2[Ce] + 3[S] \xrightarrow{\hspace{1cm}} (Ce_2S_3) \quad \Delta G^\ominus = -1074580 + 328T \ (J/mol) \ [5] \tag{6-4}$$

$$3[Ce] + 4[S] \xrightarrow{\hspace{1cm}} (Ce_3S_4) \quad \Delta G^\ominus = -1495440 + 439T \ (J/mol) \ [5] \tag{6-5}$$

$$2[Ce] + 2[O] + [S] \xrightarrow{\hspace{1cm}} (Ce_2O_2S) \quad \Delta G^\ominus = -1353590 + 332T \ (J/mol) \ [5] \tag{6-6}$$

表 6-1　1873 K 下钢液中各组分活度相互作用系数[4, 6-7]

e_i^j	C	Si	Mn	P	S	Al	O	Ce
S	0.110	0.0630	−0.0260	0.029	−0.028	0.035	−0.27	−0.856
Al	0.091	0.0056	0.0120	0.050	0.030	0.045	−6.60	−0.430
O	−0.450	−0.1310	−0.0210	0.070	−0.133	−3.900	−0.20	−0.570
Ce	−0.077	—	0.1300	1.770	−39.800	−2.250	−5.03	−0.003

　　钢中的硫化铈有 CeS、Ce_2S_3 和 Ce_3S_4 三种。为了确定本研究中硫化铈的类型，本节计算了相同铈含量下 CeS、Ce_2S_3 和 Ce_3S_4 的自由能变化，钢的基本成分见表6-2。此外，双相夹杂物 $CeAlO_3$ 和 Ce_2O_2S 的形成机理用式（6-7）和式（6-8）表示。钢中 [S] 含量为 22×10^{-6} 时，各产物的吉布斯自由能随溶解铈含量的变化如图 6-1 所示，表明在当前条件下 CeS 夹杂物更为稳定。即使钢水中含有少量铈，也会改性 Al_2O_3 夹杂物。当铈的溶解含量高于 4×10^{-6} 时，Ce_2O_2S 比 $CeAlO_3$ 更稳定。当溶解铈含量高于 60×10^{-6} 时，会形成纯 CeS。

表 6-2　超低碳铝脱氧钢的化学成分

元　素	C	Si	Mn	P	Al	N
含量（质量分数）/%	<0.002	1	0.25	0.01	0.25	<0.002

$$[Ce] + (Al_2O_3) = (CeAlO_3) + [Al] \quad \Delta G^{\ominus} = -162837 - 22.4T \ (\text{J/mol}) \quad (6\text{-}7)$$

$$[Ce] + \frac{3}{4}[S] + \frac{1}{2}(CeAlO_3) = \frac{3}{4}(Ce_2O_2S) + \frac{1}{2}[Al]$$

$$\Delta G^{\ominus} = -331963 + 66.85T \ (\text{J/mol}) \quad (6\text{-}8)$$

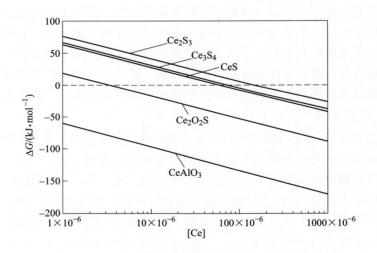

图 6-1　各产物的吉布斯自由能随溶解铈含量的变化图

6.1.1.3　计算结果

图 6-2 为计算得到的夹杂物的优势区图与钢中溶解硫 [S]、溶解铈 [Ce] 和溶解氧

［O］的函数关系。在向钢水中添加 Ce 之前，钢中的 S 全部为溶解态。图 6-2（a）中，钢水中加入 Ce 后，其会与其他元素发生反应，随着［Ce］含量的逐渐升高，夹杂物由 $CeAlO_3$ 转变为 Ce_2O_2S，最终转变为 CeS，这与实验过程中的检测结果相一致。随着 Heat3～Heat1 实验钢中［Ce］含量逐渐升高，钢中的优势夹杂物也会发生变化。此外，钢中［S］和［O］的含量对夹杂物的优势相也有重要影响。虽然钢中［S］和［O］的溶解含量难以测量，但从图 6-2（b）中可以看出，随着钢中［O］含量的降低，夹杂物的形成顺序为 $CeAlO_3$、Ce_2O_2S 和 CeS。

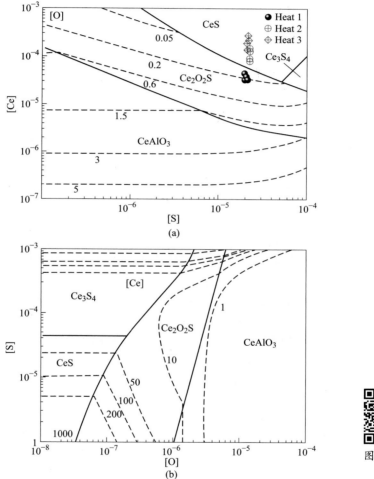

图 6-2 彩图

图 6-2　含 Ce 无取向硅钢中夹杂物的优势区图[2]
（a）夹杂物变化与［S］含量和［Ce］含量的关系；（b）夹杂物变化与［S］含量和［O］含量的关系

6.1.2　钢液-渣-夹杂物平衡

6.1.2.1　计算目的

铁水预处理、转炉炼钢、精炼和连铸过程均是钢液、渣、夹杂物多相共存的复杂高温体系，钢液、渣和夹杂物之间存在着物理化学反应。铁水预处理过程通过渣钢反应进行脱硫，炼钢过程通过渣钢反应进行脱磷，精炼过程通过渣钢反应调节钢液成分，钢液脱氧过程会在钢液内部生成大量非金属夹杂物，非金属夹杂物上浮去除进入渣相将影响渣相的成分，连铸过程覆盖剂和结晶器保护渣和钢液反应也会影响钢液成分。钢液-渣-夹杂物反应贯穿整个炼钢过程，对于过程控制和产品质量有着重要的影响。因此，有必要通过理论计算明确钢液-渣-夹杂物之间发生的具体反应，确定有利于钢液洁净度和产品质量的过程参数。

6.1.2.2　计算方法

在钢液、渣和夹杂物三相中，钢液和渣直接接触，钢液和夹杂物直接接触，夹杂物和渣间接接触，因此，钢液-渣-夹杂物之间的热力学平衡可以分为两个部分进行计算，如图 6-3 所示。首先计算钢液和渣之间的反应，得到达到平衡后的钢液和渣的成分，然后利用反应平衡后的钢液成分作为初始条件再次求解热力学平衡，得到钢液-夹杂物反应平衡后的钢液和夹杂物成分。

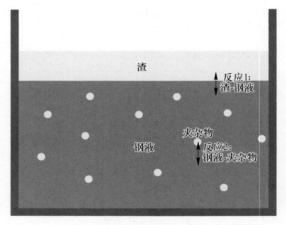

图 6-3 彩图

图 6-3　精炼过程钢液-渣-夹杂物平衡反应示意图[8]

钢液-渣-夹杂物的热力学平衡使用 FactSage 热力学软件的宏处理功能编写程序，计算过程中选择 FactPS、FToxid 和 FTmisc 数据库。主要计算过程步骤如下：

（1）在 Microsoft Excel 中输入初始条件；

（2）计算钢液和渣的反应；

（3）计算钢液和夹杂物的反应；

（4）将反应后的钢液、渣和夹杂物成分输出到 Microsoft Excel 中。

（5）循环以上步骤，可实现大量计算，从而得出不同渣成分对钢液成分和夹杂物成分的影响结果。

6.1.2.3　计算结果

将建立的模型应用于 304 不锈钢的精炼过程，初始钢、精炼渣和夹杂物成分见表 6-3~表 6-5，精炼渣中 CaO、SiO_2 和 Al_2O_3 含量范围为 0~75%，每次计算时每个组分含量增加 3.75%，共进行 400 次计算。计算时采用的渣钢比为 1:50。

表 6-3 计算用到的钢液成分

元 素	C	Si	Mn	S	P	Cr	Ni	[Al]	Ti	Ca	N	T.O
含量（质量分数）/%	0.048	0.48	1.06	0.003	0.024	18.11	8.00	0.0018	0.003	0.0003	0.037	0.0050

表 6-4 计算用到的夹杂物成分

成 分	MgO	Al_2O_3	SiO_2	CaO	MnO	TiO_2
含量（质量分数）/%	1.65	20.04	39.10	8.37	26.04	4.79

表 6-5 计算用到的精炼渣成分

成 分	CaF_2	MgO	CaO	SiO_2	Al_2O_3
含量（质量分数）/%	20	5	0~75	0~75	0~75

图 6-4 为计算得到的不同精炼渣成分对 304 不锈钢中的溶解铝含量的影响图。因为精炼过程需要保证精炼渣的流动性，图中三元相图中的轮廓线为 1873 K 下液态渣的外轮廓线，不同颜色代表不锈钢中不同的 [Al] 含量。随着精炼渣碱度的降低，钢液中的 [Al] 含量显著降低，因为钢中的 [Al] 很容易与渣中的强氧化性氧化物 SiO_2 发生反应，反应式见（6-9）。当精炼渣碱度低于 2.0 时，向精炼渣中加入 Al_2O_3 会提升钢中的 [Al] 含量。当精炼渣碱度高于 2.0 时，钢中的 [Al] 含量随渣中 Al_2O_3 含量的增加而略有降低。因此，低碱度且不含 Al_2O_3 的精炼渣有利于 304 不锈钢中 [Al] 含量的降低。

$$4[Al] + 3(SiO_2) \Longrightarrow 3[Si] + 2(Al_2O_3) \tag{6-9}$$

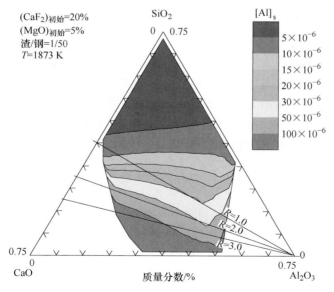

图 6-4 彩图

图 6-4 精炼渣成分对钢中 [Al] 含量的影响图[8]

　　图 6-5 为计算得到的精炼渣成分对 304 不锈钢夹杂物中 Al₂O₃ 含量的影响图，图中各颜色代表不锈钢夹杂物中 Al_2O_3 的含量。初始夹杂物中的强氧化性氧化物 SiO_2 和 MnO 很容易被钢中的［Al］还原。因为高碱度精炼渣会增加 304 不锈钢液中的［Al］含量，故夹杂物中的 Al_2O_3 含量随精炼渣碱度的增加而增加。同时可知，低碱度有利于夹杂物中 Al_2O_3 含量的降低。

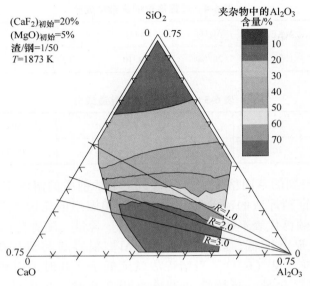

图 6-5　精炼渣成分对钢中 Al_2O_3 含量的影响[8]

6.1.3　夹杂物熔点计算

6.1.3.1　计算目的

　　不同钢种对夹杂物的要求不同，铝脱氧钙处理钢（如管线钢、冷镦钢）要求将钢中夹杂物控制在低熔点区，铝脱氧无钙处理钢（如轴承钢）要求控制钢中夹杂物 CaO 的含量在较低范围内，以避免生成大尺寸的钙铝酸盐。这两种夹杂物控制策略的主要区别在于夹杂物的熔点，管线钢和冷镦钢等要求钢液中夹杂物为液态以防止水口结瘤，而轴承钢要求夹杂物为固态以减少大尺寸夹杂物的数量，这是由于残留在钢液中的液态夹杂物尺寸较大。因此，确定夹杂物在钢液中的存在状态，即计算夹杂物的熔点对于控制夹杂物具有重要指导意义。

6.1.3.2　计算方法

　　FactSage 热力学软件的 Equilib 和 Phase Diagram 模块均可以用于计算夹杂物的熔点。使用 Equilib 模块可以计算指定夹杂物成分的开始熔化温度和完全熔化温度。使用 Phase Diagram 模块可以计算某一夹杂物体系（如 CaO-Al₂O₃-SiO₂）在不同温度下的液相线。下面逐一介绍这两种方法。

　　使用 Equilib 模块计算夹杂物熔点时，选择 FToxid 数据库，设置夹杂物成分为 50% CaO-30%SiO₂-15%Al₂O₃-5%MgO，物相选择 pure solids 和 SLAGA，设置 SLAGA 为 Formation target phase（开始熔化温度）或者 Precipitate target phase（完全熔化温度），然后点击 calculate，最终得到这一夹杂物开始熔化温度为 1375.56 ℃，完全熔化温度为 1658.85 ℃。

使用 Phase Diagram 模块计算夹杂物熔点时，选择 FToxid 数据库，以 CaO-SiO$_2$-Al$_2$O$_3$ 三元系为例，物相选择 pure solids 和 SLAGA，设置 SLAGA 为 Only plot this phase，设置变量为 A-B-C 三元相图，A、B、C 三角分别为 CaO、SiO$_2$ 和 Al$_2$O$_3$，温度为 projection，温度范围为 1400~1600 ℃，步长为 100 ℃，确认变量设置后点击 calculate 计算得到 1400 ℃、1500 ℃ 和 1600 ℃ 的液相线。

6.1.3.3 计算结果

CaO-SiO$_2$-Al$_2$O$_3$ 三元系在 1400 ℃、1500 ℃ 和 1600 ℃ 的液相线如图 6-6 所示，这一三元系存在两个低熔点区，分别为 SiO$_2$ 含量较低、CaO/Al$_2$O$_3$ 约为 1 的 CaO-Al$_2$O$_3$ 夹杂物体系，以及 Al$_2$O$_3$ 含量低于 20%、CaO/SiO$_2$ 约为 1 的 CaO-SiO$_2$ 夹杂物体系。在靠近 CaO、SiO$_2$ 和 Al$_2$O$_3$ 三个顶点的位置夹杂物熔点均非常高，在常规炼钢温度下（1600 ℃）均为固态。硅锰脱氧钢要求钢中夹杂物的 Al$_2$O$_3$ 含量尽可能低，同时要求夹杂物熔点较低，因此可以将夹杂物控制在 CaO-SiO$_2$ 夹杂物体系位置处。轴承钢要求钢中夹杂物为固态，那么便要使夹杂物远离图 6-6 中的低熔点区。铝脱氧钙处理钢要求获得低熔点夹杂物，所以便要把夹杂物控制在 CaO-Al$_2$O$_3$ 体系位置处。

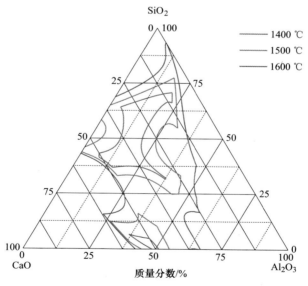

图 6-6 彩图

图 6-6 CaO-SiO$_2$-Al$_2$O$_3$ 三元系在不同温度下的液相线

利用 FactSage 的宏处理功能对整个 CaO-SiO$_2$-Al$_2$O$_3$ 三元系进行熔点计算，后利用 Origin 绘图软件绘制云图，得到如图 6-7 所示的夹杂物熔点云图。根据图 6-7，当给定任意一个 CaO-SiO$_2$-Al$_2$O$_3$ 三元系夹杂物成分时，便可以快速得到该夹杂物的熔点，以便更容易地定制化控制钢中的夹杂物。

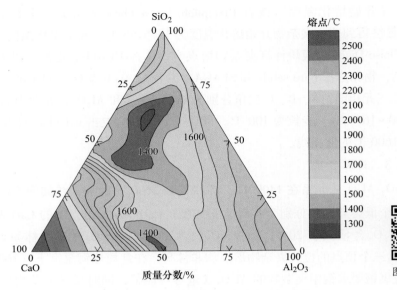

图 6-7　CaO-SiO₂-Al₂O₃ 三元系夹杂物的熔点云图

图 6-7 彩图

6.2　炼钢过程动力学

6.2.1　计算目的

炼钢是一个与时间密切相关的过程，存在着多相多元之间的耦合反应，并且这些反应之间相互影响，单纯依靠反应热力学的计算结果无法准确预测精炼过程中钢液、渣和夹杂物成分的瞬态变化。研究精炼过程多因素之间的耦合反应，对钢中夹杂物成分、数量和尺寸的控制至关重要。钢液、渣和夹杂物成分的瞬态变化是多种因素共同作用的结果，有必要建立有效模型进行精准预报。

6.2.2　计算方法

6.2.2.1　钢液-渣反应

钢液-渣相体系中的反应是多个化学反应相互耦合的过程，本节对钢液-渣相之间的多元耦合进行了计算，对钢液成分及渣成分随时间的变化进行了预测。钢液-渣相反应示意图如图 6-8 所示，发生化学反应的通用反应式如式（6-10）所示。

$$[M] + n[O] \Longrightarrow (MO_n) \tag{6-10}$$

式中，[M] 为钢液中的组元；（MO_n）为渣中的组元。

钢液-渣相反应过程的步骤为：

（1）钢液中组元 M 由钢液内穿过钢液一侧边界层向钢液-渣界面迁移；

（2）渣相中组元 MO_n 由渣相内穿过渣相一侧边界层向渣-钢液界面迁移；

（3）在界面上发生化学反应；

（4）渣相一侧的反应产物由钢液-渣界面穿过渣相边界层向渣相内迁移；

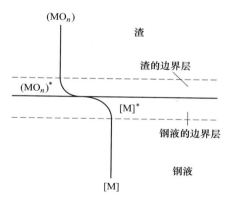

图 6-8 钢液-渣相反应示意图

（5）钢液一侧的反应产物由钢液-渣界面穿过钢液边界层向钢液内迁移。

钢液组元 M 在钢液侧边界层的传质通量为：

$$J_M = \frac{1000 \rho_{钢液} k_{钢液}}{100 N_M}(w[M]^b - w[M]^*) \tag{6-11}$$

渣相组元 MO$_n$ 在渣相边界层的传质通量为：

$$J_{MO_n} = \frac{1000 \rho_{渣} k_{渣}}{100 N_{MO_n}}[w(MO_n)^* - w(MO_n)^b] \tag{6-12}$$

式中，J_M 为钢液组元 M 在钢液边界层的传质通量，mol/(m$^2 \cdot$ s)；J_{MO_n} 为渣相组元 MO$_n$ 在渣相边界层的传质通量，mol/(m$^2 \cdot$ s)；$\rho_{钢液}$ 和 $\rho_{渣}$ 分别为钢液与渣相的密度，kg/m^3；N_M 和 N_{MO_n} 分别为组元 M 和组元 MO$_n$ 的摩尔质量，g/mol；$w[M]$ 和 $w(MO_n)$ 分别为钢液和渣相中组元的质量分数，%；$k_{钢液}$ 和 $k_{渣}$ 分别为钢液和渣相中的传质系数，m/s；上角标 b 和 * 分别为钢液和渣相的内部以及二者的界面层。

根据双膜理论，假定界面两侧为稳态传质，即界面上无物质的积累，且钢液-渣相界面上化学反应很快，而钢液及渣相中的传质则为反应的限制性环节。因此，钢液组元 M 的传质通量应等于渣相组元 MO$_n$ 的传质通量，见式（6-13）：

$$J_M = J_{MO_n} \tag{6-13}$$

为了求出界面质量分数的数值，还需要通过电中性条件去建立另一个方程，即式（6-14）：

$$\sum J_M - J_O = 0 \tag{6-14}$$

通过联立上述方程，可以求出界面处的各组元质量分数。进一步可以得到钢液中各组元质量分数随时间变化的表达式，见式（6-15），以及渣相中各组元质量分数随时间变化的表达式，见式（6-16）。

$$\frac{dw[M]}{dt} = -\frac{A_{钢液-渣} k_{钢液}}{V_{钢液}}(w[M]^b - w[M]^*) \tag{6-15}$$

$$\frac{dw(MO_n)}{dt} = -\frac{A_{钢液-渣} k_{渣}}{V_{渣}}[w(MO_n)^* - w(MO_n)^b] \tag{6-16}$$

式中，$A_{钢液-渣}$ 为钢液-渣相之间的接触面积，m^2；$V_{钢液}$ 和 $V_{渣}$ 分别为钢液体积和渣体积，m^3。

对于钢液-渣界面、钢液-耐火材料界面和渣-耐火材料界面三种情况均采用下式[9-10]计算传质系数。

$$k_{M} = C_k D_{M}^{0.5} \left(\frac{\varepsilon_{钢液}}{\nu_{钢液}} \right)^{0.25} \tag{6-17}$$

式中，C_k 为常数，钢液-渣界面下 $C_k = 1.0$，钢液-耐火材料界面下 $C_k = 2.0$；D_M 为扩散系数，m^2/s；$\varepsilon_{钢液}$ 为湍流动能耗散率，即搅拌功率，m^2/s^3；$\nu_{钢液}$ 为运动黏度，m^2/s。

由于冶金反应是由多个环节组成的复杂多相过程，而炼钢反应的特征是在绝大多数条件下受传质限制，往往传质环节的速率决定了炼钢反应的速率，因此传质系数的合理选择对炼钢反应的模型非常重要。钢液中的传质系数与搅拌功率有一定的关系[11-13]，吹氩搅拌对钢水所做的功包括：吹入口附近气泡温度上升引起的膨胀功 W_1 和气泡上升过程中静压变化引起的膨胀功 W_2。吹入口附近气泡温度上升引起的膨胀功 W_1 可由式（6-18）计算，气泡上升过程中静压变化引起的膨胀功 W_2 可由式（6-19）计算。将两者相加，并将 n 换成摩尔流量 N，可得到总功率 W，见式（6-20）。整理得到总功率 W 的表达式（6-23）。单位质量钢液的搅拌功率 $\dot{\varepsilon}$ 可由式（6-24）求出，整理可得到式（6-25）[13]。

$$W_1 = nR(T_2 - T_1) \tag{6-18}$$

$$W_2 = \int_{V_1}^{V} p \, dV = nRT_2 \ln \frac{V}{V_1} = nRT_2 \ln \frac{p_1}{p} \tag{6-19}$$

$$W = NR(T_2 - T_1) + NRT_2 \ln \frac{p_1}{p} \tag{6-20}$$

$$p_1 = p + \rho_m gH \tag{6-21}$$

$$N = Q/V_N \tag{6-22}$$

$$W = \frac{QRT_2}{V_N} \left[\ln\left(1 + \frac{\rho_m gH}{p} \right) + \left(1 - \frac{T_1}{T_2} \right) \right] \tag{6-23}$$

$$\dot{\varepsilon} = \frac{W}{w_{钢液}} = 371.161 \frac{QT_2}{w_{钢液}} \left[\ln\left(1 + \frac{\rho_m gH}{p} \right) + \left(1 - \frac{T_1}{T_2} \right) \right] \tag{6-24}$$

$$\dot{\varepsilon} = 371.161 \frac{QT_2}{w_{钢液}} \left[1 - \frac{T_1}{T_2} + \ln\left(1 + \frac{H}{1.48} \right) \right] \tag{6-25}$$

式中，W_1 为吹入口附近气泡温度上升引起的膨胀功，W；n 为气体的摩尔数，mol；R 为气体常数，$J/(mol \cdot K)$；T_1 为标准状态下的气体温度，K；T_2 为钢液温度，K；W_2 为气泡上升过程中静压变化引起的膨胀功，W；V 为钢液表面的气体体积，m^3；V_1 为吹入口的气体体积，m^3；p 为钢液表面的气体压力，Pa；p_1 为吹入口的气体压力，Pa；N 为摩尔流量，mol/h；ρ_m 为气体密度，kg/m^3；Q 为钢包底部吹氩口位置的气体流量，Nm^3/s；V_N 为标准气体的摩尔体积，22.4 L/mol；W 为总功率，W；H 为熔池深度，m；$\dot{\varepsilon}$ 为搅拌功率，W/t；$w_{钢液}$ 为钢液质量，t。

6.2.2.2 钢液-夹杂物反应

钢液-夹杂物体系之间的反应也是多个化学反应相互耦合的过程。钢液-夹杂物之间的反应示意图如图6-9所示，整个过程包括如下反应步骤：

（1）钢液中组元 M 由钢液内穿过钢液一侧边界层向钢液-夹杂物界面迁移；

（2）夹杂物中组元 MO_n 由夹杂物内部穿过夹杂物一侧边界层向夹杂物-钢液界面迁移；

（3）钢液中组元 M 与夹杂物中组元 MO_n 在界面上发生化学反应；

（4）夹杂物一侧的反应产物由钢液-夹杂物界面穿过夹杂物边界层向夹杂物内部迁移；

（5）钢液一侧的反应产物由夹杂物-钢液界面穿过钢液边界层向钢液内迁移。

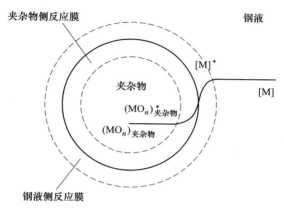

图 6-9　钢液-夹杂物反应示意图

假定钢液-夹杂物界面两侧为稳态传质，即界面上无物质的积累，且钢液-夹杂物界面上化学反应很快，而钢液及渣相中的传质则为反应的限制性环节。式（6-26）是钢液组元 M 的传质通量方程：

$$J_M = \frac{1000\rho_{钢液}k_{钢液-夹杂物}}{100N_M}\left(w[M]^b - w[M]^*\right) \tag{6-26}$$

式中，$k_{钢液-夹杂物}$ 为钢液的传质系数，m/s。

夹杂物中组元 MO_n 的传质通量方程为：

$$J_{(MO_n)_{夹杂物}} = \frac{1000\rho_{夹杂物}k_{夹杂物}}{100N_{MO_n}}\left[w(MO_n)^*_{夹杂物} - w(MO_n)^b_{夹杂物}\right] \tag{6-27}$$

式中，$\rho_{夹杂物}$ 为夹杂物的密度，kg/m^3；$k_{夹杂物}$ 为夹杂物内部的传质系数，m/s；$w[MO_n]_{夹杂物}$ 为夹杂物中组元的质量分数，%；上角标 b 和 * 分别为夹杂物的内部和界面层。

式（6-28）是钢液中组元 M 和夹杂物中组元 MO_n 的传质通量守恒方程：

$$J_M = J_{(MO_n)_{夹杂物}} \tag{6-28}$$

为了求出钢液-夹杂物界面质量分数的数值，还需要通过电中性条件去建立另一个方程，即式（6-29）：

$$\sum J_{O,M} - J_O = 0 \tag{6-29}$$

通过联立上述方程，可以求出界面处的各组元质量分数。式（6-30）和式（6-31）分别是钢液组元 M 和直径为 d_p 的夹杂物中组元 MO_n 质量分数随时间变化的表达式，二者均考虑了夹杂物尺寸变化对钢液成分的影响。式（6-32）是二维夹杂物数密度与三维夹杂物数密度之间的转换公式。

$$\frac{dw[M]}{dt} = -\frac{nA_{钢液-夹杂物}k_{钢液-夹杂物}}{V_{钢液}}\left(w[M]^b - w[M]^*\right) \tag{6-30}$$

$$\frac{\mathrm{d}w(\mathrm{MO}_n)_{夹杂物}}{\mathrm{d}t} = -\frac{6k_{夹杂物}}{d_p}\left[w(\mathrm{MO}_n)^*_{夹杂物} - w(\mathrm{MO}_n)^b_{夹杂物}\right] \tag{6-31}$$

$$n_{3\mathrm{D}} = \frac{n_{2\mathrm{D}}}{d_p} \tag{6-32}$$

式中，n 为反应器钢液中直径为 d_p 的夹杂物总个数；$A_{钢液-夹杂物}$ 为钢液-夹杂物之间的接触面积，m^2；$V_{钢液}$ 为钢液体积，m^3；$k_{夹杂物}$ 为夹杂物内部的传质系数，$\mathrm{m/s}$；$n_{3\mathrm{D}}$ 为三维夹杂物的数密度，个/m^3；$n_{2\mathrm{D}}$ 为二维夹杂物的数密度，个/m^2；d_p 为夹杂物直径，m。

模型假设钢液-渣相反应中的传质系数与钢液-夹杂物反应的传质系数不同，原因是两种反应的反应界面不一样，因此反应边界层厚度不同，导致传质系数有差异。钢液-渣相反应中的传质系数与吹氩流量和钢包尺寸等因素有关，而钢液-夹杂物反应中的传质系数与夹杂物直径有关。不同直径的夹杂物与钢液之间有不同的相对速度，见式（6-33）[14]。根据式（6-34）可计算出钢液-夹杂物反应过程中钢液中不同组元的传质系数，其中模型假设 Mg、Ca 元素的扩散系数与 Al 元素扩散系数相同。

$$\left.\begin{array}{ll} u_{\mathrm{slip}} = \dfrac{(\rho_{钢液} - \rho_{夹杂物})d_p^2 g}{18\mu_{钢液}} & Re_{夹杂物} < 0.5 \\[3mm] u_{\mathrm{slip}} = \left[\dfrac{g(\rho_{钢液} - \rho_{夹杂物})}{9\mu_{钢液}^{0.5}\rho_{钢液}^{0.5}}\right]^{2/3} \times d_p & 0.5 \leqslant Re_{夹杂物} < 1000 \\[3mm] u_{\mathrm{slip}} = \left[\dfrac{g(\rho_{钢液} - \rho_{夹杂物})d_p}{0.33\rho_{钢液}}\right]^{1/2} & Re_{夹杂物} \geqslant 1000 \end{array}\right\} \tag{6-33}$$

$$k_{钢液-夹杂物} = 2\left(\frac{Du_{\mathrm{slip}}}{\pi d_p}\right)^{1/2} \tag{6-34}$$

式中，u_{slip} 为夹杂物与钢液的相对速度，$\mathrm{m/s}$；$\rho_{钢液}$ 与 $\rho_{夹杂物}$ 分别为钢液与夹杂物的密度，$\mathrm{kg/m}^3$；d_p 为夹杂物-钢液边界层的长度，m；$\mu_{钢液}$ 为钢液的动力黏度，$\mathrm{Pa \cdot s}$；$Re_{夹杂物}$ 为夹杂物的雷诺数；D 为扩散系数，m^2/s。

6.2.2.3 钢液-耐火材料反应

在炼钢过程中，耐火材料通常大量应用于修砌精炼处理设备的内衬，还对钢材的洁净度有一定影响，在炼钢及精炼过程中应该尽可能降低耐火材料对钢水洁净度的危害。在本模型中，假定耐火材料为 MgO 成分，而其溶解将会对渣相成分、钢液成分及夹杂物成分产生一定的影响。在精炼过程中 MgO 质耐火材料与钢液及渣相之间有不同的化学反应。

MgO 质耐火材料与渣相的相互作用会造成渣中 MgO 含量的增加，很多文献已经证明了这一点[15-25]。假设在 MgO 质耐火材料与渣相的相互作用过程中，在界面处会形成渣相一侧的界面层，如图 6-10 所示。耐火材料与渣相相互作用包括如下反应步骤：

（1）MgO 质耐火材料在耐火材料-渣相界面上溶解；

（2）MgO 由耐火材料-渣相界面穿过渣相边界层向渣相内部迁移。

由于耐火材料中 MgO 的含量很高，因此可以假设界面层的 MgO 浓度处于饱和状态，MgO 在渣相中的饱和质量分数可根据图 6-11 中的四元系相图得到。当温度为 1873 K 时，MgO 在渣系中的饱和质量分数为 7.72%。

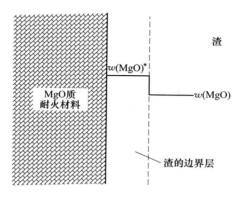

图 6-10　MgO 质耐火材料与渣相相互作用的示意图

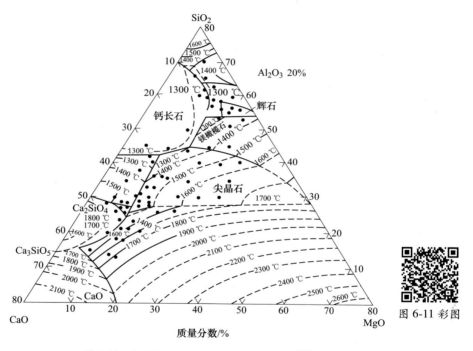

图 6-11　CaO-SiO$_2$-MgO-Al$_2$O$_3$四元系相图[26]

假设在 MgO 质耐火材料与渣相的相互作用过程中，界面层为稳态传质，即界面上无物质的积累，耐火材料向渣中传质为主要限制性环节，耐火材料不断溶解的驱动力是界面层内与渣相中的 MgO 质量分数差。MgO 质耐火材料溶解引起的渣中 MgO 质量分数变化速率可由式（6-35）[14]求出：

$$\frac{dw(MgO)}{dt} = \frac{A_{耐火材料\text{-}渣}k_{耐火材料\text{-}MgO}}{V_{渣}}\left[w(MgO)^{*}_{耐火材料} - w(MgO)^{b}\right] \qquad (6\text{-}35)$$

式中，$A_{耐火材料\text{-}渣}$为耐火材料与渣相的接触面积，m^2；$k_{耐火材料\text{-}MgO}$为 MgO 从耐火材料向渣中传质的传质系数，m/s；$V_{渣}$为渣相体积，m^3；$w(MgO)^{*}_{耐火材料}$为界面层内 MgO 的质量分数，%；$w(MgO)^b$ 为渣相中 MgO 的质量分数，%。

MgO 从耐火材料向渣中传质的传质系数可以根据式（6-36）~式（6-41）求出，整理可以得到 MgO 从耐火材料向渣中传质的传质系数的表达式。模型假设渣相沿钢包壁的流动速度 $u_{渣\text{-}钢包壁}$ 与钢包中钢液沿钢包壁面流动速度 $u_{钢液\text{-}钢包壁}$ 之间的关系见式（6-41）。

$$St \times Sc^{0.644} = 0.0791 Re^{-0.30} \tag{6-36}$$

$$St = \frac{k_{耐火材料\text{-}MgO}}{u_{渣\text{-}钢包壁}} \tag{6-37}$$

$$Sc = \frac{\nu_{钢液}}{D_{MgO}} \tag{6-38}$$

$$Re = \frac{u_{渣\text{-}钢包壁} L}{\nu_{渣}} \tag{6-39}$$

$$k_{耐火材料\text{-}MgO} = 0.0791 Re^{-0.30} Sc^{-0.644} u \tag{6-40}$$

$$u_{渣\text{-}钢包壁} = \frac{1}{5} u_{钢液\text{-}钢包壁} \tag{6-41}$$

式中，St 为斯坦顿数；Sc 为施密特数；$u_{渣\text{-}钢包壁}$ 为渣相沿钢包壁的流动速度，m/s；$\nu_{钢液}$ 为钢液的运动黏度，m^2/s；D_{MgO} 为 MgO 在渣中的扩散系数，m^2/s；L 为特征长度，假定其数值等于耐火材料与渣相接触面积的平方根，m；$\nu_{渣}$ 为渣相的运动黏度，$\nu = \mu/\rho$，m^2/s；$u_{钢液\text{-}钢包壁}$ 为钢液沿钢包壁面的流动速度，m/s。$u_{钢液\text{-}钢包壁}$ 的计算方法见式（6-42）：

$$u_{钢液\text{-}钢包壁} = 0.6624 \times Q^{0.3558} \tag{6-42}$$

式中，Q 为钢包的吹氩流量，m^3/s。

MgO 质耐火材料与钢液之间相互作用的示意图如图 6-12 所示。耐火材料在钢液中溶解的计算过程采用耦合反应模型，由于 MgO 质耐火材料是固相，因此假设耐火材料中 MgO 的活度为 1。模型假设在钢液一侧的钢液-耐火材料界面处存在界面层，界面层到钢液侧为稳态传质，即从界面层到钢液中的传质为反应的限制性环节，化学反应在界面处发生，且反应速率很快，界面处无物质的积累。耐火材料与钢液相互作用包括如下反应步骤：

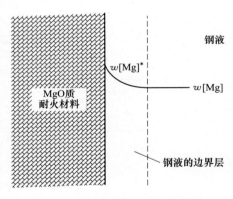

图 6-12　MgO 质耐火材料向钢液中溶解的示意图

（1）钢液中组元 M 由钢液内穿过钢液一侧边界层向钢液-耐火材料界面迁移；

（2）MgO 质耐火材料在耐火材料-钢液界面上溶解；

（3）在钢液-耐火材料界面上发生化学反应；

（4）反应产物由耐火材料-钢液界面穿过钢液边界层向钢液内部迁移。

式（6-43）是耐火材料棒材与钢液间相互作用的溶解速率，式（6-44）可以进一步求出钢液中 Mg 元素质量分数随时间的变化[27]。其中，耐火材料与钢液的接触面积为钢包壁面和钢包底与耐火材料的接触面积之和。

$$J_{Mg} = \frac{1000 k_{Mg} \rho_{钢液}}{100 N_M}(w[M]^b - w[M]^*) \tag{6-43}$$

$$\frac{dw[M]}{dt} = -\frac{A_{耐火材料-钢液} k_{Mg}}{V_{钢液}}(w[M]^b - w[M]^*) \tag{6-44}$$

式中，J_{Mg} 为 Mg 元素的传质通量，$mol/(m^2 \cdot s)$；k_{Mg} 为钢液中 Mg 元素的传质系数，m/s；$w[M]^b$ 和 $w[M]^*$ 分别为钢液与耐火材料的质量分数，%；$A_{耐火材料-钢液}$ 为耐火材料与钢液的接触面积，m^2；$V_{钢液}$ 为钢液体积，m^3。

在计算耐火材料与钢液之间的传质系数时，可根据式（6-45）推导得出传质系数的公式。需要指出的是，由于钢包垂直壁面附近与钢包底部附近的钢液速度不同，因此应分别计算两处耐火材料与钢液之间的传质系数 Re 计算方法分别见式（6-47）和式（6-48）。

$$k_{耐火材料-Mg} = \frac{1.3 Re^{1/2} Sc^{1/3} D_{Mg}}{L} \tag{6-45}$$

$$Sc = \frac{\nu}{D_{Mg}} \tag{6-46}$$

$$Re = \frac{u_{钢液-钢包壁} L_{钢液-钢包壁}}{\nu} \tag{6-47}$$

$$Re = \frac{u_{钢液-钢包底} L_{钢液-钢包底}}{\nu} \tag{6-48}$$

式中，$k_{耐火材料-Mg}$ 为 Mg 元素从耐火材料向钢液中的传质系数，m/s；D_{Mg} 为钢液中 Mg 元素的扩散系数，m^2/s；L 为特征常数，m；$u_{钢液-钢包壁}$ 为钢液沿钢包壁的流动速度，m/s；$L_{钢液-钢包壁}$ 为特征长度，假定其数值等于钢液与钢包壁接触面积的平方根，m；$u_{钢液-钢包底}$ 为钢液沿钢包底的流动速度，m/s；$L_{钢液-钢包底}$ 为特征长度，假定其数值等于钢液与钢包底接触面积的平方根，m。

6.2.2.4 合金的溶解

在钢包精炼过程中，为了达到指定钢种的目标成分含量，通常需要添加合金物料对钢液成分进行调节。合金溶解进钢液中能直接引起钢液成分的变化，而钢液成分的变化又会影响渣相和夹杂物成分的变化，进而也间接影响耐火材料与体系间的化学反应。据文献研究[28-29]，当合金加入到钢液中时，合金颗粒的表面会形成一层凝固壳，阻碍合金的溶解。随着温度的升高，凝固壳内部的合金颗粒由于熔点较低已经完全熔化。随后凝固壳逐渐熔化并消失，当凝固壳消失时，熔化的合金便进入到钢液中。因此可以认为，合金颗粒的溶解时间等于凝固壳的熔化时间。合金溶解时间的计算表达式见式（6-49）[28]。模型假设合金颗粒的运动速度 u_A 远小于钢液平均速度 $u_{钢液}$，则钢液平均速度与合金颗粒速度的差值可约等于钢液的平均速度，即 $u_{钢液} - u_A \approx u_{钢液}$。式（6-50）[28] 是努塞尔数的计算公式，其中雷诺数 Re 可根据式（6-51）计算得到，普朗特数 Pr 可根据式（6-52）计算得到。

$$t_{合金} = \frac{C_{p,A} \rho_A d_A}{\pi h} \times \frac{T_S - T_0}{T_M - T_S} \tag{6-49}$$

$$Nu = \frac{d_A h}{\lambda_{钢液}} = 2 + (0.4 Re^{1/2} + 0.06 Re^{2/3}) Pr^{0.4} \tag{6-50}$$

$$Re = \frac{\rho_A d_A \left| u_{钢液} - u_A \right|}{\mu} \tag{6-51}$$

$$Pr = \frac{C_{p,M} \mu_{钢液}}{\lambda_{钢液}} \tag{6-52}$$

式中，$t_{合金}$ 为合金在钢液中的溶解时间，s；$C_{p,A}$ 为合金的比热容，J/(kg·K)；ρ_A 为合金的密度，kg/m³；d_A 为合金颗粒的直径，m；h 为合金颗粒表面的热传导系数，W/(m²·K)，可根据式（6-50）计算得到；T_S 为钢液的凝固温度，K；T_M 为钢液的温度，K；T_0 为合金颗粒的初始温度，K；Nu 为努塞尔数；$\lambda_{钢液}$ 为钢液的热导率，J/(m·s·K)；Pr 为普朗特数；$u_{钢液}$ 为钢液的平均速度，m/s；u_A 为合金颗粒的运动速度，m/s；$C_{p,M}$ 为钢液的比热容，J/(kg·K)；$\mu_{钢液}$ 为钢液的动力学黏度，Pa·s。

合金元素在钢液中的含量变化与该元素加入量的比值就是该合金元素的收得率。收得率的数值越大，表示该元素的利用率越高。式（6-53）是精炼过程中 Al 元素收得率的计算公式。

$$\eta = \frac{\left[w(\text{Al}_{t_1}) - w(\text{Al}_{t_0}) \right] W_{钢液}}{100 W_{\text{Al}}} \times 100\% \tag{6-53}$$

式中，η 为 Al 元素的收得率，%；$w(\text{Al}_{t_1})$ 为加入合金后，钢中 Al_t 的质量分数，%；$w(\text{Al}_{t_0})$ 为加入合金前，钢中 Al_t 的质量分数，%；$W_{钢液}$ 为钢液质量，kg；W_{Al} 为加入 Al 合金的总量，kg。

本模型计算过程中采用的时间步长为 1 s，使用的编程软件是 Visual C++。计算的第一步是判断是否加入了合金，如果加入，则可根据混匀时间计算相应组元的质量分数变化，如果没有加入，则跳过此步骤进行第二步；第二步是计算钢液-渣体系中的反应，首先根据 ΔG 判断哪些反应发生，然后计算钢渣界面处各组元的质量分数，接下来可求出钢液和渣相中各组元的质量分数变化；第三步是耐火材料溶解，首先计算耐火材料向钢液中的溶解，然后重新计算钢液中的质量分数变化，其次计算耐火材料向渣中的溶解，然后重新计算渣相中 MgO 质量分数的变化；第四步是计算空气对钢液的二次氧化，根据公式可以求出钢液的吸氧速率，然后可以得到空气对钢液的二次氧化带来的钢液中溶解氧的增加量；第五步是计算钢液-夹杂物体系中的反应，计算过程与钢渣体系相似，只是在考虑接触面积和体积时与后者不同；第六步是利用斯托克斯公式计算夹杂物的上浮，由于夹杂物的上浮会导致夹杂物总量的减小，从而进一步导致钢液中总氧和其他含量的变化，因此在计算完夹杂物上浮之后需要再次计算钢液的成分。具体的计算过程如图 6-13 所示，图中 T 为实际时刻，T_{cal} 为计算的目标时间，Δt 为时间步长。

在计算钢液-渣相反应时，钢包高度和钢包直径可以根据国内某钢厂实际生产过程中的钢包砌筑图得到，从而计算出钢液和渣的接触面积。同时模型假设钢液的初始质量和渣的初始质量分别为 150 t 和 2.5 t，根据钢液密度和渣密度可计算出熔池深度和渣层厚度。表 6-6 和表 6-7 分别为钢液及精炼渣相的初始成分表。钢液中初始 T.O 含量为 31.8×10^{-6}，初始的溶解铝含量为 0.0036%，精炼渣是 $CaO\text{-}Al_2O_3\text{-}MgO\text{-}SiO_2\text{-}MnO\text{-}Fe_2O_3$ 系渣，其中 CaO 含量为 48.63%，Al_2O_3 含量为 22.01%。

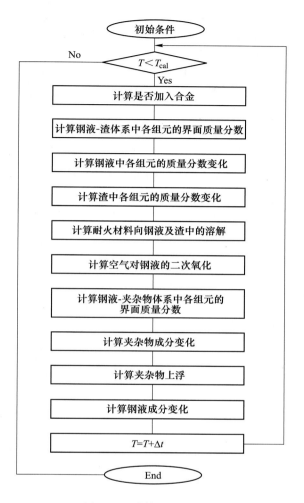

图 6-13 计算过程示意图

表 6-6 钢液初始成分

成 分	C	Si	Mn	P	S	T. Mg	T. Ca
含量（质量分数）/%	0.0698	0.2010	1.4900	0.0120	0.0009	0.0004	0.0009

成 分	Nb	V	Ti	Cr	B	T. O	$[Al]_s$
含量（质量分数）/%	0.0502	0.0064	0.0175	0.2070	0.0001	0.00318	0.0036

表 6-7 钢包精炼渣初始成分

成 分	CaO	Al_2O_3	MgO	SiO_2	MnO	Fe_2O_3
含量（质量分数）/%	48.63	22.01	5.19	9.00	11.98	3.18

在 LF 精炼过程中，180 s 时加入了精炼渣与钢芯铝，1500 s 时加入了锰铁及硅铁等合

金。辅料及合金的具体成分与加入量见表 6-8 和表 6-9。合金溶解过程中的计算参数见表 6-10。

表 6-8　LF 精炼过程中加入的辅料的成分　　　　　　　　（质量分数,%）

辅料名称	P	S	SiO_2	CaO	[Al]$_s$	Al_2O_3	加入量/kg	加入时间/s
石灰	0	0.02	0.70	99.29	0	0	980	180
渣改质剂	0.05	0.13	12.35	6.88	25.61	54.98	107	
精炼渣	0.03	0.20	7.48	92.29	0	0	150	

表 6-9　LF 精炼过程中加入的合金的成分　　　　　　　　（质量分数,%）

合金	C	Si	Mn	P	S	[Al]$_s$	Fe	其他	加入量/kg	加入时间/s
钢芯铝	0	0	0	0.04	0.03	43.91	56.02	0	263	180
低碳锰铁	0.33	0.80	83.34	0.15	0.02	0	15.36	0	84	1500
硅铁	1.86	74.52	0.02	0.02	0.01	0	23.57	0	354	
钼铁	0.06	0.11	0	0.12	0	0	37.95	Mo：61.72	20	
铌铁	0.13	0	0	0	0.01	0	35.49	Nb：64.37	120	
钛铁	0.10	4.40	1.54	0.07	0.02	7.48	15.13	Ti：71.26	104	
中碳铬铁	1.62	0.88	0	0.04	0.02	0	40.33	Cr：57.11	144	

表 6-10　合金溶解过程中的计算参数

计　算　参　数	取　　值
合金的比热容 $C_{p,A}$/[J·(kg·K)$^{-1}$]	0.88×10^3
合金的密度 ρ_A/(kg·m^{-3})	4900
合金颗粒的直径 d_A/m	0.03
钢液的凝固温度 T_S/K	1756.9
钢液的温度 T_M/K	1873
合金颗粒的初始温度 T_0/K	298
钢液的动力学黏度 $\mu_{钢液}$/(Pa·s)	0.0067
钢液的比热容 $C_{p,M}$/[J·(kg·K)$^{-1}$]	820
钢液的热导率 $\lambda_{钢液}$/[J·(m·s·K)$^{-1}$]	40.3

钢液-渣相反应过程中所用的具体计算参数见表 6-11。其中钢包高度为 4.4 m，熔池深度为 3.16 m，钢液温度假设为 1873 K，初始钢液质量为 150 t，初始渣质量为 2.5 t，吹氩流量（标准大气压）分别为强吹氩 1200 L/min，中吹氩 500 L/min 和软吹氩 200 L/min。

表 6-11　钢液-渣相反应过程中的计算参数

计　算　参　数	取　　值
钢液密度/(kg·m^{-3})	7000
渣相密度/(kg·m^{-3})	3000

计 算 参 数	取 值
钢包高度/m	4.4
熔池深度/m	3.16
上口直径/m	3.01
下口直径/m	2.79
钢液温度/K	1873
Ar 温度/K	298
钢液质量/t	150
渣质量/t	2.5
吹氩流量(标准大气压)/(L·min⁻¹)	1200,500,200
吹氩孔间的夹角/(°)	135
合金加入时间/s	180,1500
辅料加入时间/s	180

钢液-夹杂物反应过程中所用的计算参数见表 6-12，其中夹杂物的总量可根据实际检测中钢液的 T.O 含量求出，夹杂物直径可根据 ASPEX 的检测结果求出。模型假设夹杂物为球形，夹杂物密度为 3500 kg/m^3，根据球形体积公式可以求出单个夹杂物的体积以及夹杂物的总数量。其中模型假设钢液中各组元的扩散系数见表 6-12。耐火材料向渣中溶解过程中使用的计算参数见表 6-13。

表 6-12　钢液-夹杂物反应过程中的计算参数

计 算 参 数	取 值
钢液密度 $\rho_{钢液}$/(kg·m⁻³)	7000
夹杂物密度 $\rho_{夹杂物}$/(kg·m⁻³)	3500
钢液与单个夹杂物的接触面积 $A_{钢液-夹杂物}$/m²	$1.26×10^{-11}$
单个夹杂物体积 $V_{夹杂物}$/m³	$4.15×10^{-18}$
夹杂物数量 n_j	$6.42×10^{12}$
钢液温度 T_2/K	1873
钢液质量 $W_{钢液}$/t	150
夹杂物总量	$62.9×10^{-6}$
熔池深度 H/m	3.16
夹杂物直径 d_p/μm	2
钢液的动力学黏度 $\mu_{钢液}$/(Pa·s)	0.0067
钢液中 Al 元素的扩散系数 D_{Al}[26]/(m²·s⁻¹)	$3.5×10^{-9}$
钢液中 Mg 元素的扩散系数 D_{Mg}[26]/(m²·s⁻¹)	$3.5×10^{-9}$
钢液中 Ca 元素的扩散系数 D_{Ca}[26]/(m²·s⁻¹)	$3.5×10^{-9}$
钢液中 O 元素的扩散系数 D_O[26]/(m²·s⁻¹)	$2.7×10^{-9}$
钢液中 Si 元素的扩散系数 D_{Si}[26]/(m²·s⁻¹)	$4.1×10^{-9}$
钢液中 S 元素的扩散系数 D_S[26]/(m²·s⁻¹)	$4.1×10^{-9}$

表 6-13 耐火材料向渣中溶解过程中使用的计算参数

计 算 参 数	取 值
渣相密度 $\rho_{渣}/(kg \cdot m^{-3})$	3000
MgO 在渣中的扩散系数 $D_{MgO}[30]/(m^2 \cdot s^{-1})$	1.12×10^{-9}
渣相的运动黏度 $\nu_{渣}[26]/(m^2 \cdot s^{-1})$	3×10^{-5}
熔池深度 H/m	3.16
重力加速度 $g/(m \cdot s^{-2})$	9.8
耐火材料与渣相的接触面积 $A_{耐火材料-渣}/m^2$	0.99
气泡的阻力系数 C_D	8/3
比例常数 C_0	0.537
比例常数 $K_1/m^{1/3}$	0.18
耗散率常数 C_μ	0.09
羽流区气体的体积分数 $f/\%$	4.76

6.2.3 计算结果

图 6-14~图 6-16 是渣钢反应过程中钢液成分变化的计算结果与实际检测结果对比图。图 6-14 表示钢液中的酸溶铝 $[Al]_s$ 含量随时间的变化，图中圆点表示实际检测的成分，曲线表示模型的计算结果。从图 6-14 可以看出，$[Al]_s$ 含量的两次突然增加是由于加入合金导致的，而 $[Al]_s$ 含量的缓慢减少则是由于渣钢反应造成的。图 6-15 表示钢液中 T.Mg、T.Ca 和 T.S 含量随时间的变化，其中 T.Mg 含量的变化是由于渣钢反应以及耐火材料向钢液中的溶解导致的。T.Ca 含量变化的原因是渣钢反应。钢液中 T.S 含量的下降是由于钢液中的溶解 S 与渣中的 CaO 反应生成 CaS 进入渣相导致的。图 6-16 表示钢液中 T.O 和 $[O]$ 含量随时间的变化，其中 T.O 的变化是由于渣钢反应、钢液-夹杂物反应和夹杂物上浮去除三者共同作用导致的。

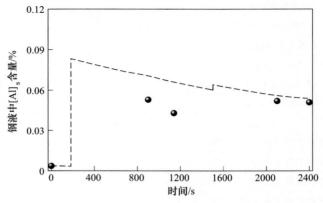

图 6-14 钢液中 $[Al]_s$ 含量随时间的变化图

（图中点表示测量值，线表示计算值）

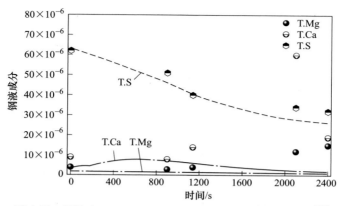

图 6-15 钢液中 T.Mg、T.Ca 和 T.S 含量随时间的变化图[31]

（图中点表示测量值，线表示计算值）

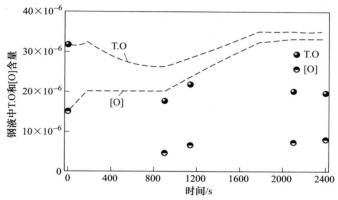

图 6-16 钢液中 T.O 和［O］含量随时间的变化图[31]

（图中点表示测量值，线表示计算值）

图 6-17 和图 6-18 是渣钢反应过程中渣相成分变化的计算结果图。图 6-17 中渣相中 CaO 含量在前期的增加是由于石灰和精炼渣的加入，各组元含量的减少是由于钢液-渣相之间的反应造成的，其中渣中 MgO 含量的变化还受到耐火材料与渣相之间相互作用的影响。

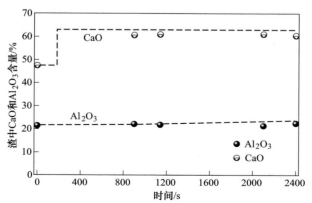

图 6-17 渣相中 CaO 和 Al₂O₃ 含量随时间的变化图[31]

（图中点表示测量值，线表示计算值）

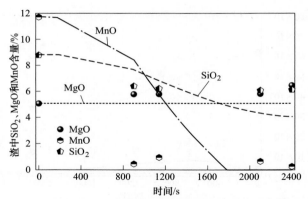

图 6-18   渣相中 SiO_2、MgO 和 MnO 含量随时间的变化图[31]

（图中点表示测量值，线表示计算值）

图 6-19 是夹杂物中 Al_2O_3 和 CaS 含量随时间的变化图。图 6-20 为夹杂物中 CaO 和 MgO 含量随时间的变化图。从夹杂物含量变化的计算结果中可以看出，夹杂物中的 Al_2O_3 含量不断下降，这是因为钢液中的 [Mg] 将夹杂物中的 Al_2O_3 还原。图 6-20 中夹杂物中

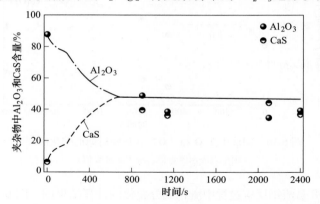

图 6-19   夹杂物中 Al_2O_3 和 CaS 含量随时间的变化图[31]

（图中点表示测量值，线表示计算值）

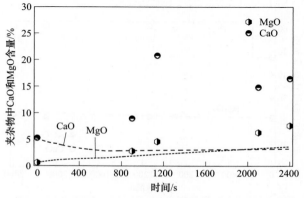

图 6-20   夹杂物中 CaO 和 MgO 含量随时间的变化图[31]

（图中点表示测量值，线表示计算值）

MgO 含量变化也间接证明了这一点。夹杂物中 CaS 含量的增加是由于钢液中的［Ca］与［S］生成了 CaS。综合来看，钢液成分、渣成分和夹杂物成分随时间变化的实测值和预测值吻合较好，这表明本研究开发的动力学模型可以用于预测 LF 精炼过程中钢、渣和夹杂物成分的变化。

6.3 小　　结

本章从冶金反应热力学和动力学的角度对炼钢过程的化学反应的计算进行了介绍。炼钢过程的热力学计算主要包括夹杂物生成优势区图、钢液-渣-夹杂物平衡和夹杂物熔点的计算。炼钢过程的动力学计算主要包括钢液-渣反应、钢液-夹杂物反应、钢液-耐火材料反应以及合金熔化的计算。本章基本涵盖了炼钢过程涉及的热力学和动力学计算，并给出了计算实例，旨在使读者掌握炼钢过程中热力学和动力学计算的基本方法。

参 考 文 献

[1] 徐匡迪，肖丽俊. 特殊钢精炼中的脱氧及夹杂物控制［J］. 钢铁，2012，47（10）：1-13.

[2] REN Q, ZHANG L F. Effect of cerium content on inclusions in an ultra-low-carbon aluminum-killed steel ［J］. Metallurgical and Materials Transactions B-Process Metallurgy and Materials Processing Science，2020，51（2）：589-600.

[3] CHEN J X. Manual of data and charts used in steelmaking ［M］. Beijing：Metallurgical Industry Press，2010：702.

[4] LI W C. Thermodynamics of the formation of rare-earth inclusions in steel ［J］. Iron and Steel，1986，21（3）：7-12.

[5] VAHED A, KAY D A R. Thermodynamics of rare earths in steelmaking ［J］. Metallurgical Transactions B，1976，7（3）：375-383.

[6] CHEN J X. Manual of data and charts used in steelmaking ［M］. Beijing：Metallurgical Industry Press，2010：758-761.

[7] WANG L M, DU T, LU L X, et al. Thermodynamics and application of rare earth elements in steel ［J］. Journal of the Chinese Rare Earth Society，2003，21（3）：251-254.

[8] REN Y, ZHANG L F. Thermodynamic model for prediction of slag-steel-inclusion reactions of 304 stainless steels ［J］. ISIJ International，2017，57（1）：68-75.

[9] LOU W T, ZHU M Y. Numerical simulation of desulfurization behavior in gas-stirred systems based on computation fluid dynamics-simultaneous reaction model（CFD-SRM）coupled model ［J］. Metallurgical and Materials Transactions B，2014，45（5）：1706-1722.

[10] LAMOUT J C, SCOTT D S. An eddy cell model of mass transfer into the surface of a turbulent liquid ［J］. AIChE Journal，1970，16（4）：513-519.

[11] KITAMURA S Y, KITAMURA T, SHIBATA K, et al. Effect of stirring energy, temperature and flux composition on hot metal dephosphorization kinetics ［J］. ISIJ International，1991，31（11）：1322-1328.

[12] KITAMURA S Y, MIYAMOTO K I, SHIBATA H, et al. Analysis of dephosphorization reaction using a simulation model of hot metal dephosphorization by multiphase slag ［J］. ISIJ International，2009，49（9）：1333-1339.

[13] CONEJO A N, LARA F R, MACIAS-HERNANDEZ M, et al. Kinetic model of steel refining in a ladle

furnace [J]. Steel Research International, 2007, 78 (2): 141-150.

[14] HARADA A, MARUOKA N, SHIBATA H, et al. A kinetic model to predict the compositions of metal, slag and inclusions during ladle refining: Part 1. Basic concept and application [J]. ISIJ International, 2013, 53 (12): 2110-2117.

[15] SIGWORTH K G, ELLIOTT F J. The thermodynamics of liquid dilute iron alloys [J]. Metal Science, 1974, 8 (1): 298-310.

[16] SHIM J D, BAN-YA S. The solubility of magnesia and ferric-ferrous equilibrium in liquid Fe_tO-SiO_2-CaO-MgO slags [J]. Tetsu To Hagane, 1981, 67 (10): 1735-1744.

[17] TAIRA S, NAKASHIMA K, MORI K. Kinetic behavior of dissolution of sintered alumina into CaO-SiO_2-Al_2O_3 slags [J]. ISIJ International, 1993, 33 (1): 116-123.

[18] MATSUNO H, KIKUCHI Y. The origin of MgO type inclusion in high carbon steel [J]. Tetsu To Hagane, 2002, 88 (1): 48-50.

[19] FRUEHAN R J, LI Y, BRABIE L. Dissolution of magnesite and dolomite in simulated EAF slags [C]// ISSTech 2003 Conference Proceedings, 2003: 799-812.

[20] ZHANG L F, THOMAS B G. State of the art in evaluation and control of steel cleanliness [J]. ISIJ International, 2003, 43 (3): 271-291.

[21] JANSSON S, BRABIE V, JONSSON P. Corrosion mechanism and kinetic behaviour of MgO-C refractory material in contact with CaO-Al_2O_3-SiO_2-MgO slag [J]. Scandinavian Journal of Metallurgy, 2005, 34 (5): 283-292.

[22] JANSSON S, BRABIE V, JONSSON P. Magnesia-carbon refractory dissolution in Al-killed low carbon steel [J]. Ironmaking and Steelmaking, 2006, 33 (5): 389-397.

[23] UM H, LEE K, CHOI J, et al. Corrosion behavior of MgO-C refractory in ferromanganese slags [J]. ISIJ International, 2012, 52 (1): 62-67.

[24] KASIMAGWA I, BRABIE V, JONSSON P G. Slag corrosion of MgO-C refractories during secondary steel refining [J]. Ironmaking and Steelmaking, 2014, 41 (2): 121-131.

[25] ZHANG L F, REN Y, DUAN H J, et al. Stability diagram of Mg-Al-O system inclusions in molten steel [J]. Metallurgical and Materials Transactions B, 2015, 46 (4): 1809-1825.

[26] 陈家祥. 炼钢常用图表数据手册 [M]. 北京: 冶金工业出版社, 2010: 317, 844-845.

[27] HARADA A, MIYANO G, MARUOKA N, et al. Dissolution behavior of Mg from MgO into molten steel deoxidized by Al [J]. ISIJ International, 2014, 54 (10): 2230-2238.

[28] AOKI J, THOMAS B G, PETER J, et al. Experimental and theoretical investigation of mixing in a bottom gas-stirred ladle [C]//AISTech 2004: The Iron & Steel Technology Conference Proceedings. Nashville: Association for Iron and Steel Technology, 2004.

[29] ZHANG L Y, OATARS F. Mathematical modelling of alloy melting in steel melts [J]. Steel Research, 1999, 70 (4/5): 128-134.

[30] AMINI S, BRUNGS M, JAHANSHAHI S, et al. Effects of additives and temperature on the dissolution rate and diffusivity of MgO in CaO-Al_2O_3 slags under forced convection [J]. ISIJ International, 2006, 46 (11): 1554-1559.

[31] ZHANG Y, REN Y, ZHANG L F. Kinetic study on compositional variations of inclusions, steel and slag during refining process [J]. Metallurgical Research & Technology, 2018, 115 (4): 1-14.

7 物 理 模 拟

7.1 模 拟 原 理

炼钢过程涉及错综复杂的现象，许多实际问题至今无法单纯依靠数学分析的方法解决，有的问题难以列出微分方程式，有的问题虽然能够列出微分方程式但无法求解。此外，依靠直接实验方法研究炼钢过程又有很大的局限性，只能应用到与实验条件完全相同的现象上，无法揭示现象本质的规律性关系。但以相似原理为基础的模型研究方法弥补了数学分析方法和直接实验方法的不足，被冶金工作者广泛采用。

所谓模型研究方法，是指在相似理论的指导下，不直接在原型中研究现象或过程本身，而是用与原型相似的模型来进行研究的一种方法。具体来说，模型研究方法就是用量纲分析方法导出相似准数，进一步通过模型实验求出相似准数之间的关系式，然后将此关系式推广到原型，最终揭示某一现象或过程的规律。

相似三定理是相似理论的主要内容，也是模型实验研究的主要理论基础，包括相似第一定理、相似第二定理和相似第三定理。

相似第一定理，也称相似正定理，该理论认为彼此相似的现象必定具有数值相同的相似准数。

相似第二定理，也称相似逆定理，该理论认为凡同一种类的现象，若单值性条件相似，且由单值性条件的物理量所组成的相似准数在数值上相等，则这些现象必定相似。

相似第三定理，也称"π定理"，该理论认为描述某一现象的各种量之间的关系可表示成相似准数 π_1，π_2，$\cdots$，π_n 之间的函数关系，即：

$$F(\pi_1, \pi_2, \cdots, \pi_n) = 0 \tag{7-1}$$

这种关系式称为准数关系式或准数方程式。

相似第一定理是通过分析相似现象的相似性质得出的。这些相似性质包括：

（1）性质一：因为相似现象都属于同一类现象，所以它们都可以用完全相同的完整方程组来描述，其中包括描述现象的基本方程及描述单值条件的方程。

（2）性质二：用来表征这些现象的一切物理量的场都相似。

（3）性质三：相似现象必然发生在几何相似的空间中，所以几何的边界条件必定相似。

（4）性质四：相似准数不是任意的，而是彼此既有联系又相互约束的。它们之间的约束关系表现为某些相似准数组成的相似指标等于1。

根据相似第一定理，彼此相似的现象，其相似准数保持同样的数值，所以它们的准数方程式也是相同的。如果能把模型流动的实验结果整理成准数方程，那么这种准数方程式就可以推广到所有与之相似的原型流动中去。这样，在无法用分析法求解流动的基本方程组的情况下，就可以用模型实验的方法得到基本方程组在具体条件下的特解，特解的形式就是由模型实验结果整理成的准数方程式。

相似第二定理讨论的是现象相似的必要条件，即相似条件的问题，这对进行模型研究十分重要。表征现象相似的条件有：

（1）相似条件一：由于彼此相似的现象是服从于同一自然规律的现象，所以都可以用完全相同的基本方程组来描述。因此，现象相似的第一个必要条件是描述现象的基本方程组完全相同。对于同一种类的现象，自然满足这个条件。

（2）相似条件二：单值条件相似是现象相似的第二个必要条件。单值条件能够从遵循同一自然规律的无数现象中单一地划分出某一具体现象。要使现象相似，就必须保证单值条件相似。

（3）相似条件三：现象相似的第三个必要条件是由单值条件的物理量所组成的相似准数在数值上相等。

相似原理提供了模型研究的理论基础。在进行动量传输、热量传输和质量传输模型研究时，如要保证模型中的流动与原型中相似，必须遵守相似第二定理，即满足流动相似的下述充分必要条件：

（1）模型中的流动与原型中的流动能被同一完整的方程组所描述；

（2）模型与原型流体通道的内轮廓几何相似；

（3）模型与原型中对应截面或对应点上流体的物性相似；

（4）模型与原型入口、出口截面处的速度分布相似；

（5）模型流动与原型流动的初始条件相似；

（6）模型与原型定性准数的数值相等。

实际上，要完全满足上述条件是很困难的，有时甚至是办不到的。为使模型研究得以进行，就必须采用近似模型研究的方法，即近似模型优化方法（下文中"模型优化"简称"模化"）。近似模化法就是在考虑模型研究时，分析在相似条件中哪些条件是主要的，起决定作用的；哪些条件是次要的，不起决定作用的。对前者要尽量加以保证，而对后者只作近似的保证，甚至忽略不计。这样，一方面使实验能够进行，另一方面又不致引起较大偏差。例如，在研究熔池中钢液流动状况时，由于熔池内温度高，温度场、浓度场分布不均匀，钢液中还有气泡的存在，因此要使模型中的介质和原型中的完全一样是很难的。因此，一般采用等温的液体（如水）作介质来研究，这称为"冷态模化法"。冷态模化也是一种近似模化。当然，冷态模化实验的结果与热态情况存在偏差，需要进行必要的修正。但实践表明，冷态模化的结果具有相当大的指导作用。

流体流动近似模化可利用黏性流体的稳定性和自模化性特性，对相似第二定理的充分必要条件进行简化，主要体现在以下几点：

（1）稳定性。大量实验表明，黏性流体在管道中流动时，无论入口速度分布如何，流经一段距离后，速度分布就会固定下来，这种特性称为"稳定性"。黏性流体在复杂形状的通道中流动，也具有稳定性特征。因此，在进行模型实验时，只要在模型入口有一段几何相似的稳定段，就能保证速度分布相似。同样，出口速度分布的相似也不用专门考虑，只要保证出口通道几何相似即可。

（2）自模化性。当雷诺数 Re 小于某一定值（称为"第一临界值"）时，流动呈层流状态，其速度分布彼此相似，与 Re 的大小无关，这种特性称为"自模化性"。当 Re 大于第一临界值时，流动处于由层流到湍流的过渡态。流动进入湍流状态后，若 Re 继续增加，它对湍流程度及速度分布的影响逐渐减小。当达到某一定值（称为"第二临界值"）以后，流动又一次进入自模化状态，即不管 Re 多大，流动状态与速度分布不再变化，都彼此相似。通常将 Re 小于第一临界值的范围称为"第一自模化区"，而将 Re 大于第二临界值的范围称为"第二自模化区"。

$$Re = \frac{\rho u L}{\mu} \qquad (7-2)$$

式中，ρ 为密度，kg/m^3；u 为速度，m/s；L 为特征长度，m；μ 为黏度，$Pa \cdot s$。

在进行模型研究时，只要模型与原型中的流体流动处于同一自模化区，模型与原型中的 Re 即使不相等，也能做到速度分布相似，这给模型研究带来很大方便。当原型中的 Re 远大于第二临界值时，模型中的 Re 稍大于第二临界值即可做到流动相似。在模型实验设计中，选用较小的流量就能满足要求。

炼钢学问题所涉及的相似准数很多，研究不同的问题时需要使用不同的相似准数。在水模型实验中，常用水来模拟金属液，水模型中的流动和实际钢液流动相似的条件为弗劳德数 Fr 和 Re 相等。只有采用尺寸比例为 1：1 的模型，才能做到 Fr 和 Re 均相等，这种情况下的相似是理想的。如不采用 1：1 模型（例如等比例缩小），通常仅要求保证 Fr 相等，而检验 Re 是否属于同一自模化区，即不必保证模型和实物的 Re 相等，只要保证二者处于同一自模化区，也可做到流动相似。因此，在水模型实验中常常采用保证决定性准数相等的近似模化法，即采用模型和实物两系统的 Fr 相等的方法，来确定水模型的实验参数，见式（7-4）。

$$Fr = \frac{gL}{u^2} \qquad (7-3)$$

$$Fr_m = Fr_p \qquad (7-4)$$

7.2 KR 搅拌墨水示踪实验

7.2.1 实验背景及目的

铁水预处理脱硫作为一种高效的脱硫技术被广泛应用。目前，比较成熟的铁水预处理方法主要有喷吹法和编结反应器（Kambara reactor，KR）机械搅拌法两种。KR 搅拌法是 1965 年由日本的新日本制铁所开发，应用于炉外脱硫工业生产的一种铁水预处理脱硫技术。KR 搅拌脱硫法是将十字形的搅拌头浸入铁水罐内旋转搅动铁水，搅拌过程中流动的铁水与脱硫剂充分接触发生反应以达到脱硫目的，是一种局部混合、卷入及径向剪切型的搅拌混合反应装置。由于在实际生产中，KR 机械搅拌是在高温不透明的铁水罐中进行的，无法有效地观察铁水的流动状况以及脱硫剂的混匀状况和运动规律。而铁水的流动状况和脱硫剂的混匀状况又是衡量 KR 机械搅拌效率的重要指标，铁水成分、温度均匀化、脱硫反应速率及脱硫效果等都与之密切相关。因此，为了对实际的搅拌过程有一个清晰的了解，可以采用墨水示踪的方法对 KR 搅拌过程的流动和混匀特性进行研究。

7.2.2　模型建立

本实验以 210 t 的铁水罐和搅拌桨为原型建立 1/7 的水模型进行 KR 铁水预处理实验室实验。图 7-1 为实验用的水模型，模型（包括搅拌桨）采用透明的亚克力有机玻璃制成，实验参数见表 7-1。

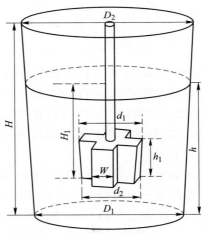

图 7-1　KR 水模型示意图[1]

表 7-1　KR 模型主要几何尺寸和实验参数[2]

实　验　参　数	数　值
搅拌罐高度 H/mm	664
搅拌罐下径 D_1/mm	464
搅拌罐上径 D_2/mm	552
搅拌桨高度 h_1/mm	136
搅拌桨上径 d_1/mm	208
搅拌桨下径 d_2/mm	193
叶片厚度 W/mm	69
液面深度 h/mm	480
搅拌桨浸入深度 H_1/mm	200, 229, 257, 286, 314
转速 n/(r·min^{-1})	110, 160, 210, 260, 310
水的体积 V/L	92.9

对于动力相似的模型与原型，可用修正的 Fr 来描述，由相似原理可知，模型与原型之间的相似准数应该相等。

$$Fr'_{\mathrm{m}} = Fr'_{\mathrm{f}} \tag{7-5}$$

则：

$$\frac{gL_{\mathrm{m}}}{\left(\dfrac{N_{\mathrm{m}} r_{\mathrm{m}}^3}{K d_{\mathrm{m}}^5 \rho_{\text{水}}}\right)^{\frac{2}{3}}} = \frac{gL_{\mathrm{p}}}{\left(\dfrac{N_{\mathrm{p}} r_{\mathrm{p}}^3}{K d_{\mathrm{p}}^5 \rho_{\text{钢}}}\right)^{\frac{2}{3}}} \tag{7-6}$$

$$\frac{r_{\mathrm{m}}}{r_{\mathrm{p}}} = \frac{d_{\mathrm{m}}}{d_{\mathrm{p}}} = \frac{L_{\mathrm{m}}}{L_{\mathrm{p}}} = \lambda \tag{7-7}$$

式中，下角标 m 和 p 分别为实验模型和原型；Fr' 为修正的弗劳德数；L 为铁水罐直径，m；N 为搅拌功率，kW；r 为搅拌桨半径，m；K 为功率系数；d 为搅拌桨直径，m；$\rho_水$ 和 $\rho_钢$ 分别为水和钢液的密度，kg/m³；λ 为相似比，$\lambda = 1/7$。

搅拌功率的计算公式为：

$$N = \frac{K\rho n^3 d^5}{1000} \tag{7-8}$$

式中，n 为搅拌桨转速，r/s。

由此可得，模型转速和原型转速间的关系为：

$$n_m = \lambda^{-\frac{1}{2}} n_p \tag{7-9}$$

即当模型和原型保持这个转速比例即可满足修正的 Fr 相等。

7.2.3　实验方法

墨水示踪法不仅可以实现铁水罐内整体流动结构和死区的可视化和定量化研究，而且还能够用来测量铁水罐内流场的混匀时间。

本实验在水模型中加入红色的墨水作为示踪剂来可视化内部的流动状态，并采用高速摄像机拍摄图像。实验过程中，将模型放置在一个方形的水箱内并固定，水箱内装满水以防止曲面造成光线扭曲和由此造成照片变形；在模型背面放置一块白板来遮蔽杂物，提供一个统一的背景；使用冷光灯自上而下照射来补光，以提供一个明亮且均匀的视场。为了解析 KR 搅拌过程中的详细变化，照相机帧速率需要提高到 200 fps。

图 7-2 为高速摄像机的实物图，可以在高帧速率的情况下进行拍摄，最高可达 1000 fps，能够清晰地拍摄到高速旋转情况下的液-液混合和固-液混合情况。此外由于在较高的帧速率条件下视场较暗，所以还需要采用冷光灯进行补光。

(a)　　　　　　　　　　　　(b)

图 7-2　高速摄像机及冷光灯[2]
（a）高速摄像机；（b）冷光灯

7.2.4　实验结果

实验过程中使用注射器于模型顶部中心处手动加入墨水，实验结果如图 7-3 所示。加入墨水 0.5 s 后，墨水聚集在漩涡底部和搅拌桨上部中心处；1 s 时墨水运动到搅拌桨叶片空隙处，并随搅拌桨的旋转而水平排出；从 2~3 s 的结果可以看出，墨水经搅拌桨排出后撞击到罐壁向上或向下运动，逐渐扩散到整个罐中；4 s 时，除了底部区域，其他区域几乎全部变为红色，证明底部区域是混合最慢的区域，即"死区"；到 8 s 时已经基本混匀，肉眼看不出明显的差异。

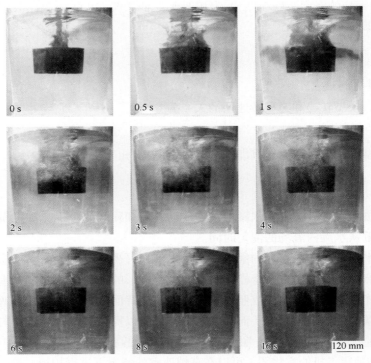

图 7-3　墨水扩散示意图[2]

图 7-3 彩图

　　为了定量评价搅拌过程的混匀，本实验使用图像处理技术对拍摄图像进行处理。利用 Python 语言编写处理程序，批量处理图像，基本算法为：首先将图像改为灰度图像，灰度值在 0~255 之间（其中 0 为黑色，255 为白色），然后通过计算输出相应的平均灰度值（U 值），以平均灰度值的变化来衡量混匀情况。图 7-4 是经计算得到的归一化后的平

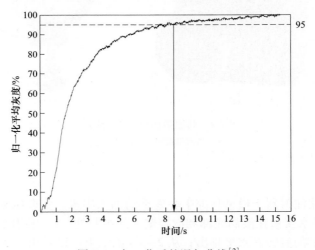

图 7-4　归一化后的混匀曲线[2]

均灰度曲线，即混匀曲线，其中浸入深度为 257 mm，转速为 110 r/min。可以发现随着时间的变化，平均灰度值迅速增加，4 s 后增长速率变缓，对应图 7-3 中 4 s 后除底部外已基本混匀，所以增长速率变缓，最终在 8.5 s 达到 95% 混匀。由此，运用图像处理的方法实现了定量表征流场的混匀过程。

7.3　钢包吹氩混匀实验

7.3.1　实验背景及目的

炉外精炼是冶炼高品质钢不可或缺的一步，其中钢包吹氩精炼由于其设备简单、投资小且便于维护等优点，广泛被钢铁企业采用。其主要作用包括促进钢水的温度和成分均匀、增强反应传质和加快冶金反应、促进渣层乳化和合金的熔化以及有效去除钢中的非金属夹杂物。对钢包精炼过程进行优化，一方面可以改善钢包精炼效果，提升钢铁产品的质量，另一方面可以提高钢包精炼的效率，缩短精炼时间，降低生产成本。

针对不同钢铁企业具体生产状况以及所存在的问题，通过物理模拟研究钢包内熔池的流动现象，对钢包精炼过程底吹氩操作制度进行优化，提出适合现场改造的优化方案，可以使得钢液在更短的时间内达到混匀的效果，从而提高产品质量，降低冶炼成本，最终达到增加企业经济效益的目的。

7.3.2　模型建立

对于钢包吹氩搅拌过程，由于原型和水模型中的流体流动状态都是湍流，都处于"第二自模化区"，因此可以忽略 Re 的影响，只需要考虑两者的修正 Fr 相等，即可保证原型与水模型流动现象之间的一致性。这一过程的计算见式（7-10）~式（7-14）。

$$Fr' = \frac{\rho_g u^2}{gL(\rho_1 - \rho_g)} \tag{7-10}$$

$$Fr'_m = Fr'_p \tag{7-11}$$

$$\frac{\rho_{gm} u_m^2}{gL_m(\rho_{lm} - \rho_{gm})} = \frac{\rho_{gp} u_p^2}{gL_p(\rho_{lp} - \rho_{gp})} \tag{7-12}$$

$$\frac{u_m}{u_p} = \sqrt{\frac{\rho_{gp}}{\rho_{gm}} \times \frac{L_m}{L_p} \times \frac{\rho_{lm} - \rho_{gm}}{\rho_{lp} - \rho_{gp}}} \tag{7-13}$$

$$\frac{L_m}{L_p} = \lambda \tag{7-14}$$

式中，下角标 m 为水模型，p 为原型，l 为液相，g 为气相。

因此，水模型和原型间的吹气流量应满足下式：

$$Q_m = 2.351\lambda^{\frac{5}{2}} Q_p \tag{7-15}$$

式中，Q_m 为气体在水模型尺寸下的吹气流量，L/min；Q_p 为气体在原型尺寸下的吹气流量，L/min。

本实验以 210 t 钢包为原型，采用 1∶5 的相似比，构建有机玻璃钢包水模型。其中，钢包的原型和模型尺寸见表 7-2。

表 7-2　钢包原型和模型尺寸

参　数	原型尺寸/mm	模型尺寸/mm
钢包上部半径	3860	772
钢包下部半径	3610	772
钢包高度	4250	850
液位高度	4180	836
吹气孔直径	100	20

　　钢包底部布置有吹气孔，吹气孔布置在半径为 0.55R 位置处，如图 7-5 所示。实验过程中采用双孔吹气，可以同时开启 A、B 吹气孔或 A、C 吹气孔，以分别研究吹气孔夹角为 90° 或 120° 条件下的混匀情况。

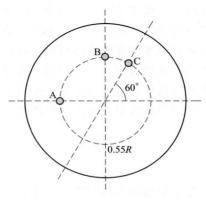

图 7-5　吹气孔分布图

7.3.3　实验方法

　　实验过程中，通过吹气孔吹入压缩空气来模拟在实际生产中通过透气砖吹入 Ar 进行搅拌的底吹环节。采用电导率法测量水模型的混匀时间，其原理为通过加入示踪剂（KCl 溶液）改变水模型内流体的电导率值，使用 DJ800 多功能数据采集系统和电导率仪检测水模型内流体电导率值的变化。图 7-6 为 DJ800 多功能数据采集系统和电导率仪实物图。本实验采用四个电导探头，位置分别在吹气孔的侧边和对边的液面高度 1/2 处和距底部 5 cm 处。

　　本实验采用 ±5% 规则，即当电导率波动值的变化范围在电导率稳定值的 5% 以内，视为水模型内部流体达到了混匀状态，原理如图 7-7 所示。

　　对从实验得到的电导率数据进行归一化处理，见式（7-16）。

$$\alpha = \left| \frac{C_t - C_0}{C_\infty - C_0} \right| \tag{7-16}$$

式中，C_t 为 t 时刻的电导率值，$\mu S/cm$；C_0 为初始电导率值，$\mu S/cm$；C_∞ 为最终的电导率值，$\mu S/cm$。

　　在实验过程中，每次通入气体后需等待 5 min 以上，使流场达到稳定状态后再从钢包的中心注入 100 mL 的饱和 KCl 溶液，KCl 溶液的量需满足下式[3]。

$$Dta = \frac{V_{示踪剂}}{V_{水}} \geqslant 0.2692 \times 10^{-3} \tag{7-17}$$

式中，Dta 指数为加入的示踪剂的体积与水模型中水的体积之比；$V_{示踪剂}$ 为示踪剂的体积，mL；$V_{水}$ 为水的体积，mL。

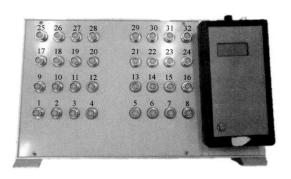

图 7-6 DJ800 多功能数据采集系统和电导率仪

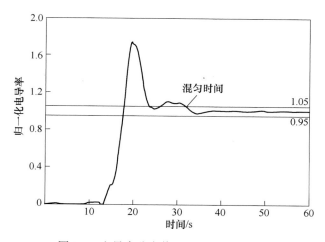

图 7-7 电导率稳定值±5%选取点示意图

实验时，每组工况进行 5 次平行实验，测得的混匀时间取平均值，以减少实验的偶然性。具体步骤如下：

（1）在实验开始前，首先按照预设工况布置吹气孔，将两根进气管连接预置吹气孔和气泵，在进气管螺纹上缠上防水胶防止漏水。

（2）在开始往钢包注水前，打开气泵，防止加水后水从未通气的进气管倒灌进气泵中，造成气泵的损坏。打开气泵后，根据试验工况调节气体流量计的读数。

（3）通过水管向钢包中加水，至 836 mm 位置时停止加水。等待流体稳定 5 min。

（4）配置 100 mL 饱和 KCl 溶液，待流体稳定 5 min 后，通过 100 mL 注射器从钢包液面中心处注入，同时，点击 DJ800 软件中的"开始采集"按钮，设置采集时间为 3 min。等待软件自动采集钢包中流体电导率数据操作完成。

（5）完成采集操作后，点击软件中的"数据转换"按钮，将后缀为".bps"的数据文件通过内置代码转换为可处理的".dat"文件。

（6）将文件中的数据制作成归一化后的电导率图，取上下波动在最终浓度值±5%以内的最后一个时刻为混匀时间。取4个探头中混匀时间最长的一个为最终混匀时间。

（7）在测量过程中，应时常注意电导率值的变化，当其值到达电导率仪量程的85%时，为避免测量出现误差，应重新换水。

（8）每组工况测量5次，取平均值。

（9）测量完毕后，按照实验方案更改实验条件，继续实验。

7.3.4 实验结果

图7-8是不同吹气孔夹角条件下吹气流量对混匀时间的影响图。总体而言，随着吹气流量的增加，混匀时间缩短。当吹气孔夹角为90°时，吹气流量（标准大气压）由4.2 L/min增加到21 L/min，混匀时间由69.5 s缩短至41.3 s。同时，可以看到吹气孔夹角为90°时的混匀时间总体比吹气孔夹角为120°时的混匀时间短，更有利于促进钢包内流体的混匀。

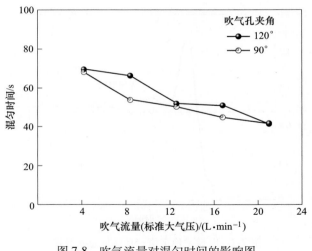

图 7-8　吹气流量对混匀时间的影响图

图 7-8 彩图

7.4　RH 真空精炼流场实验

7.4.1 实验背景及目的

RH 装置是一种钢水真空精炼装置，广泛用于超低碳钢和硅钢的生产和冶炼。在 RH 精炼过程中，钢液不断通过两条浸渍管在真空室和钢包中往复循环，这种钢液循环及混匀现象是影响 RH 精炼效率的控制性因素。为了提高 RH 真空精炼效率，就必须加大循环流量，而加大循环流量的三个手段包括提高吹入气体流量、加大浸渍管截面积和增加真空室的真空度。

本实验采用水模型物理模拟的方法，基于相似原理对 RH 真实精炼过程钢液-Ar 两相流体的流动进行了模拟研究，利用粒子图像测速（particle image velocimetry，PIV）技术实现了对水模型内瞬时流场的非接触式测量，获取了流体流动的特性信息，该结果不仅可以直接用来讨论 RH 真实精炼过程，而且还可以为数值模拟研究提供实验验证。

7.4.2　模型建立

根据几何相似与动力学相似原理，本实验采用水与钢液修正的 Fr 相似准则，以保证所建立的水模型与原型之间传输现象的一致性，见式（7-10）~式（7-14）。

对于水模型与原型上升管的吹气流量，应满足如下对应关系：

$$G_{\mathrm{m}} = n_{\mathrm{m}} \frac{\pi}{4} d_{\mathrm{n,m}}^2 u_{\mathrm{m}} \tag{7-18}$$

$$G_{\mathrm{p}} = n_{\mathrm{p}} \frac{\pi}{4} d_{\mathrm{n,p}}^2 u_{\mathrm{p}} \tag{7-19}$$

$$\lambda = \frac{L_{\mathrm{m}}}{L_{\mathrm{p}}} = \frac{d_{\mathrm{n,m}}}{d_{\mathrm{n,p}}} \tag{7-20}$$

$$\rho_{\mathrm{gp,1873\,K}} = \frac{T_{\mathrm{g,298\,K}}}{T_{\mathrm{p,1873\,K}}} \times \rho_{\mathrm{gp,298\,K}} \tag{7-21}$$

$$\frac{G_{\mathrm{m}}}{G_{\mathrm{p}}} = \frac{n_{\mathrm{m}}}{n_{\mathrm{p}}} \lambda^{\frac{5}{2}} \sqrt{\frac{298}{T_{\mathrm{gp}}} \times \frac{\rho_{\mathrm{gp,298\,K}}}{\rho_{\mathrm{gm}}} \times \frac{\rho_{\mathrm{lm}} - \rho_{\mathrm{gm}}}{\rho_{\mathrm{lp}} - \rho_{\mathrm{gp}}}} \tag{7-22}$$

式中，G 为气体流量，$\mathrm{m^3/s}$；n 为上升管吹气孔个数，个；d 为吹气孔直径，m；T 为温度，K。

以 210 t RH 精炼装置为原型建立几何相似比为 $\lambda = 1:5$ 的水模型，水模型详细尺寸如图 7-9 所示。

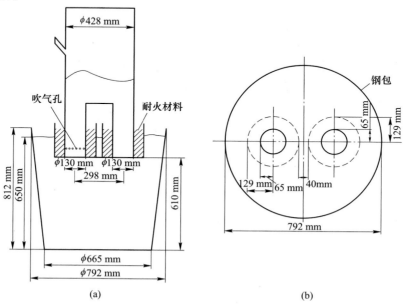

图 7-9　RH 水模型尺寸示意图[4]

（a）主视图；（b）俯视图

7.4.3 实验方法

本实验通过粒子图像测速仪（PIV）来测量 RH 水模型内部流场[5]，图 7-10 为 RH 水模型实验装置 PIV 测速示意图。实验所用激光发射器采用 Vlite-380 脉冲固体激光器系统，CCD 摄像设备采用美国 TSI 公司生产的相机，拍摄频率为 1.92 Hz，每个工况共计拍摄 20 组，得到 10 s 左右的瞬态速度分布，图像分析采用 InSight 4G 软件。示踪粒子采用空心二氧化硅微球，粒径约 10 μm，密度约 0.99 kg/m^3。

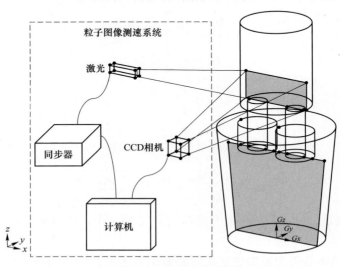

图 7-10   RH 水模型实验装置 PIV 测速示意图[4]

流场图像分析主要采用二维快速傅里叶变换，并利用速度的基本定义，实现对速度场的测量。利用 PIV 技术测量流场时，需在流场中分散适当密度且跟随性良好的示踪粒子，两束激光以固定的时间间隔照亮拍摄平面，同时利用 CCD 相机获取示踪粒子散布在流场中的图像，对拍摄的图像序列进行分析，得到二维速度矢量分布。通过示踪粒子测速的基本原理如图 7-11 所示。

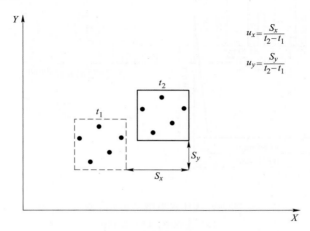

$$u_x = \frac{S_x}{t_2 - t_1}$$

$$u_y = \frac{S_y}{t_2 - t_1}$$

图 7-11   PIV 测量基本原理示意图[4]

7.4.4 实验结果

利用 PIV 技术测量 RH 水模型钢包及真空室中心截面上的二维速度时均矢量及云图分布，如图 7-12 所示，工作参数为吹气流量（标准大气压）20 L/min、真空室液面高度为 150 mm、吹气孔数为 12，图中是连续 10 s 瞬时流场的平均值。钢包内，下降管与钢包壁面之间左右两侧分别存在明显的涡流。左侧涡流一部分沿钢包壁面向上运动，一部分从上升管进入真空室，部分重新汇入下降管流出的流股；右侧涡流沿钢包壁面运动大多重新汇入下降管流股。需要特别说明的是，在 RH 循环过程中，真空室内液面维持在一个基本稳定的高度，表明从上升管流入真空室和从下降管流出真空室的液相质量是守恒的。从图 7-12（b）中的速度大小对比，钢包内上升管入口的速度小于下降管出口的速度，原因是该图显示的是中心截面上的二维速度分布，从下降管流出的液相流速很集中，速度方向基本完全竖直向下，且中心速度最大；而从钢包流入上升管的液相流速从四面汇聚而来，存在旋流，横截面上的速度分布不均，这导致在中心截面上的速度分布较小，钢包内下降管出口位置的速度值看起来大于上升管入口位置的速度值。

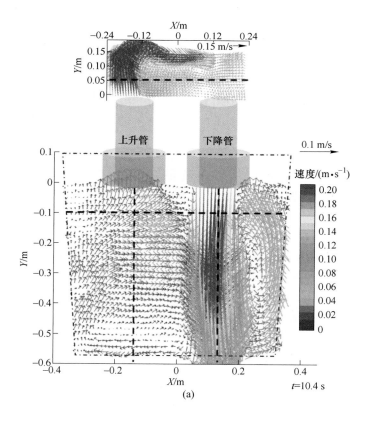

(a)

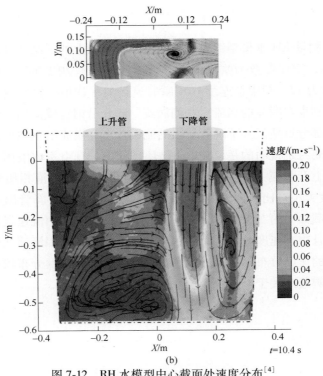

图 7-12　RH 水模型中心截面处速度分布[4]

（a）矢量图；（b）云图

7.5　中间包停留时间实验

7.5.1　实验背景及目的

连铸是钢铁冶金的最后一个环节，也是最重要的环节之一。在连铸过程中，钢液从钢包长水口流出，流经中间包，注入结晶器，中间包起到了存储钢液、分配钢液、减小钢液的静压力、稳定钢流以及促使夹杂物上浮等作用。中间包的几何形状、液位高度、流动状态、出口结构等对结晶器内钢液的流动状态有很大的影响，进而影响结晶器内的凝固传热过程和连铸坯质量。然而在高温状态下，钢液在钢包-中间包-结晶器等反应器的流动状态很难直接观察到，因此，本节通过水力学模型实验来研究各种因素对中间包和结晶器内钢液的流动状态的影响，对于理解现场的流体流动有很好的指导意义。本实验的目的有：

（1）了解连铸生产的基本设备装置、工艺流程及操作参数等。

（2）通过观察和测定流体在中间包内的脉冲响应曲线、停留时间分布规律和流体形状等，分析连铸过程对钢坯质量的影响因素。

（3）掌握中间包冶金冷态实验的基本研究方法。

7.5.2　模型建立

由于中间包流动过程中的主要作用力为惯性力、重力和黏性力，对应的准数为 Re 和

Fr，所以动力相似需要满足模型与原型对应的这两个准数相等。由自模化性可知，当流体流动处于第二自模化区，也即当 $Re>1\times10^4\sim1\times10^5$ 时，可以忽略模型与原型之间 Re 的差距，只需要满足 Fr 相等即可。经计算，中间包内流体流动过程的 Re 基本上都处于第二自模化区，所以本实验只需要满足模型与原型的 Fr 相等即可保证动力相似，由相似比公式 $\lambda=L_{\mathrm{m}}/L_{\mathrm{p}}$、流量公式 $Q=\pi u d^2/4$，时间公式 $t=L/u$ 可得到：

$$Q_{\mathrm{m}}=\lambda^{\frac{5}{2}}Q_{\mathrm{p}} \tag{7-23}$$

$$t_{\mathrm{m}}=\lambda^{\frac{1}{2}}t_{\mathrm{p}} \tag{7-24}$$

本实验原型中间包容量为 60 t，中间包液位高度为 1200 mm，长水口浸入深度为 250 mm，连铸坯厚度为 230 mm。图 7-13 为建立相似比为 $\lambda=1:4$ 的水模型结构示意图及其尺寸。经计算在原型不同的连铸坯宽度、不同拉坯速度的条件下，模型的水流量处于 350~1680 L/h。根据实验使用流量计的量程，又由于模型水流量对实验测量结果的影响较小，所以本实验采用固定的模型水流量：800 L/h。

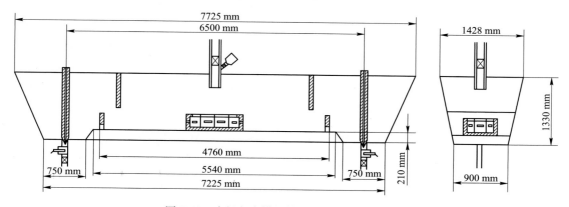

图 7-13 中间包水模型结构示意图及相关尺寸

在本实验中，中间包水模型中水的体积为：

$$V_{\mathrm{m}}=V_{\mathrm{p}}\lambda^3=\frac{60\times1000}{7000}\times\left(\frac{1}{4}\right)^3=0.134\ \mathrm{m}^3 \tag{7-25}$$

则中间包的理论停留时间为：

$$t_{\mathrm{s}}=\frac{V_{\mathrm{m}}}{nQ_{\mathrm{m}}}=\frac{0.134}{2\times\dfrac{800}{1000}}\times3600=301\ \mathrm{s} \tag{7-26}$$

式中，V_{m}、V_{p} 分别为模型和原型中流体的体积，m^3；t_{s} 为理论停留时间，s；n 为中间包流数，本实验为两流中间包，故 $n=2$。

实验过程中，中间包的数据采集时间应大于 2 倍的理论停留时间，即 602 s，本实验为了保证实验效果选取 900 s 作为采集时间。

7.5.3 实验方法

通常采用"刺激-响应"的方法测量中间包内流体的停留时间分布（residence time distribution，RTD）。其方法是：在中间包入口处输入一个刺激信号，信号一般使用示踪剂来实现，然后在中间包出口处测量该信号的输出，即响应，之后利用响应曲线分析可得到流体在中间包内的停留时间分布。刺激-响应实验相当于黑箱研究方法，当流体流动状态不易或不能直接测量时，仍可从响应曲线分析其流动状况及其对冶金生产的影响，因此该方法在类似于中间包这类非理想流动的反应器中得到了广泛的采用。冶金实验研究用示踪剂依据反应体系进行选取，若系统为高温实际反应器（中间包），既可采用灵敏的放射性同位素作示踪剂，也可采用不参与反应的其他元素，如铜、金等；若系统为冷态模拟研究，常使用电解质、发光或染色物质作为示踪剂，例如水模型中常采用 KCl 溶液作为示踪剂。示踪剂加入方法有脉冲加入法和阶跃加入法等，最常用的为脉冲加入法。

本实验应用图 7-6 的 DJ800 多功能数据采集系统和电导率仪测量 RTD 曲线，通过电导探头检测中间包出水口处瞬时的电导率信号，并通过 DJ800 和电导率仪将电导率信号传输到计算机来绘制 RTD 曲线。

7.5.4 实验结果与讨论

7.5.4.1 实际平均停留时间 t_a

在计算理论停留时间过程中考虑的是整个中间包的体积，而实际中间包内的流动区域可分为活动区和死区，活动区又可分为活塞区和全混区，认为只有活动区存在着流动，所以钢液在中间包内的实际停留时间是钢液流过活动区的时间，它是小于平均停留时间的。在本实验中，实际平均停留时间的计算公式如下：

$$t_a = \frac{\int_0^\infty t c(t)\,dt}{\int_0^\infty c(t)\,dt} \approx \frac{\sum\limits_{i=1}^\infty t_i c(t_i)\,\Delta t}{\sum\limits_{i=1}^\infty c(t_i)\,\Delta t} \approx \frac{\sum\limits_{i=1}^n t_i c(t_i)\,\Delta t}{\sum\limits_{i=1}^n c(t_i)\,\Delta t} = \frac{\sum\limits_{i=1}^n t_i c(t_i)}{\sum\limits_{i=1}^n c(t_i)} \tag{7-27}$$

式中，t_a 为实际平均停留时间，s；t_i 为第 i 个时刻，s；$c(t_i)$ 为 t_i 时刻的浓度，可以用该时刻的电导率来表示，$\mu S/cm$；Δt 为测量的时间间隔，s。在本实验的数据处理过程中，t_i 截取到某一时刻 t_n，该时刻为电导率测量后期满足 $\dfrac{c(t_n) - c(t_0)}{(c(t))_{max} - c(t_0)} \leqslant 5\%$ 的最小时刻。

7.5.4.2 滞止时间 t_{min}

滞止时间为从加入示踪剂到开始检测到电导率变化的最短时间，滞止时间越长，活塞区比例越大。在本实验的数据处理过程中，滞止时间为电导率测量初期满足 $\dfrac{c(t_n) - c(t_0)}{(c(t))_{max} - c(t_0)} \leqslant 5\%$ 的最大时刻。

7.5.4.3 峰值时间 t_{max}

峰值时间为检测到最大电导率时对应的时刻，峰值时间越长，峰值越小，曲线越平缓，流场也就越合理。

7.5.4.4 活塞区比例

所谓活塞区是指在这个区域内，同一时刻进入容器的流体微团也在同一时刻离开容器，它们不会与前面和后面的流体微团相混合。活塞区内流体的流动有助于钢液快速通过中间包，所以要尽可能扩大活塞区，但同时也要注意调节活塞区内流体的流动路线。活塞区比例的计算公式如下：

$$\frac{V_{\mathrm{p}}}{V} = \frac{t_{\max} + t_{\min}}{2t_{\mathrm{a}}}$$

（7-28）

式中，V_{p} 为活塞区体积，m^3；V 为容器总体积，m^3。

7.5.4.5　死区比例

所谓死区，是指流体不发生流动和扩散的区域。死区存在于中间包内相当于是缩小了中间包的有效容积，它对大颗粒夹杂物的上浮影响较小，但对中小尺寸的夹杂物有较为明显的影响。除此之外，死区也会影响中间包内的传热过程，使得中间包不同位置温度不一致。死区比例的计算公式如下：

$$\frac{V_{\mathrm{d}}}{V} = 1 - \frac{t_{\mathrm{a}}}{t_{\mathrm{s}}}$$

（7-29）

式中，V_{d} 为死区体积，m^3。

7.5.4.6　全混区比例

全混区是指新鲜流体与原有流体进行充分混合的区域。全混区的存在不仅有利于钢液成分与温度的均匀，而且还可以促进夹杂物的碰撞长大。全混区比例的计算公式如下：

$$\frac{V_{\mathrm{m}}}{V} = 1 - \frac{V_{\mathrm{p}}}{V} - \frac{V_{\mathrm{d}}}{V}$$

（7-30）

式中，V_{m} 为全混区体积，m^3。

图 7-14 是测量的 RTD 曲线，由于所研究的中间包为左右对称的双流中间包，黑色实线和红色虚线分别表示左侧和右侧的 RTD 曲线。由图 7-14 可得左侧的滞止时间和峰值时间分别为 23.0 s 和 34.5 s，右侧的滞止时间和峰值时间分别为 23.5 s 和 50.0 s，左右两侧的实际平均停留时间分别为 160.8 s 和 142.0 s；由此可以算出左右两侧的活塞区比例、死区比例、全混区比例分别为 17.9%、46.6%、33.5% 和 25.9%、52.9%、21.2%。取平均值后，整个中间包的活塞区比例、死区比例和全混区比例分别为 21.9%、49.8% 和 27.4%。

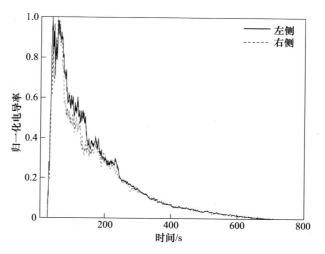

图 7-14 彩图

图 7-14　由电导率测量的中间包 RTD 曲线

7.6 结晶器卷渣实验

7.6.1 实验背景及目的

连铸结晶器内钢液的流动涉及许多相互作用的现象，包括钢液-保护渣-Ar 三相湍流流动、传热、凝固和卷渣现象等。在连铸过程中，一般会在浸入式水口处吹入 Ar 以防止水口结瘤。吹入钢液的 Ar 一方面通过改变水口内钢液的流动及吹开黏附的夹杂物来改善水口结瘤程度，另一方面 Ar 进入结晶器后还可以显著地改变结晶器内钢液的流动状态。不合理地吹入 Ar 会引起结晶器内钢液流场状态的转变并产生卷渣，而结晶器卷渣是导致连铸坯表面产生缺陷的主要原因。因此，研究结晶器内流体流动及卷渣现象的影响有着重要意义。

由于连铸结晶器内钢液的高温、不透明性以及测试手段的限制，难以对钢液的流动进行直接测量。由于水和钢液的运动黏度相当，水模型通常被用来研究连铸过程中结晶器内的流动现象。本实验通过建立水-油-空气三相水模型研究了结晶器液面的卷渣行为，采用高速摄像机对结晶器内弯月面卷渣行为进行了测量，然后通过图像后处理软件对采集的图像数据进行分析，确定了给定条件下发生卷渣的临界拉坯速度。

7.6.2 模型建立

结晶器内钢液的流动主要受惯性力、重力和黏性力的作用，因此，模型和原型最好同时满足 Re 和 Fr 相等。但是，当结晶器内流动为完全湍流时，Re 处于自模化区，可以忽略 Re 相似产生的影响，而只需满足 Fr 相等。根据相似原理建立相似比为 1∶2 的水模型，即：

$$\lambda = \frac{L_m}{L_p} = \frac{1}{2} \tag{7-31}$$

基于 Fr 相等，可以计算出模型与原型的拉坯速度之比为 0.7，见式（7-32）~式（7-34）。

$$Fr_m = Fr_p \tag{7-32}$$

$$\frac{U_m^2}{gL_m} = \frac{U_p^2}{gL_p} \Rightarrow \frac{U_m^2}{L_m} = \frac{U_p^2}{L_p} \tag{7-33}$$

$$\frac{V_m}{V_p} = \sqrt{\frac{L_m}{L_p}} = \sqrt{\lambda} = \sqrt{\frac{1}{2}} = 0.7 \tag{7-34}$$

本实验研究结晶器原型断面为 1300 mm × 230 mm，拉坯速度为 1.3 m/min，吹氩流量（标准大气压）为 10 L/min，水口浸入深度为 135 mm，所以水模型的拉坯速度为 0.91 m/min。根据结晶器的进出口流体通量守恒，得到原型水口和水模型水口内流速分别为 1.49 m/s 和 0.92 m/s，进而计算得到钢液原型水口和水模型水口内的 Re 分别为 1.32×10^5 和 3.67×10^4，计算参数见表 7-3。当 Re 大于 2300 时，管内流动属于湍流，所以可以忽略 Re 的影响。因此，建立 1∶2 的水模型来研究结晶器内钢液的流动是可行的。

表 7-3 浸入式水口内流动 *Re* 计算所需参数[6]

参　　数	结晶器原型	1/2 比例水模型
结晶器断面/mm×mm	1300×230	650×115
拉坯速度/(m·min⁻¹)	1.3	0.91
水口内径/mm	80	40
水口内流速/(m·s⁻¹)	1.49	0.92
流体密度/(kg·m⁻³)	710(1803 K)	998.2(298 K)
流体黏度/(Pa·s)	6.4×10^{-3}(1803 K)	1.0×10^{-3}(298 K)

在气液两相流动的情况下，应满足原型与水模型的修正的 *Fr* 相等[7-8]，见下式。

$$\frac{\rho_{空气}U_{空气}^2}{(\rho_水 - \rho_{空气})gL_m} = \frac{\rho_{Ar}U_{Ar}^2}{(\rho_{钢液} - \rho_{Ar})gL_p} \tag{7-35}$$

考虑高温下 Ar 的体积膨胀，由于温度和压力变化引起的气体膨胀系数取值为 6.05[9]，得到模型和原型的气体流量之比：

$$\frac{Q_{空气}}{Q_{Ar}} = \frac{T_p}{T_m} \times \frac{Q_{空气}}{Q'_{Ar}} = 6.05\lambda^{2.5}\sqrt{\frac{\rho_{Ar}(\rho_水 - \rho_{空气})}{\rho_{空气}(\rho_{钢液} - \rho_{Ar})}} = 0.185 \tag{7-36}$$

式中，$\rho_{空气}$、$\rho_水$、ρ_{Ar}、$\rho_{钢液}$ 分别为常温下空气、水的密度和高温下 Ar、钢液的密度，kg/m³；$U_{空气}$、U_{Ar} 分别为空气和 Ar 的流速，m/s；$Q_{空气}$、Q_{Ar}、Q'_{Ar} 分别为常温下空气、Ar 的体积流量和高温下 Ar 的体积流量，L/min（标准大气压）；T_p、T_m 分别为原型温度（1803 K）和模型温度（298 K）。

在研究油对水流动的影响时，需满足钢-渣之间运动黏度之比与水-油之间的运动黏度之比相等：

$$\frac{\nu_{保护渣}}{\nu_{钢液}} = \frac{\nu_油}{\nu_水} \tag{7-37}$$

式中，$\nu_{保护渣}$ 为实际使用的保护渣在浇铸温度下的运动黏度，m²/s；$\nu_{钢液}$ 为实际钢液在浇铸温度下的运动黏度，m²/s；$\nu_油$ 为所选油在室温下的运动黏度，m²/s；$\nu_水$ 为水在室温下的运动黏度，m²/s。

本实验采用硅油来模拟液态保护渣。表 7-4 给出了实际连铸时钢液、保护渣的物理性质和水模型使用的水、硅油的物理性质。

表 7-4　各液相物理性质[6]

液　　相	密度/(kg·m⁻³)	动力黏度/(Pa·s)	运动黏度/(m²·s⁻¹)
硅油	956	235.73×10⁻³	248.67×10⁻⁶
水（20 ℃）	998	1.00×10⁻³	1.00×10⁻⁶
保护渣（1600 ℃）	2500	450×10⁻³	180×10⁻⁶
钢液（1600 ℃）	7100	5.23×10⁻³	0.74×10⁻⁶

将钢液、保护渣和水的运动黏度代入式（7-37）中，得到硅油的运动黏度应为

246.58×10^{-6} m^2/s，与表 7-4 中的硅油运动黏度值非常接近。另外，实际生产中保护渣层的厚度约为 10 mm，由于水模型比例为 1∶2，因此，在水液面添加厚度 5 mm 左右的硅油。

　　结晶器的水模型尺寸如图 7-15 所示，宽度为 650 mm，厚度为 115 mm。为了使结晶器下环流区域的流动充分，水模型长度在 450 mm（原型 900 mm）基础上又延长了 500 mm[10]，水模型的有效长度为 950 mm。模型采用有机玻璃搭建，底部采用五孔道的出水方式。为减少孔道排水方式对结晶器流场的影响，在模型有效长度的末端添加一个多孔隔板来减弱底部涡流的影响，挡板距底部出水孔的距离为 100 mm。浸入式水口为二分叉式水口，出口形状为矩形。

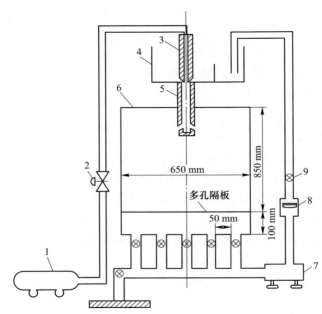

图 7-15　板坯结晶器水模型实验装置示意图[6]

1—空气压缩机；2—气体流量计；3—塞棒；4—中间包；5—浸入式水口；6—结晶器；
7—水泵；8—液体浮子流量计；9—阀门

7.6.3　实验方法

　　结晶器水模型实验装置如图 7-15 所示。实验时，通过控制中间包处塞棒的开合度调节水流量，水流从浸入式水口底部两侧的出口注入结晶器，然后流经多孔挡板从结晶器底部的五个管道排出，排出的水流由水泵抽引至中间包，从而实现循环达到稳定状态来模拟实际连铸过程。本实验使用空气压缩机提供气源模拟吹氩，分别使用 Cole-Parmer 气体质量流量计和液体浮子流量计测量气体流量和水流量。

　　水模型实验过程中采用冷光灯光源并使用高速摄像机连续拍摄以记录结晶器在宽面卷入的渣滴在结晶器内的运动，如图 7-16 所示。高速摄像机型号为 HS5C8GB，其主要参数设置见表 7-5。

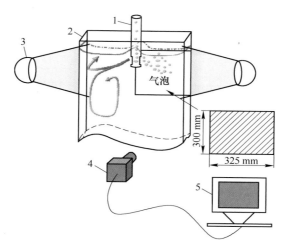

图 7-16 彩图

图 7-16　结晶器水模型内卷渣测量示意图[6]

1—浸入式水口；2—结晶器；3—冷光灯；4—高速摄像机；5—计算机

表 7-5　水模型实验中高速摄像机参数设置[6]

帧大小/像素	帧速率/fps	曝光时间/μs
640 × 712	600	1664

图 7-16 展示了气泡和渣滴的测量分析区域。气泡和渣滴的直径测量和分析使用 ImageJ 软件来完成，步骤如下：

（1）用 ImageJ 软件打开待分析的原始图像；

（2）在原始图像中画出已知长度的直线，设定图像的比例尺；

（3）通过调节色彩阈值，将分析区域中的气泡和渣滴选中；

（4）使用分水岭分割法（Watershed）将粘连的气泡和渣滴分割开来；

（5）通过颗粒分析命令对测量区域进行分析，得到气泡和渣滴，输出并保存测量数据；

（6）通过分析是否有渣滴出现，得到渣滴出现的临界条件。

7.6.4　实验结果

图 7-17 为水-油界面形状、渣滴和气泡随拉坯速度的变化。实验工况的结晶器宽度为 900 mm（原型为 1800 mm），吹氩流量（标准大气压）为 1.85 L/min，水口浸入深度为 75 mm。当拉坯速度为 0.60 m/min 时，在上回流的作用下，窄面处的部分硅油被推至结晶器宽度 1/8 位置，窄面处的硅油层厚度变薄，气泡运动至结晶器宽度四分之一位置上浮。随着拉坯速度从 0.67 m/min 增加至 0.77 m/min，上回流区域的流速变大，窄面处的硅油层逐渐变薄，开始出现窄面附近没有硅油覆盖的现象。当拉坯速度增加至 0.91 m/min 时，上回流的流动进一步增强，液面流速加快，油层扰动剧烈几乎出现油滴。当拉坯速度增加至 1.05 m/min 时，在因硅油堆积使油层变厚的部位，出现了油滴脱离油相进入结晶器内部的现象。因此，在吹氩流量（标准大气压）为 1.85 L/min、水口浸入深度为 75 mm 的

条件下，油滴脱离油相卷入结晶器内部的临界拉坯速度为 1.05 m/min。

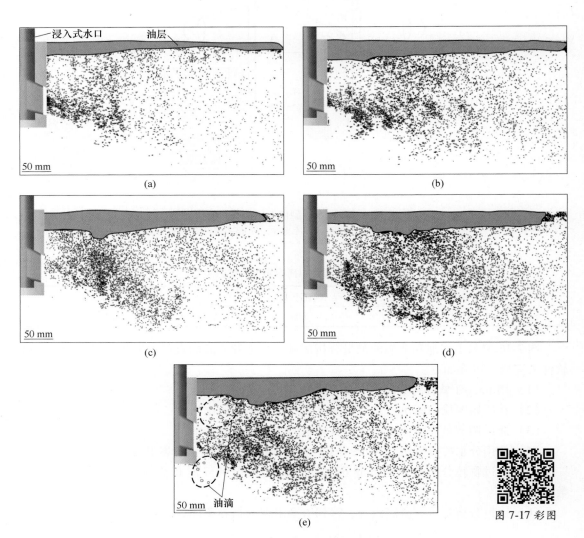

图 7-17 水-油界面形状、油滴和气泡随拉坯速度的变化[6]

(a) 0.60 m/min；(b) 0.67 m/min；(c) 0.77 m/min；(d) 0.91 m/min；(e) 1.05 m/min

7.7 小 结

本章首先介绍了物理模拟实验的原理，然后分别以 KR 搅拌墨水示踪实验、钢包吹氩混匀实验、RH 真空精炼流场实验、中间包停留时间实验和结晶器卷渣实验为例讲解了炼钢和连铸过程主要的物理模拟实验方法，以便读者了解炼钢和连铸生产过程和研究手段。

参 考 文 献

［1］董佳鹏，张立峰，赵艳宇，等．KR 法铁水脱硫过程铁水混合现象的水模型［J］．钢铁研究学报，2021，33（2）：103-109.

［2］董佳鹏．KR 水模型中流体流动与混匀特性研究［D］．北京：北京科技大学，2021.

［3］CHEN C，RUI Q X，CHENG G G. Effect of salt tracer amount on the mixing time measurement in a hydrodynamic model of gas-stirred ladle system［J］. Steel Research International，2013，84（9）：900-907.

［4］刘畅．RH 真空精炼过程中多相流动、混匀和脱碳行为的研究［D］．北京：北京科技大学，2021.

［5］任磊，张立峰，王强强，等．基于 PIV 技术的板坯连铸结晶器内钢水流动行为研究［J］．工程科学学报，2016，38（10）：1393-1403.

［6］周海忱．板坯连铸结晶器内气液两相流动现象研究［D］．北京：北京科技大学，2021.

［7］SINGH V，DASH S，SUNITHA J，et al. Experimental simulation and mathematical modeling of air bubble movement in slab caster mold［J］. ISIJ International，2006，46（2）：210-218.

［8］ZHANG L，YANG S，CAI K，et al. Investigation of fluid flow and steel cleanliness in the continuous casting strand［J］. Metallurgical and Materials Transactions B，2007，38（1）：63-83.

［9］LIU Z，QI F，LI B，et al. Modeling of bubble behaviors and size distribution in a slab continuous casting mold［J］. International Journal of Multiphase Flow，2016，79：190-201.

［10］GUPTA D，LAHIRI A. A water model study of the flow asymmetry inside a continuous slab casting mold［J］. Metallurgical and Materials Transactions B，1996，27（5）：757-764.

8 数值模拟

炼钢过程涉及多相流动、传热、凝固和化学反应等多个物理场耦合下的复杂现象，同时，以上现象一般横跨多个数量级的空间尺度和时间尺度。因此，工业试验和物理模拟由于实验条件的限制无法全面进行以上现象的重现研究。数学上可以将冶金过程的基本现象采用偏微分方程组的形式进行描述，随后进行方程组的求解以得到不同目标变量的分布。由于一般偏微分方程组的解析不易求得，典型的如宏观尺度的流动控制方程 Navier-Stokes 方程，因此，在工程上通常采用数值模拟求解的方式进行。数值模拟的本质上是通过数值计算描述不同物理过程的控制方程，随后采用后处理对结果进行展示。数值模拟可以根据研究目的选择适合的数学模型，得到较为全面的、准确的炼钢过程信息，不仅能研究基本物理化学现象，并且能预测出许多不可知的现象，优化工艺参数，这使得该方法得到越来越广泛的应用。常用的流体数值模拟软件包括 ANSYS Fluent、COMSOL Multiphysics、OpenFOAM 和 STAR-CCM+等。

8.1 物理模型前处理

8.1.1 计算域的确定

数值模拟计算过程第一步需要确定目标计算域以及进行计算域的网格划分。计算域指的是在整个模拟计算过程中，参与迭代计算的区域。依据研究目的以及采用模型的不同，所确定的目标计算域也不同。如图 8-1 所示，以钢包精炼过程为例，如果只计算钢包静置过程钢液流场的变化，所建立的流体计算域只需包含钢液存在的区域，钢包耐火材料、钢包内钢液顶部渣层和空气部分等都可以忽略。如果需要研究钢包底吹过程中钢液等多相的流动，计算域则需包含钢液存在的区域以及钢液顶部渣层和空气相存在的区域。如果还需进一步计算钢液温度的分布，则钢包耐火材料区域也需要进行考虑。

在整体上依据研究目的确定所需计算域的基础上，还可以根据计算条件以及影响因素的重要程度等对计算域进行一定程度的简化。炼钢过程中的各个冶金反应器由于制造过程需要以及出于安全角度考虑，模型装配较为复杂，如图 8-1 中左侧钢包耐火材料的砌筑面并非在一个平面上。在后续计算域和网格划分过程中考虑以上砌筑平面的凹凸程度会使得划分难度明显增大，而上述凹凸程度相对于整个钢液流动范围来说变化较小，因此，在一般钢包内的钢液流动计算问题中可以忽略，可简化成图 8-1 右侧所示的计算域分布。此外，实际物理模型中一些幅度较小的倒角、直径变化和壁面粗糙程度等都可以进行一定程度的简化。

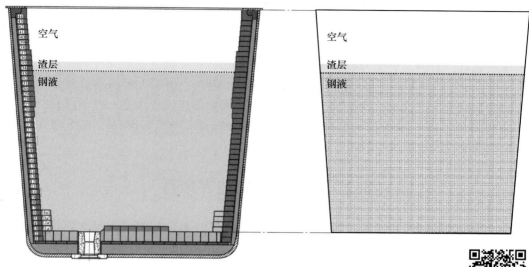

图 8-1 数值模拟过程 210 t 钢包计算域示意图

图 8-1 彩图

8.1.2 网格划分

确定目标计算域后，需要进行网格划分以满足后续数值模拟的计算要求。数值模拟计算的主要原理为将连续的目标计算域划分成若干个小计算区域，然后在每一个小计算区域内求解方程组，进而获得整个计算域内的物理量分布。三维模型中，网格类型按照形状可分为四面体网格、六面体网格、棱柱网格、金字塔网格和多面体网格。网格类型的选择可以数学模型以及所计算的物理量要求来确定，对于炼钢过程的数值模拟计算来说，一般选择六面体网格来满足计算精度。网格数量对数值模拟计算的影响主要体现在计算量及计算精度上。网格数量越多，计算量越大，模拟计算所需的计算内存、硬盘容量和 CPU 等资源越大。对于计算精度而言，网格数量越大，计算精度并非线性增大。对于物理量变化剧烈的区域可进行网格加密，如图 8-2 所示，以提高该区域的计算精度。对于其他非敏感区域进行网格细化并不一定提高精度，需要结合计算模型进行多因素确定。对于一般计算而言，可以通过网格独立性验证进行网格密度的确定。

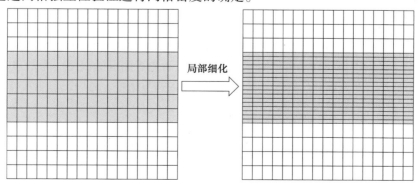

图 8-2 网格局部细化示意图

网格质量对模拟计算的收敛性有较大影响。一般用于评价网格质量的指标有角度、纵横比、行列式和最小角等。角度用于评价网格边的夹角，越接近于 $0°$，网格质量越差，越接近于 $90°$，网格质量越好。纵横比定义为单元最大边长与最小边长的比值，越接近于 1，网格质量越好。行列式定义为最大雅克比矩阵行列式与最小雅克比矩阵行列式的比值，越接近于 1，网格质量越好。最小角为网格单元的最小内角，值越大网格质量越好。实际炼钢过程中的数值模拟计算，网格数量及质量的选择需要依据物理模型、数学模型以及计算资源进行综合考虑。常用的网格划分软件包括 Gambit、ANSYS ICEM、ANSYS Meshing、Fluent Meshing 和 HyperMesh 等。

8.2 初始条件和边界条件

对于数值模拟过程的求解，需要给定"定解条件"，具体包括几何尺寸条件、物性参数条件、边界条件和初始条件。以上"定解条件"分别对应计算域大小，流体密度、质量和热导率等物性参数，计算域周边环境的影响和非稳态计算过程初始状态的影响。以实际板坯连铸过程为例，结晶器断面大小为 1000 mm×230 mm，长度为 900 mm，由此可确定计算域大小。钢液密度和黏度等物性参数与钢液成分和温度有关，具体可通过实验测量或者以发表的经验公式进行确定。入口和出口边界条件则可依据连铸工艺参数如拉坯速度等确定。初始条件可以依据计算域入口速度进行确定。

以 ANSYS Fluent 流体计算软件为例，对于炼钢过程中的数值模拟计算，常用的边界条件包括以下方面：

（1）Pressure inlet：压力入口边界条件，可用于已知入口总压的计算；

（2）Mass flow inlet：质量流量入口边界条件，可用于已知入口流量的计算，如中间包入口和结晶器入口边界条件的设置；

（3）Velocity inlet：速度入口边界条件，常用于已知入口速度的计算，如吹氩入口、中间包入口和结晶器入口等边界条件的设置；

（4）Outlet flow：自由出流边界条件，可用于充分发展出口位置的出口边界条件设置，受回流影响严重；

（5）Pressure outlet：压力出口边界条件，需要设置回流相关参数；

（6）Wall：壁面边界条件，一般用于除入口和出口外的其余壁面，基本上设置为无滑移边界壁面；

（7）Symmetry：对称边界条件，一般用于简化计算过程中的对称面的边界条件设置。

此外，对于温度边界条件，可依据实际情况设置为边界面上的温度（常数或者变量）、热流密度、辐射换热或对流换热。对于夹杂物等离散相的边界条件，可以设置为反弹和去除等。

8.3 钢液单相流流场计算

8.3.1 研究对象

单相流流场计算作为基础的数值模拟计算，被广泛应用于炼钢过程中各个冶金反应器内钢液流场分布的预测以及工艺参数的对比优化。本实验以实际连铸过程中断面为 1050 mm×230 mm 的板坯结晶器为例，通过数值模拟方法计算结晶器内钢液流场的分布。图 8-3 显示了结晶器计算区域划分及整体网格分布。计算域中还包括长度为 868 mm 的浸入式水口，水口底部形状为凹底，出口角度为向下 25°，浸入深度为 135 mm。整个计算域网格数量约为 50 万，均为六面体网格。连铸过程中拉坯速度分别为 1.3 m/min、1.4 m/min、1.5 m/min 和 1.6 m/min。钢液的密度和黏度分别为 7020 kg/m³ 和 0.0063 kg/(m·s)。

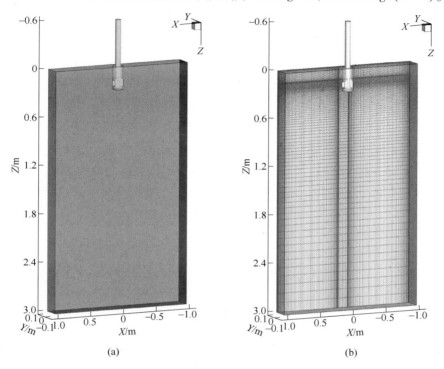

图 8-3   断面为 1050 mm×230 mm 的板坯结晶器的计算域分布图(a)和网格分布图(b)

计算域入口采用速度入口边界条件，速度大小根据质量守恒确定。结晶器顶部采用自由表面边界条件，表面剪切应力为零。底部出口则采用压力出口边界条件，其余壁面采用无滑移壁面边界条件。计算过程残差收敛标准为 $1×10^{-4}$，计算时间步为 0.005 s。

8.3.2 计算模型

在目前计算工况下，结晶器内钢液流动为湍流运动。因此，采用典型的标准 k-ε 湍流模型求解钢液在水口和结晶器内的湍流流动。连续性方程和动量方程见式（8-1）和式（8-2）。

$$\frac{\partial \rho}{\partial t} + \nabla \cdot (\rho \boldsymbol{u}) = 0 \tag{8-1}$$

$$\frac{\partial}{\partial t}(\rho \boldsymbol{u}) + \nabla \cdot (\rho \boldsymbol{u}\boldsymbol{u}) = -\nabla p + \nabla \cdot \left[\mu(\nabla \boldsymbol{u} + \nabla \boldsymbol{u}^{\mathrm{T}})\right] + \rho g \tag{8-2}$$

式中，ρ 为钢液密度，kg/m³；$\boldsymbol{u}$ 为钢液速度，m/s；p 为压力，Pa；μ 为钢液黏度，kg/(m·s)。

钢液湍动能及湍动能耗散速率的控制方程见式（8-3）和式（8-4）。

$$\rho\left[\frac{\partial k}{\partial t}+\frac{\partial(ku_i)}{\partial x_i}\right]=\frac{\partial}{\partial x_j}\left[\left(\mu+\frac{\mu_t}{\sigma_k}\right)\frac{\partial k}{\partial x_j}\right]+G_k-\rho\varepsilon \tag{8-3}$$

$$\rho\left[\frac{\partial\varepsilon}{\partial t}+\frac{\partial(\varepsilon u_i)}{\partial x_i}\right]=\frac{\partial}{\partial x_j}\left[\left(\mu+\frac{\mu_t}{\sigma_\varepsilon}\right)\frac{\partial\varepsilon}{\partial x_j}\right]+C_{1\varepsilon}\frac{\varepsilon}{k}G_k-C_{2\varepsilon}\rho\frac{\varepsilon^2}{k} \tag{8-4}$$

式中，下标 i 和 j 分别为 i 坐标方向和 j 坐标方向；k 为湍动能，m^2/s^2；u 为速度，m/s；μ_t 为湍流黏度，$kg/(m\cdot s)$；G_k 为由于平均速度梯度变化引起的湍动能，$kg/(m\cdot s^3)$；ε 为湍动能耗散速率，m^2/s^3；σ_k 和 σ_ε 分别为湍动能和湍动能耗散速率的湍流普朗特数，分别取值 1.0 和 1.3；$C_{1\varepsilon}$ 和 $C_{2\varepsilon}$ 为常数，分别取值 1.44 和 1.92。

8.3.3 典型后处理结果

图 8-4 显示了不同拉坯速度对结晶器宽度方向中心截面上钢液速度分布的影响。可以看出，拉坯速度在 1.3~1.6 m/min 范围内，结晶器内流场为双环流流态。双环流流态下，钢液从水口射流后向窄面运动，在水口射流方向上逐渐扩散，冲击至结晶器窄面后，流股分为上回流流股和下回流流股，并形成上下两个回流区。上回流流股逐渐上升，到达结晶器液面，对液面产生一定扰动，并往水口折返。下部流股沿着窄面进入结晶器钢液内部，冲击到一定深度后，流向中心，形成两个与上回流区方向相反、范围更大的回流区。随着拉坯速度增加，结晶器上环流区域速度增加，下环流涡心向下移动。

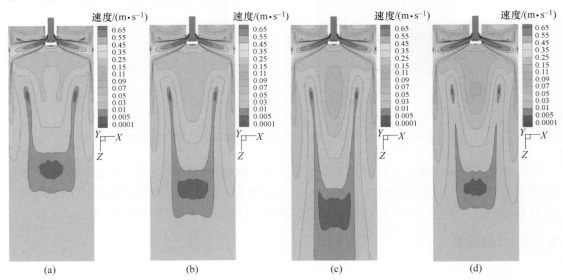

图 8-4 拉坯速度对结晶器中心截面钢液速度分布的影响图
(a) 1.3 m/min；(b) 1.4 m/min；(c) 1.5 m/min；(d) 1.6 m/min

图 8-4 彩图

图 8-5 显示了拉坯速度对结晶器顶面钢液速度分布的影响。可以看出，钢液流速从水口到窄面方向呈现先增大后减小的变化趋势，最大速度位于结晶器宽度 1/4 位置。随着拉坯速度增加，钢液流速显著增加，较大的钢液流速会使钢液-渣界面的剪切力增强而引起卷渣。

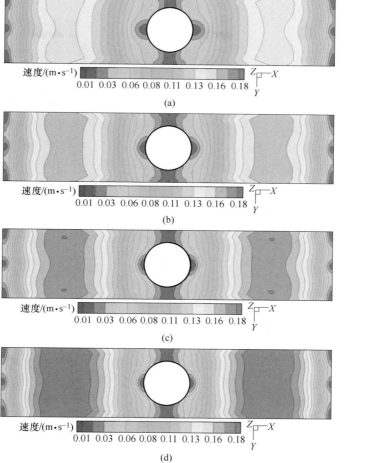

图 8-5 彩图

图 8-5 拉坯速度对结晶器顶面钢液速度分布的影响图

（a）1.3 m/min；（b）1.4 m/min；（c）1.5 m/min；（d）1.6 m/min

8.4 多相流流场计算

8.4.1 研究对象

炼钢过程由于渣相的存在以及进行相应的吹氩操作，使得钢液、渣和 Ar 气泡之间存在复杂的相互作用。本实验以连铸过程结晶器内钢液-渣-空气-Ar 气泡瞬态四相流动为例，讨论数值模拟方法在多相流流场计算中的应用。如图 8-6 所示，依据实际板坯连铸结晶器建立三维数学模型[1]。计算域总长为 2800 mm，包括部分中间包底部、浸入式水口及结晶器。为了获得更精确的弯月面速度分布及液位波动，模型包括初始厚度为 25 mm 的液态渣层和渣层上方 75 mm 的空气层。整个计算域采用结构化网格划分，网格总数为 97 万左右。浸入式水口出口截面为 70 mm×90 mm，浸入深度为 150 mm，其余模型几何尺寸与模拟中使用的物性参数总结于表 8-1 中[1]。

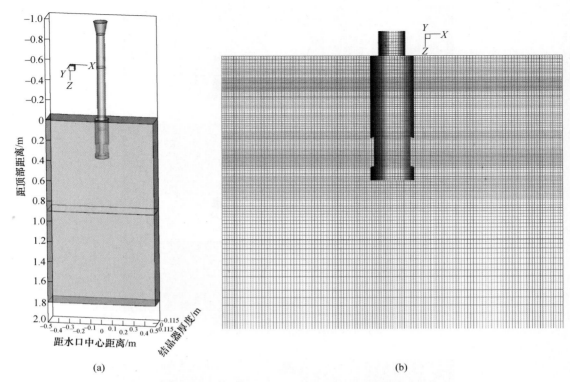

$$(a)\qquad\qquad\qquad\qquad\qquad\qquad\qquad(b)$$

图 8-6　断面为 1000 mm×230 mm 的板坯结晶器的计算域分布图(a)和网格分布图(b)[1]

表 8-1　模型几何尺寸与物性参数[1]

参　数	数值	参　数	数值
断面/mm×mm	1000×230	渣黏度/[kg·(m·s)⁻¹]	0.18
结晶器工作液位/mm	800	空气密度/(kg·m⁻³)	1.225
水口浸入深度/mm	150	空气黏度/[kg·(m·s)⁻¹]	1.789×10⁻⁵
水口出口截面/mm×mm	70×90	Ar 密度/(kg·m⁻³)	0.26
水口出口角度/(°)	向下 15	钢液-渣表面张力/(N·m⁻¹)	1.3
钢液密度/(kg·m⁻³)	7100	钢液-空气表面张力/(N·m⁻¹)	1.6
钢液黏度/[kg·(m·s)⁻¹]	0.0064	渣-空气表面张力/(N·m⁻¹)	0.5
渣密度/(kg·m⁻³)	2500		

  计算域入口采用速度入口边界条件，速度大小根据质量守恒确定。结晶器顶部采用自由边界条件，底部出口则采用质量边界条件，其余壁面采用无滑移边界条件。Ar 气泡假定在到达相交界面处（钢液体积分数小于 0.5）被去除，在结晶器底部则为逃逸边界条件。Ar 气泡在结晶器宽面、窄面以及水口壁面处则设置为反射边界条件。计算过程残差收敛标准为 1×10⁻⁴，计算时间步长为 0.0001 s。

8.4.2　计算模型

钢液、渣相和空气相的体积分数以及相交界面通过 ANSYS Fluent 中的 VOF（volume of fluid）多相流模型进行求解。VOF 多相流模型中第 q 相的连续性方程和动量方程见式（8-5）和式（8-6）。

$$\frac{\partial}{\partial t}(\alpha_q\,\rho_q) + \nabla\cdot(\alpha_q\,\rho_q\,\boldsymbol{u}_q) = 0 \tag{8-5}$$

$$\frac{\partial}{\partial t}(\rho\boldsymbol{u}) + \nabla\cdot(\rho\boldsymbol{uu}) = -\nabla p + \nabla\cdot[\mu(\nabla\boldsymbol{u}+\nabla\boldsymbol{u}^{\mathrm{T}})] + \rho g + \boldsymbol{F} \tag{8-6}$$

式中，α_q 为第 q 相体积分数，%，并且满足 $\sum\limits_{q=1}^{3}\alpha_q = 1$；$\rho_q$ 为第 q 相密度，$\mathrm{kg/m^3}$；$\boldsymbol{u}_q$ 为第 q 相速度，$\mathrm{m/s}$；ρ 为混合相密度，$\mathrm{kg/m^3}$；$\boldsymbol{u}$ 为混合相速度，$\mathrm{m/s}$；p 为压力，Pa；μ 为混合相黏度，$\mathrm{kg/(m\cdot s)}$；$\boldsymbol{F}$ 为钢液和 Ar 气泡之间相互作用引起的动量源项，$\mathrm{kg/(m^2\cdot s^2)}$。其中 ρ 和 μ 具体由下式计算。

$$\rho = \sum_{q=1}^{3}\alpha_q\rho_q \tag{8-7}$$

$$\mu = \sum_{q=1}^{3}\alpha_q\mu_q \tag{8-8}$$

钢液的瞬态湍流运动通过大涡模拟（large eddy simulation，LES）进行求解，与标准 $k\text{-}\varepsilon$ 湍流模型相比，LES 模型可以计算得到钢液的瞬态速度。LES 模型的关键在于亚格子（Smagorinsky-Lilly）模型，它对模拟不可解湍流尺度有决定性的作用。本实验采用 Smagorinsky-Lilly 模型[2]计算湍流黏度 μ_{t}。

$$\mu_{\mathrm{t}} = \rho L_{\mathrm{S}}^2\sqrt{2\,\overline{\boldsymbol{S}_{ij}}\,\overline{\boldsymbol{S}_{ij}}} \tag{8-9}$$

式中，L_{S} 为亚格子的混合长度，m；$\boldsymbol{S}$ 为平均变形率张量，$\mathrm{s^{-1}}$，具体计算公式如下。

$$L_{\mathrm{S}} = \min(\kappa d,\, C_{\mathrm{S}}V^{\frac{1}{3}}) \tag{8-10}$$

式中，κ 为 Kármán 常数；d 为距墙最近的距离，m；C_{S} 为 Smagorinsky 常数，本研究取 0.1。

Ar 气泡的运动轨迹通过离散相模型（discrete phase model，DPM）求解，单位质量气泡在钢液中的受力平衡微分方程如下。

$$\frac{\mathrm{d}\boldsymbol{u}_{\mathrm{p}}}{\mathrm{d}t} = \boldsymbol{F}_{\mathrm{b}} + \boldsymbol{F}_{\mathrm{D}} + \boldsymbol{F}_{\mathrm{L}} + \boldsymbol{F}_{\mathrm{P}} + \boldsymbol{F}_{\mathrm{VM}} + \boldsymbol{F}_{\mathrm{WL}} \tag{8-11}$$

式中，$\boldsymbol{u}_{\mathrm{p}}$ 为气泡运动速度，$\mathrm{m/s}$；等式右边依次为重力和浮力的合力、曳力、升力、压力梯度力、虚拟质量力以及壁面润滑力，N。以上相互作用力的计算式见式（8-12）~式（8-17）。

$$\boldsymbol{F}_{\mathrm{b}} = \frac{\rho_{\mathrm{p}} - \rho_{\mathrm{l}}}{\rho_{\mathrm{p}}}g \tag{8-12}$$

$$\boldsymbol{F}_{\mathrm{D}} = \frac{3\mu C_{\mathrm{D}}Re}{4\rho_{\mathrm{p}}d_{\mathrm{p}}^2}(\boldsymbol{u}_{\mathrm{l}} - \boldsymbol{u}_{\mathrm{p}}) \tag{8-13}$$

$$F_{\mathrm{L}} = C_{\mathrm{L}} \frac{\rho_1}{\rho_{\mathrm{p}}} (\boldsymbol{u}_1 - \boldsymbol{u}_{\mathrm{g}}) \; \nabla \cdot \boldsymbol{u}_1 \tag{8-14}$$

$$F_{\mathrm{P}} = \frac{\rho_1}{\rho_{\mathrm{p}}} \boldsymbol{u}_{\mathrm{p}} \nabla \cdot \boldsymbol{u}_1 \tag{8-15}$$

$$F_{\mathrm{VM}} = C_{\mathrm{VM}} \frac{\rho_1}{\rho_{\mathrm{p}}} \times \frac{\mathrm{d}}{\mathrm{d}t} (\boldsymbol{u}_1 - \boldsymbol{u}_{\mathrm{p}}) \tag{8-16}$$

$$F_{\mathrm{WL}} = C_{\mathrm{WL}} \frac{2\rho_1}{\rho_{\mathrm{p}} d_{\mathrm{p}}} (\boldsymbol{u}_1 - \boldsymbol{u}_{\mathrm{p}})_{\parallel}^2 \; \boldsymbol{n}_{\mathrm{W}} \tag{8-17}$$

式中，下角标 l 和 p 分别为钢液和气泡；C_{D} 为曳力系数；Re 为气泡运动雷诺数；d_{p} 为夹杂物直径，m；C_{L} 为升力系数；C_{VM} 为虚拟质量力系数，取 0.5；C_{WL} 为壁面润滑力系数；$\boldsymbol{n}_{\mathrm{W}}$ 为从壁面指向气泡中心方向的单位向量。Re 的计算见式（8-18）。

$$Re = \frac{\rho_1 d_{\mathrm{p}} |\boldsymbol{u}_{\mathrm{p}} - \boldsymbol{u}_1|}{\mu} \tag{8-18}$$

曳力系数 C_{D} 采用 Kolev 等[3] 提出的公式计算，见式（8-19）。

$$\begin{cases} C_{\mathrm{Dvis}} = \dfrac{24}{Re} (1 + 0.1 Re^{0.75}) \\[2mm] C_{\mathrm{Ddis}} = \dfrac{2}{3} \times \dfrac{(g\rho_1)^{0.5} d}{\sigma^{0.5}} \times \dfrac{1 + 17.67 (1 - \alpha_{\mathrm{p}})^{1.286}}{18.67 (1 - \alpha_{\mathrm{p}})^{1.5}} \\[2mm] C_{\mathrm{Dcap}} = \dfrac{8}{3} (1 - \alpha_{\mathrm{p}})^2 \\[2mm] \text{如果 } C_{\mathrm{Dvis}} > C_{\mathrm{Ddis}}, C_{\mathrm{D}} = C_{\mathrm{Dvis}} \\[1mm] \text{如果 } C_{\mathrm{Dvis}} < C_{\mathrm{Ddis}} < C_{\mathrm{Dcap}}, C_{\mathrm{D}} = C_{\mathrm{Ddis}} \\[1mm] \text{如果 } C_{\mathrm{Dvis}} > C_{\mathrm{Dcap}}, C_{\mathrm{D}} = C_{\mathrm{Dcap}} \end{cases} \tag{8-19}$$

式中，C_{Dvis}、C_{Ddis} 和 C_{Dcap} 为不同模型下的曳力系数；σ 为表面张力，N/m；α_{p} 为气泡体积分数，%。

升力系数 C_{L} 采用 Tomiyama 等[4] 提出的公式计算，见式（8-20）。

$$C_{\mathrm{L}} = \begin{cases} \min[0.288 \tanh(0.121 Re, f(Eo'))] & \text{如果 } Eo' \leqslant 4 \\ f(Eo') & \text{如果 } 4 < Eo' \leqslant 10 \\ -0.27 & \text{如果 } Eo' > 10 \end{cases} \tag{8-20}$$

$$f(Eo') = 0.00105 (Eo')^3 - 0.0159 (Eo')^2 - 0.0204 Eo' + 0.47 \tag{8-21}$$

$$\begin{cases} Eo = \dfrac{g(\rho_1 - \rho_{\mathrm{p}}) d_{\mathrm{p}}^2}{\sigma} \\[2mm] Eo' = \dfrac{g(\rho_1 - \rho_{\mathrm{p}}) (1 + 0.163 Eo^{0.757})^{2/3} d_{\mathrm{p}}^2}{\sigma} \end{cases} \tag{8-22}$$

壁面润滑力系数 C_{WL} 具体表达式见式（8-23）。

$$C_{\mathrm{WL}} = C_{\mathrm{W}} \max \left[0, \frac{1}{C_{\mathrm{WD}}} \times \frac{1 - \dfrac{y_{\mathrm{W}}}{C_{\mathrm{WC}} d_{\mathrm{p}}}}{y_{\mathrm{W}} \left(\dfrac{y_{\mathrm{W}}}{C_{\mathrm{WC}} d_{\mathrm{p}}} \right)^{m-1}} \right] \tag{8-23}$$

$$C_{\mathrm{W}} = \begin{cases} 0.47 & Eo < 1 \\ e^{-0.933Eo+0.179} & 1 \leqslant Eo \leqslant 5 \\ 0.00599Eo - 0.0187 & 5 < Eo \leqslant 33 \\ 0.179 & Eo > 33 \end{cases} \tag{8-24}$$

式中，C_{WD} 为阻尼系数，取 6.8；y_{W} 为气泡距最近壁面的垂直距离，m；C_{WC} 为截止系数，取 10；m 为常数，取 1.7；Eo、Eo' 和 C_{W} 为中间变量。

钢液和 Ar 气泡之间的相互作用引起的动量源项 $\boldsymbol{F}$ 通过下式计算。

$$\boldsymbol{F} = -\frac{\boldsymbol{F}_{\mathrm{b}} + \boldsymbol{F}_{\mathrm{D}} + \boldsymbol{F}_{\mathrm{L}} + \boldsymbol{F}_{\mathrm{P}} + \boldsymbol{F}_{\mathrm{VM}} + \boldsymbol{F}_{\mathrm{WL}}}{V} m_{\mathrm{p}} \Delta t \tag{8-25}$$

式中，V 为单元网格体积，m^3；m_{p} 为 Ar 气泡质量流量，$\mathrm{kg/s}$；Δt 为时间步长，s。

8.4.3 典型后处理结果

图 8-7 显示了某一时刻下结晶器内的瞬态流场分布以及钢液-渣-空气-气泡四相的三维流线图分布。可以看出，采用 LES 模型成功预测了结晶器内的瞬态不对称速度分布。图 8-7（a）中上环流强度大于图 8-7（b），这是由钢液与复杂水口结构之间的不规则相互作用造成射流角度不对称引起的。钢液射流的周期性摆动直接影响了结晶器内流场以及液位的周期性变化。不同相之间的相互作用，如由气泡在水口附近上浮带动的从水口流向窄面的流股与上环流引起的从窄面流向水口的流股之间的相互碰撞容易形成旋涡卷渣，并且速度过大的流股对渣层作用也容易造成剪切卷渣。因此，需要建立准确的多相流模型来预测结晶器内的多相流分布，为提高连铸坯质量提供优化依据。

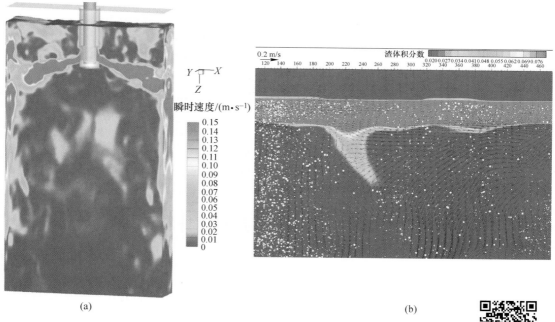

图 8-7　结晶器内瞬时速度分布图（a）和瞬态钢液-渣-空气-气泡四相流分布图（b）[1]

图 8-7 彩图

图 8-8 显示了某一时刻下弯月面的瞬态三维轮廓和时均三维轮廓。图 8-8（a）中瞬态不对称的流场分布导致了弯月面液位的不对称分布，且相比于平滑分布的时均弯月面，瞬态弯月面分布提供了卷渣发生位置等重要特征。图 8-8（b）中弯月面分布呈现典型双环流流态下液位分布规律，即液位在水口和窄面附近较高且在结晶器 1/4 宽度附近最低。上环流流股对窄面附近的弯月面的冲击使得此处的液位被抬升，此外，从窄面流向水口的流股在撞击到水口壁面以及气泡上浮也使水口附近液位上升，因此形成液位从窄面到水口先降低后增大的规律。

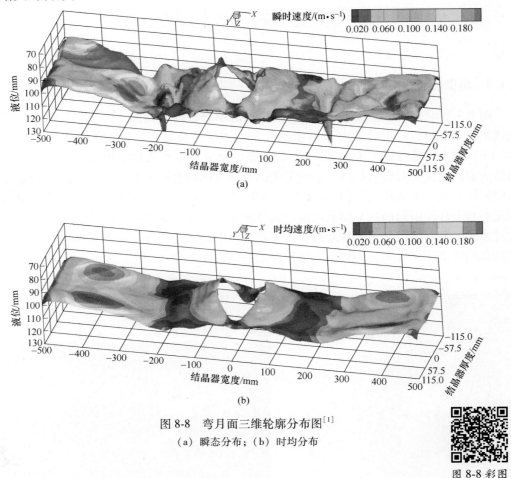

图 8-8　弯月面三维轮廓分布图[1]

（a）瞬态分布；（b）时均分布

图 8-8 彩图

8.5　钢液传热及凝固计算

8.5.1　研究对象

炼钢及连铸过程涉及钢液从液态到固态的转变过程，且在整个过程中温度的控制对连铸坯质量及生产成本有重要的影响。实际炼钢过程中，一般通过测温探头以及预置在各个反应器内的测温热电偶来测量钢液及耐火材料的温度。但以上方法往往只能得到特定时间和特定位置处的温度，大范围内的温度分布测量则较为困难。因此，可以通过数值模拟方法对温度分布进行预测。本实验以实际板坯连铸过程为例，计算连铸过程钢液流动、传热及凝固分布。

如图 8-9 所示，为了计算得到钢液从弯月面至凝固终点范围内的温度和凝固坯壳分布，计算域包括了中间包底部、浸入式水口、结晶器、连铸机垂直段、弯曲段及水平段等。依据现场实际冷却水量的不同，将结晶器往后的连铸模型分为 Loop1 ~ Loop21。为了准确地计算凝固坯壳的厚度，网格在铸坯的边部采取了加密处理。整个模型全部采用结构化的六面体网格，总数在 402 万左右。模型具体几何尺寸与模拟所用的物性参数见表 8-2。

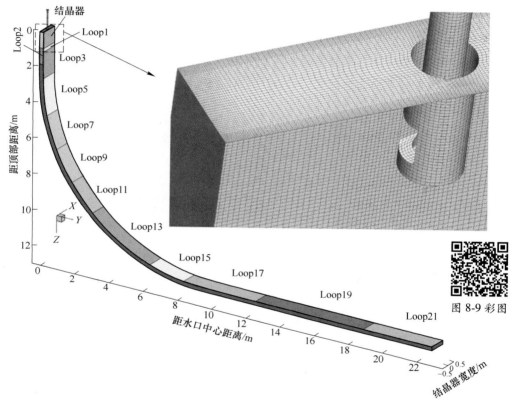

图 8-9 计算域和网格分布示意图[5]

表 8-2 模型几何尺寸与物性参数[5]

参 数	数值	参 数	数值
断面/mm×mm	1000×230	过热度/K	20
结晶器工作高度/mm	800	钢液密度/(kg·m⁻³)	7020
水口出口角度/(°)	向下 15	钢液黏度/[kg·(m·s)⁻¹]	0.0067
水口出口截面/mm×mm	70×90	比热容/[kg·(kg·K)⁻¹]	750
水口浸入深度/mm	150	导热系数	见式 (8-33)
连铸机半径/mm	9500	液相线温度/K	1805
垂直段高度/mm	2560	固相线温度/K	1783
拉坯速度/(m·min⁻¹)	1.8	凝固潜热/(J·kg⁻¹)	270000

计算域入口采用速度入口边界条件，大小根据钢液质量守恒确定，入口过热度为20 K。出口采用自由出口边界条件。上表面采用自由表面边界条件，表面剪切应力为零，传热边界条件假定为绝热边界条件，其余壁面为无滑移壁面。连铸坯初始凝固坯壳在结晶器壁面处形成，结晶器宽面和窄面的传热边界条件采用热流边界条件，具体值可简化为与钢液在结晶器内的平均停留时间相关的函数，表达式如下。

$$q_N = 4727318 - 822880\sqrt{t} \tag{8-26}$$

$$q_W = 3851709 - 554809\sqrt{t} \tag{8-27}$$

式中，q_N 和 q_W 分别为结晶器窄面和宽面的热流密度，W/m^2；t 为钢液在结晶器内的平均停留时间，s，可通过距弯月面距离以及拉坯速度确定。

二次冷却段则通过计算等效换热系数来计算传热，计算公式见式（8-28）[6]，具体冷却水流量和等效换热系数计算值如图 8-10 所示[7]。空气冷却段传热条件为与周围环境进行辐射传热。

$$h_{eq} = 0.581W^{0.451}(1 - 0.0075T_{spray}) \tag{8-28}$$

式中，h_{eq} 为等效换热系数，$W/(m^2 \cdot K)$；W 为冷却水流量，L/min；T_{spray} 为冷却水温度，K。

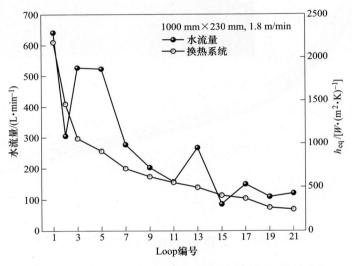

图 8-10　不同 Loop 冷却水流量和等效换热系数分布图[7]

8.5.2　计算模型

采用 LES 模型计算了从弯月面到凝固终点范围内钢液的瞬态湍流流动，连续性方程和动量方程见式（8-29）和式（8-30）。

$$\frac{\partial \rho}{\partial t} + \nabla \cdot (\rho \boldsymbol{u}) = 0 \tag{8-29}$$

$$\frac{\partial}{\partial t}(\rho \boldsymbol{u}) + \nabla \cdot (\rho \boldsymbol{u}\boldsymbol{u}) = -\nabla p + \nabla \cdot [\mu(\nabla \boldsymbol{u} + \nabla \boldsymbol{u}^T)] + \rho g + \boldsymbol{S} \tag{8-30}$$

式中，S 为由于凝固引起的动量源项，$kg/(m^2 \cdot s^2)$。

钢液温度分布通过求解能量方程得到，见式（8-31）和式（8-32）。

$$\frac{\partial}{\partial t}(\rho H) + \nabla \cdot (\rho \boldsymbol{u} H) = \nabla \cdot (\lambda \nabla T) \tag{8-31}$$

$$H = h_{\text{ref}} + \int_{T_{\text{ref}}}^{T} C_p \, \mathrm{d}T + \beta L \tag{8-32}$$

式中，H 为热焓，J/kg；λ 为导热系数，$W/(m \cdot K)$；T 为温度，K；h_{ref} 为参考焓，J/kg；T_{ref} 为参考温度，K；C_p 为比热容，$J/(kg \cdot K)$；β 为钢液发生凝固后的液相体积分数，%；L 为钢液凝固潜热，J/kg。由于涉及钢液的凝固过程，温度跨度较大，因此钢的导热系数 λ 不能取液态钢下的常数，导热系数随温度变化的关系见式（8-33）。

$$\lambda = 133.4 - 0.276T + 4.5 \times 10^{-4}T^2 - 5.0 \times 10^{-7}T^3 +$$
$$2.8 \times 10^{-10}T^4 - 5.9 \times 10^{-14}T^5 \tag{8-33}$$

本实验采用热焓-多孔介质法进行钢液的凝固计算。热焓-多孔介质法将糊状区作为多孔介质，每个网格内的孔隙度设定为钢液的液相体积分数 β，具体计算公式见式（8-34）。

$$\beta = \begin{cases} 0 & T < T_s \\ \dfrac{T - T_s}{T_1 - T_s} & T_s \leqslant T \leqslant T_1 \\ 1 & T > T_1 \end{cases} \tag{8-34}$$

式中，T_s 为钢液固相线温度，K；T_1 为钢液液相线温度，K。由凝固造成的动量的损失通过源项的形式添加到动量方程中，具体表达式见式（8-35）。

$$S = -\frac{(1 - \beta)^2}{\beta^3 + 0.001} A_{\text{mush}} (\boldsymbol{u} - \boldsymbol{u}_{\text{pull}}) \tag{8-35}$$

式中，A_{mush} 为糊状区系数，本研究取 10^8；$\boldsymbol{u}_{\text{pull}}$ 为拉坯速度，m/s。

8.5.3 典型后处理结果

图 8-11 显示了连铸过程中三种典型的瞬态流场和温度场分布。结晶器内的流场具有不对称性，左右两侧流场速度会发生周期性的变化。当 $t = 1680$ s 时，靠近结晶器左侧窄面处的钢液流速明显大于右侧；当 $t = 1872$ s 时，结晶器左右两侧流场速度基本一致，而 $t = 1952$ s 时，结晶器右侧流场速度明显大于左侧。$t = 1680.3$ s 时，距离上表面 3 m 左右的流股继续向右侧窄面流动，撞击右侧窄面后继续往左侧窄面运动，依次反复撞击窄面，造成深部熔池流场流速的左右摆动。温度分布与流场分布相类似，温度场分布也具有不对称性。

温度边界条件确定时，温度的变化主要由流场分布决定。瞬态不对称的流场分布导致了瞬态不对称的温度分布，进而导致了凝固坯壳的瞬态不对称分布。图 8-12 显示了结晶器出口靠近左侧窄面（P8）处速度变化与温度变化的关系。流股带来的温度相对较高的钢液是造成熔池深处温度变化的主要原因，因此，温度的变化周期与速度的变化周期基本一致。

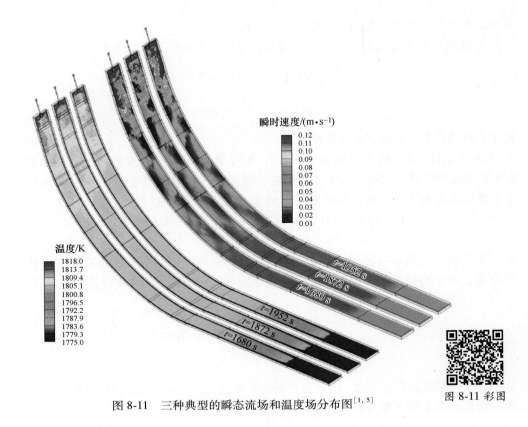

图 8-11　三种典型的瞬态流场和温度场分布图[1, 5]

图 8-11 彩图

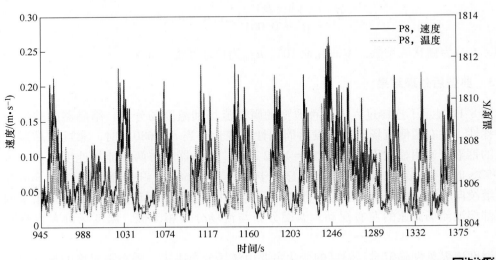

图 8-12　结晶器出口靠近左侧窄面处速度和温度变化关系图[1]

图 8-12 彩图

　　窄面以及外弧侧中心线处凝固坯壳厚度分布如图 8-13 所示。可以看出弯月面附近坯壳生长速度较快，且随着拉坯过程逐渐下降。凝固坯壳的生长主要依靠流场以及温度场的分布。由于窄面上撞击点附近的凝固前沿被射流强烈冲刷，产生巨大过热度，导致坯壳厚度较薄，容易发生漏钢。

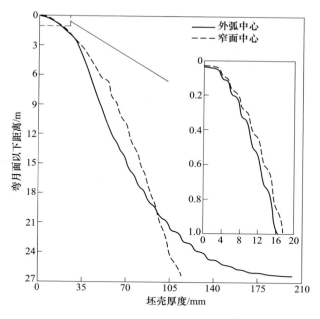

图 8-13　凝固坯壳厚度分布图[1]

图 8-14 显示了凝固终点的三维形貌，可以看出凝固终点呈 "W" 形，且位于距弯月面 18.55 m 左右处。由于板坯宽度远大于厚度，所以在宽度方向上传热速度出现较大差异，因此连铸坯中心凝固速度慢，最后凝固终点呈现 "W" 形。从凝固终点的位置分布可知，模型计算域长度至少得大于 18.55 m 才能实现连铸坯全断面的分布预测。

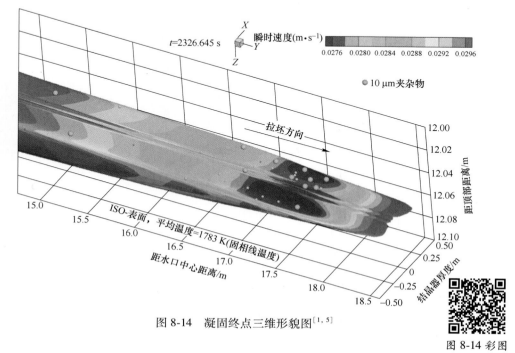

图 8-14　凝固终点三维形貌图[1, 5]

图 8-14 彩图

8.6 夹杂物分布计算

8.6.1 研究对象

炼钢过程中的非金属夹杂物主要来源于脱氧反应、界面反应等内生途径以及水口堵塞物、精炼渣或者连铸保护渣等外来途径。夹杂物在钢中的含量虽然很少，但其类型、组成、形态、含量、尺寸和分布等各种因素都对钢性能产生影响。夹杂物在精炼过程中涉及形核、长大及去除等现象，此外，成分上也涉及热力学和动力学转变等。本实验以板坯连铸结晶器内夹杂物运动行为为例，研究夹杂物的运动、上浮以及被凝固坯壳的捕获。

图 8-15 显示了计算所采用的计算域和网格分布图。计算域包括中间包底部、浸入式水口和结晶器，此外，为了获得夹杂物在连铸坯表层 15 mm 内的分布，模型还包括了结晶器下部的垂直段及部分弯曲段。连铸机半径为 9.5 m，垂直段高度为 2.56 m。为了更加准确地捕获凝固坯壳的厚度，本实验对结晶器四周的网格进行了加密处理，整个模型的网格数量约为 193 万。模拟所用的其余模型几何尺寸与物性参数与第 8.5.1 节中表 8-2 相一致。

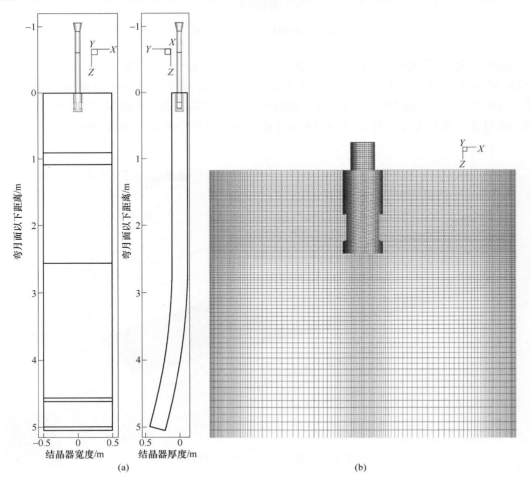

图 8-15   计算域分布图(a)和网格分布图(b)[8]

钢液流动及传热边界条件与第 8.5 节一致。将流场、温度场及凝固耦合计算 900 s 至稳定后,在计算域入口处投入尺寸为 1 μm、2 μm、3 μm、5 μm、10 μm、20 μm、30 μm、50 μm、80 μm、90 μm、100 μm、200 μm 和 300 μm 的夹杂物进行夹杂物运动及捕获计算,每个尺寸夹杂物投放个数为 24000 个。假定夹杂物在上表面为去除边界条件,出口为逃逸边界条件,其余壁面为反弹边界条件,并假定其在到达钢液体积分数小于 0.6 及钢液速度小于 0.07 m/s 的位置处被凝固坯壳捕获。

8.6.2 计算模型

流场、温度场及凝固坯壳的分布是预测夹杂物在铸坯中分布的基础。本实验中钢液的湍流流动、传热及凝固控制方程与 8.5 节中的一致,即采用 LES 模型计算钢液的瞬态湍流流动及采用热焓-多孔介质法计算钢液的凝固。由于夹杂物在钢液中所占的体积分数非常小,因此在计算夹杂物运动时采用单相耦合的 DPM 模型,将夹杂物视为离散相,单位质量夹杂物在钢液中的受力平衡微分方程见式(8-36)。

$$\frac{\mathrm{d}\boldsymbol{u}_\mathrm{p}}{\mathrm{d}t} = \frac{\rho_\mathrm{p} - \rho_1}{\rho_\mathrm{p}}g + \frac{3\mu C_\mathrm{D} Re}{4\rho_\mathrm{p} d_\mathrm{p}^2}(\boldsymbol{u}_1 - \boldsymbol{u}_\mathrm{p}) + \frac{\rho_1}{\rho_\mathrm{p}}\boldsymbol{u}_\mathrm{p}\nabla\cdot\boldsymbol{u}_1 + C_\mathrm{VM}\frac{\rho_1}{\rho_\mathrm{p}}\times\frac{\mathrm{d}}{\mathrm{d}t}(\boldsymbol{u}_1 - \boldsymbol{u}_\mathrm{p}) \quad (8\text{-}36)$$

式中,等式右边依次为重力和浮力的合力、曳力、压力梯度力和虚拟质量力;下标 1 和 p 分别表示钢液和气泡。其中 Re 的计算公式见式(8-37),曳力系数 C_D 的计算公式见式(8-38)。

$$Re = \frac{\rho_1 d_\mathrm{p} |\boldsymbol{u}_\mathrm{p} - \boldsymbol{u}_1|}{\mu} \quad (8\text{-}37)$$

$$C_\mathrm{D} = \begin{cases} \dfrac{24}{Re}(1 + 0.15 Re^{0.687}) & Re < 1000 \\[3mm] 0.44 & Re \geqslant 1000 \end{cases} \quad (8\text{-}38)$$

8.6.3 典型后处理结果

图 8-16 显示了不同时刻下的夹杂物分布和瞬态流场分布。从流场分布可以看出结晶器内的流场具有不对称的特性。$t = 901.75$ s 时,结晶器下部右侧钢液流速较大;而 $t = 965.75$ s 时,结晶器左侧钢液流速较大。这种不对称的流场分布直接导致了夹杂物在钢液中的不对称运动分布。同时,夹杂物直径较小,运动主要受钢液流股的影响。$t = 901.75$ s 时,夹杂物被流股带到窄面附近,此时夹杂物分布左右两侧较为对称;$t = 965.75$ s 时,可以看到结晶器下部右侧夹杂物分布明显较多,这与结晶器下部右侧处流速较大相对应。可以看出夹杂物在结晶器内的不对称分布是流场的不对称分布造成的。

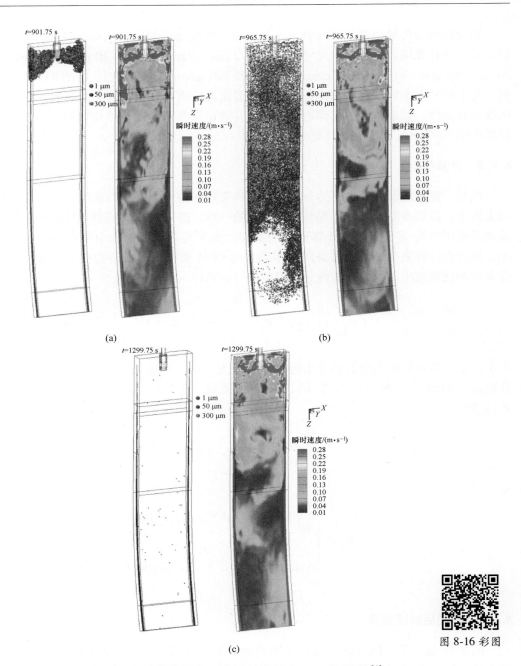

图 8-16　不同时刻下的夹杂物分布和瞬态流场分布图[8]

（a）$t=901.75$ s；（b）$t=965.75$ s，（c）$t=1299.75$ s

图 8-17 显示了夹杂物在结晶器中的去向分布，可以看出只有 14.86%的夹杂物能够通过上浮在上表面处去除，而 57.25%的夹杂物被当前模型的凝固坯壳捕获，27.89%的夹杂物从底部出口逃逸到液相穴深部，且最终被凝固坯壳捕获而留在铸坯内形成内部缺陷。连铸结晶器是炼钢过程中去除夹杂物的最后一个环节，可以在此环节通过改善流场分布，增大夹杂物的停留时间，增大上浮去除率，从而提高铸坯质量。

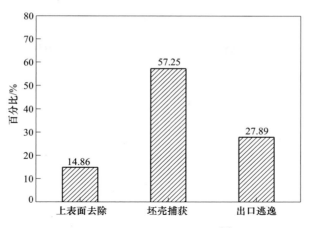

图 8-17 夹杂物去向分布图[8]

　　绝大部分夹杂物密度都小于钢液密度，因此能够在钢液中通过上浮在上表面去除。图 8-18 对比了不同尺寸夹杂物在上表面的上浮去除率。结果表明夹杂物在上表面的上浮去除率随着夹杂物直径的增大而增大，特别是当夹杂物直径大于 100 μm 后，上浮去除率增大幅度更大。夹杂物上浮的驱动力为浮力，夹杂物直径越大，所受的浮力越大，即通过上浮去除的几率越大。

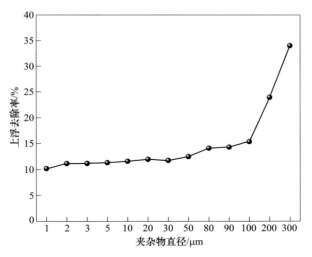

图 8-18 不同尺寸夹杂物在上表面的上浮去除率[8]

　　图 8-19 对比了不同直径夹杂物捕获位置沿拉坯方向投影的二维分布。可以看出小尺寸夹杂物在内外弧、左右窄面侧分布较均匀，但大尺寸夹杂物在内弧侧分布大于外弧侧，这是直弧型连铸机包含弯曲段结构造成的。在弯曲段内，大尺寸受到浮力较大，更容易上浮被内弧侧凝固坯壳捕获，使得内弧侧夹杂物分布较外弧侧多。图 8-20 显示了不同直径夹杂物在出口处逃逸的位置分布，与图 8-19 结果相类似，大尺寸夹杂物在内弧侧分布明显大于外弧侧，且随着夹杂物直径的增大，其从出口逃逸的数量减少，这与大尺寸夹杂物在上表面上浮去除率大和更容易被内弧侧凝固坯壳捕获相对应。

8 数值模拟

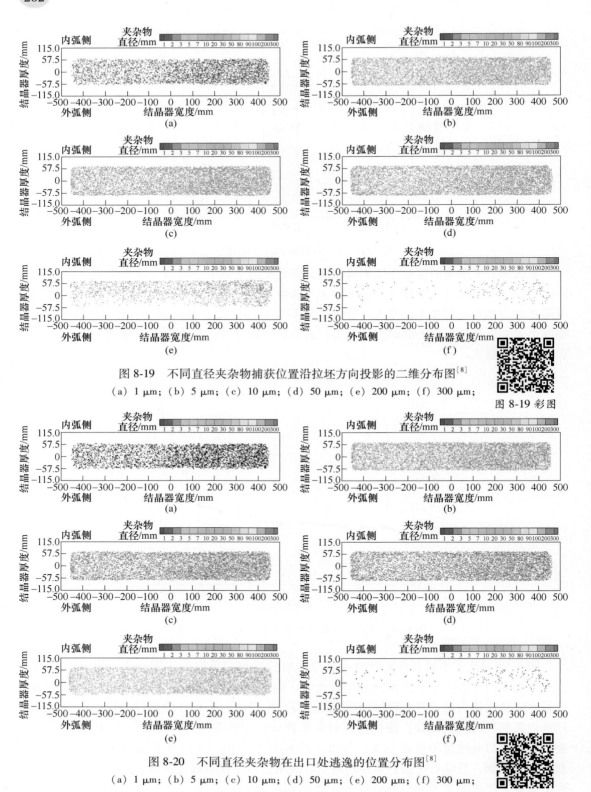

图 8-19　不同直径夹杂物捕获位置沿拉坯方向投影的二维分布图[8]

（a）1 μm；（b）5 μm；（c）10 μm；（d）50 μm；（e）200 μm；（f）300 μm；

图 8-19 彩图

图 8-20　不同直径夹杂物在出口处逃逸的位置分布图[8]

（a）1 μm；（b）5 μm；（c）10 μm；（d）50 μm；（e）200 μm；（f）300 μm；

图 8-20 彩图

8.7 小 结

本章首先从概览的角度讲解了炼钢过程数值模拟计算中计算域的选择和划分，随后以常用流体力学计算软件 ANSYS Fluent 为计算工具，通过实例讲解了钢液单相流流场、多相流流场、传热、凝固及钢液中夹杂物分布的计算。每一节实验中的数值模拟计算以计算域、模拟参数、边界条件和典型后处理结果展开，基本包含了数值模拟前处理、计算求解和计算后处理在炼钢过程中的应用。受篇幅的影响，本章未能对炼钢过程涉及的多相流动、传热、凝固和化学反应等多物理场耦合下的复杂现象进行一一讲解。此外，具体实验中涉及的一些计算软件无法直接求解的过程还需要通过自定义程序进行辅助求解。因此，在掌握数值模拟的基本方法后，更深入的应用还需要读者进一步理解和开发。

参 考 文 献

［1］陈威. 连铸过程钢液多相流动、传热、凝固及夹杂物捕获的大涡模拟研究［D］. 北京：北京科技大学，2021.

［2］SMAGORINSKY J. General circulation experiments with the primitive equations：Ⅰ. The basic experiment［J］. Monthly Weather Review，1963，91（3）：99-164.

［3］KOLEV N I. Multiphase flow dynamics［M］. Berlin：Springer，2005.

［4］TOMIYAMA A，TAMAI H，ZUN L，et al. Transverse migration of single bubbles in simple shear flows［J］. Chemical Engineering Science，2002，57（11）：1849-1858.

［5］CHEN W，REN Y，ZHANG L. Large eddy simulation on the fluid flow，solidification and entrapment of inclusions in the steel along the full continuous casting slab strand［J］. JOM，2018，70（12）：2968-2979.

［6］MORALES R D，PEZ A G，OLIVARES I M. Heat transfer analysis during water spray cooling of steel rods［J］. ISIJ International，1990，30（1）：48-57.

［7］王强强. 连铸过程多相流、传热凝固及夹杂物运动捕获的研究［D］. 北京：北京科技大学，2017.

［8］陈威，张立峰. 板坯连铸结晶器内夹杂物分布的大涡模拟［J］. 中国冶金，2018，28（S1）：26-33.

9　机器学习方法在炼钢过程的应用

机器学习是一门涉及概率论、统计学和逼近论等多领域的交叉学科，主要研究如何通过计算机模拟实现人类的学习行为，以获取新的技能或知识，达到解决实际问题的目的[1-8]。机器学习的算法主要包括人工神经网络、决策树、支持向量机和贝叶斯学习等，其理论和方法已经被广泛应用于解决工程应用和科学领域的复杂问题[9-15]。

钢铁行业每天都在生成大量的数据，如何对这些数据进行有效利用，达到提高产品质量、降低生产成本的目的，是亟需考虑的问题。将机器学习方法应用到炼钢过程中，提升钢铁行业的智能化水平，是近些年来研究的一个热点问题。目前已经有学者进行了大量研究，包括精炼过程钢液温度及成分预测、成分波动对钢性能影响以及钢液-耐火材料间的接触角计算等[13, 16-22]。

9.1　基于神经网络技术的精炼阶段钙收得率预测

人工神经网络（artificial neural network，ANN）通常被称为神经网络，是一种在生物网络的启示下建立的数据处理模型。神经网络主要通过调整神经元的权值来对输入的数据进行建模，以最终达到具备解决实际问题的能力。神经网络将一系列具有简单数据处理能力的神经元节点通过权值相互连接，权值可以不断进行调整，因此神经网络具有较强的可塑性。当神经网络的权值调整至恰当时，即可输出正确的结果[13-15, 20, 23-29]。

钙在钢液中的收得率受到多种因素影响，收得率不稳定且难以控制，因此很难从理论层面对钙处理过程钙的收得率进行计算。但在实际的钙处理过程中，为实现钢中钙含量的稳定及精准控制，必须明确钙收得率的大小。本实验通过采集国内某钢厂近一年钙处理钢种的生产数据，并基于神经网络技术建立钙收得率预报模型，用于预测钢液钙处理过程中钙的收得率，以提升并稳定控制钙的收得率。

神经元模型如图 9-1 所示，一个神经元节点的输入输出见式（9-1）。

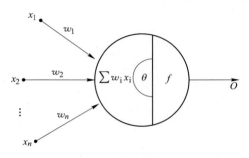

图 9-1　神经元模型示意图[30]

$$y_i = f\left(\sum_{i=1}^{n} w_i x_i - \theta_i\right) \tag{9-1}$$

式中，w_i 为神经元节点的权值；x_i 为神经元节点的输入参数值；θ_i 为神经元节点的阈值；y_i 为神经元节点的输出值。神经元节点的传递函数选取 $Sigmoid$ 函数（S 型函数）。

钙收得率预测的流程如图 9-2 所示。首先采集国内某钢厂关于钙处理钢种的数据，将采集到的数据进行预处理，即经过分析对比删去其中有明显错误、部分数据信息缺失等不合理的数据。为了消除不同量纲对数据产生的影响，将筛选后的样本数据集进行归一化处理，归一化选取的公式见式（9-2）。

$$y = (y_{max} - y_{min}) \times \frac{x - x_{min}}{x_{max} - x_{min}} + y_{min} \tag{9-2}$$

式中，x_{min} 为变量 x 的最小值；x_{max} 为变量 x 的最大值；y_{min} 和 y_{max} 分别为数据归一化后的最小值和最大值，当前模型中 y_{min} 和 y_{max} 分别为 -1 和 1。

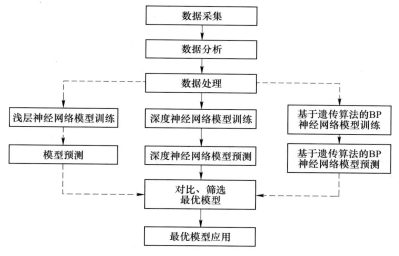

图 9-2　钙收得率预测流程图[30]

（深度神经网络模型又称 DNN（deep neural network）模型；浅层神经网络又称 SNN
（shallow neural network）模型；基于遗传算法优化的 BP 神经网络模型又称 GA-BP 模型）

对数据进行预处理后分别选取 SNN 模型、DNN 模型以及 GA-BP 模型等三种神经网络模型对钙收得率进行预测，并对三种神经网络模型的预测结果进行对比，进而挑选出最优的计算模型。SNN 模型的结构如图 9-3（a）所示，其由一个输入层、一个隐藏层及一个输出层组成。X 代表输入变量，Y 代表输出结果，n 代表输入层节点数，圆圈代表神经元节点，各个神经元节点之间由不同的权值 W 连接。深度神经网络结构如图 9-3（b）所示，与浅层神经网络相比，深度神经网络增加了隐藏层的数量，因此预测结果相对更加准确。

神经网络的计算主要包括三个步骤：（1）对数据进行预处理，选择合适的神经网络结构参数，构建合适的神经网络；（2）对神经网络进行训练；（3）利用训练好的神经网络对测试数据进行预测。在当前的神经网络结构中，输入层节点数量为 22，输出层节点数量为 1，将隐藏层数量从 1 增加到 6 以判断隐藏层数量对计算结果精度的影响，进而选择最优的隐藏层数量进行预测。隐藏层节点数根据经验公式（9-3）进行计算，最大的训练迭代次数设定为 1500，学习率为 0.2%。

$$M = \sqrt{n + m} + a \tag{9-3}$$

式中，M 为计算的隐藏层的节点数量；n 为输入层节点数量；m 为输出层节点数量；a 为 0~10 之间的常数。当前的神经网络模型中，隐藏层节点数设定为 6。

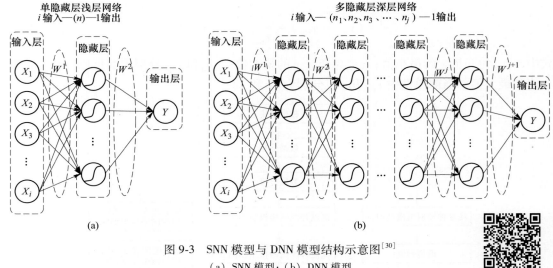

图 9-3　SNN 模型与 DNN 模型结构示意图[30]
（a）SNN 模型；（b）DNN 模型

图 9-3 彩图

　　BP 神经网络可以实现复杂的非线性映射，但同时也存在一些缺点。神经网络训练的第一步是随机给定一个权值和阈值，因此神经网络在进行运算时容易陷入局部最优，导致实际的结果与预测结果存在较大差距。由于初始权值和阈值对计算结果影响较大，容易产生误差，因此，使用遗传算法对神经网络初始的权值、阈值进行优化，减少计算误差，进而提高模型计算的准确性。

　　本实验使用 GA-BP 网络对钙收得率进行计算，并通过一系列的变异、选择、交叉操作对神经网络中的权值和阈值进行优化，最终得到最优的计算结果。遗传算法的选择操作包含多种方法，本实验采用轮盘赌法选择适应度较好的个体。进化迭代次数为 60 次，种群规模为 20，交叉概率为 0.2，变异概率为 0.1。神经网络的结构与 SNN 模型相同，输入层包含 22 个节点，一个隐藏层包含 6 个节点，输出层包含 1 个节点。

　　模型训练完成后，对实际生产的 50 炉钢液钙处理过程钙的收得率进行预测，并与实际测量值进行对比来验证模型的准确性。通过均方根误差描述模型预测结果与实际结果的误差，均方根误差的计算公式见式（9-4）。

$$RMSE = \sqrt{\frac{\sum \left(Y_{\text{Cal.}} - Y_{\text{Exp.}} \right)^2}{n}} \tag{9-4}$$

式中，RMSE 为预测结果与实际结果的均方根误差值；$Y_{Cal.}$ 为神经网络模型的预测结果；$Y_{Exp.}$ 为工业试验过程中实际的收得率结果；n 为测试数据的数量。

图 9-4 显示了三种不同的神经网络模型预测的钙收得率与工业试验检测的钙收得率的对比，从中可以看出，SNN 模型中偶尔会出现预测的收得率与实际结果相差超过 10% 的情况。而 DNN 模型与 GA-BP 模型的预测结果与实际的收得率结果较为接近，较少出现预测结果与实际结果的误差值超过 10% 的情况。表 9-1 为三种不同神经网络模型的均方根误差值和运行时间的对比结果。从表中可以看出，DNN 模型与 GA-BP 模型的计算结果更加准确。由于 GA-BP 模型在运算过程中为获得最优的权值及阈值，需要进行一系列的选择、变异及交叉等操作，因此需要更长的计算时间（>30 s）。综合考虑计算结果的准确性及运行效率，建议选择 DNN 模型作为钙收得率的预测模型。

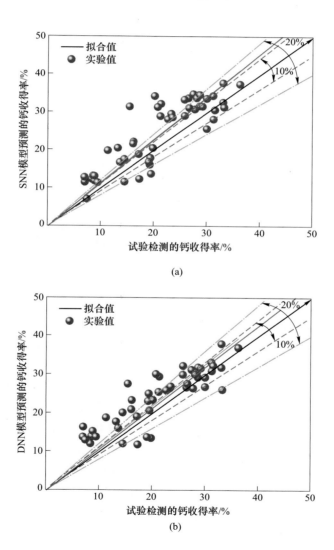

(a)

(b)

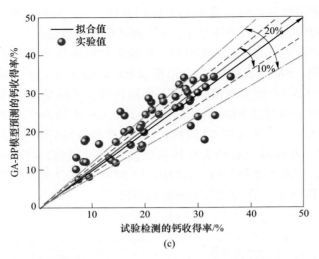

图 9-4 彩图

图 9-4   不同神经网络模型预测的钙收得率和工业试验检测的钙收得率的对比结果[30]

（a）SNN 模型；（b）DNN 模型；（c）GA-BP 模型

表 9-1   不同神经网络模型的均方根误差值和运行时间[30]

参　　数	SNN 模型	DNN 模型	GA-BP 模型
RMSE/%	5.74	4.87	4.90
运行时间/s	<5	<5	>30

9.2   基于支持向量机技术的转炉脱磷效果聚类分析

　　支持向量机（support vector machine，SVM）是机器学习中的一个重要分类算法，主要用于数据聚类以及分类。SVM 的主要思想是建立一个分类超平面作为一个决策曲面，使正例以及反例之间的隔离边缘被最大化，其理论基础是统计学习理论。SVM 能够在很广的各种函数集中构造函数，不需要微调，在解决实际问题中效果较好，并且计算简单，理论完善。

　　钢中磷元素含量过高容易使钢发生"冷脆"，导致产品的韧性和脆性变差。炼钢过程中一般通过转炉吹炼去除钢中的磷元素。近几十年来已有大量学者在转炉脱磷的热力学方面进行了深入的研究。然而在实际的生产过程中，由于铁矿石质量、焦炭成分等的变化以及炉渣成分的不均匀性，理论的脱磷效果与实际生产结果差距较大，导致生产成本提高。另外，经验模型仅可用于预测特定体系下与炉渣成分和出钢温度相对应的脱磷效果。然而，对于完全不同的系统，经验模型的精确程度相对较差。Phull 等人将 SVM 算法应用到转炉冶炼过程脱磷效果的预测，以提高转炉冶炼的控制水平[31]。

　　转炉脱磷预测的算法流程图如图 9-5 所示，分类模型主要包括三个步骤：（1）对数据进行标记分类；（2）使用决策树分割标记的数据；（3）基于 SVM 算法对模型进行训练和测试。基于无监督的 K 均值聚类（K-means clustering，以下简称"K-means 聚类"）算法以及四分位数聚类方法，将收集的两个钢厂的约 16000 炉炉渣成分和出钢温度数据分为四类，表示转炉中磷去除的不同程度（"高""中等""低"和"极低"）。

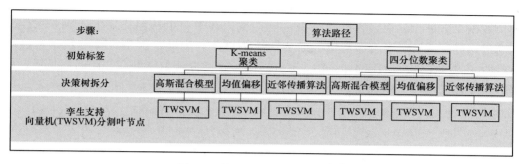

图 9-5 转炉脱磷预测流程图[31]

K-means 聚类算法标记磷分配比的流程如图 9-6 所示。首先随机分配 4 个分类质心 $[c_1, c_2, c_3, c_4]$。

$$d_x = \mathrm{argmin}_{j=1,2,3,4}\mathrm{dist}(c_j, l_p) \tag{9-5}$$

式中，$\mathrm{dist}(c_j, l_p)$ 为两点之间的欧氏距离。数据集中的每个 l_p 值都根据与质心的距离分配给一个聚类。设 S_i 是分配给第 i 个簇的点的集合。

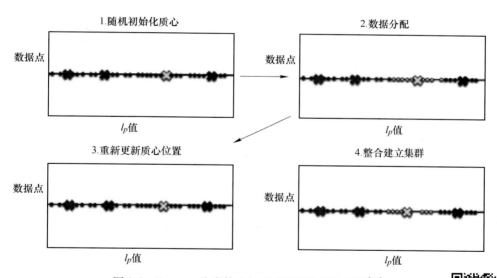

图 9-6 K-means 聚类算法标记磷分配比的流程图[31]

图 9-6 彩图

选择 4 个点作为初始质心点，将每个点指派到最近的质心，形成 4 个簇。然后重新计算每个簇的质心，此时质心的值会发生变化。基于聚类的平均值计算更新后的质心 $[c_1, c_2, c_3, c_4]$，见式（9-6）。迭代执行质心更新步骤，当两个连续步骤之间的相对差异小于预先指定的极小值时，计算达到收敛。

$$c_i' = \frac{1}{|S_i|}\sum_{j \in S_i} l_{p,j} \tag{9-6}$$

四分位数聚类算法标记磷分配比的流程如图 9-7 所示。每个磷分配比的值被分配到四组中的一组，即最小值~前 25%、25%~50%、50%~75% 以及 75%~最大值组。对模型进行五次交叉验证，用于评估建立的分类模型在训练数据上的准确程度。在五重交叉验证步骤中，数据集被分为五组，因此模型被训练四次，其中一组从训练集中提取并用作测试集。通过这种方式，每个组都有机会成为一次测试集，因此，模型计算的精确程度将提高。最后，为减少训练所需的计算量，并在所有特征中保持数据熵在相同的数量级，应将所有数据点都进行归一化。

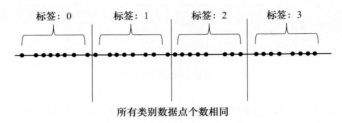

图 9-7　四分位数聚类算法标记磷分配比的流程图[31]

炉渣化学成分特征包括成分的平均值、标准偏差（standard deviation，SD）、最小值、最大值以及磷分配比的值，其方框图如图 9-8 所示。图中方框表示对应数据中每个特征的中间 50% 数据的值的范围。例如，方框图中 Al_2O_3 的方框表示 50% 的炉渣 Al_2O_3 含量数据位于 1.5%~2% 之间。方框图表明除 $Fe_总$、MnO 和 Al_2O_3 外，大多数特征值都呈对称分布。

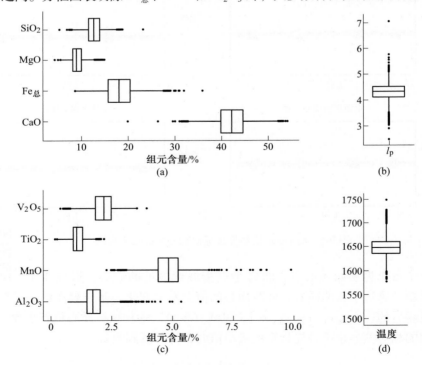

图 9-8　数据特征值以及相应变量的方框图[31]

（a）炉渣中 SiO_2 等组元成分；（b）磷的分配比；（c）炉渣中 V_2O_5 等组元成分；（d）温度分布

分别使用四分位数聚类算法及 K-means 聚类算法进行转炉脱磷效果的聚类分析，不同模型的准确度见表 9-2，对比两种算法的预测结果，K-means 聚类算法准确程度相对较高，运算准确率可达 98.03%。

表 9-2　K-means 及四分位数聚类算法准确性对比[31]

标签方法	高斯混合模型	均值偏移	近邻传播算法
工厂 I 准确率/%			
K-means 聚类	78. 76	71. 77	72. 00
四分位数	64. 38	62. 35	62. 79
工厂 II 准确率/%			
K-means	98. 03	98. 01	96. 58
四分聚类	95. 78	94. 81	94. 00

图 9-9 为高斯混合模型、均值偏移以及近邻传播算法对 K-means 聚类分析准确性影响的对比图。结果表明当使用 K-means 算法进行聚类分析时，使用高斯混合模型对原始数据进行分类具有较高的计算准确性。

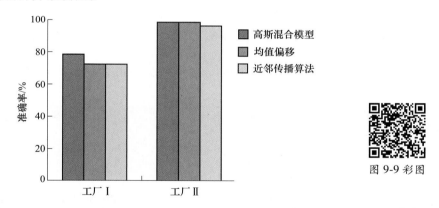

图 9-9 彩图

图 9-9　高斯混合模型、均值偏移以及近邻传播算法对 K-means 聚类分析准确性影响的对比图[31]

9.3　基于生成对抗网络技术的板形缺陷识别方法

生成对抗网络（generative adversarial network，GAN）是近十年来新提出的一种生成模型。生成对抗网络以两个神经网络互相博弈的方式进行学习，在图像识别领域有较多应用。生成对抗网络由一个生成模型及判别模型组成。生成模型从潜在空间随机取样作为输入数据，其输出结果需要尽量模仿训练集中的真实样本。判别模型则用于判断输入数据是真实数据还是生成的样本，其目的是将生成器的输出结果从真实样本中尽可能分辨出来。

平整度是高端冷轧带钢产品的重要质量指标。弯曲缺陷是热轧生产线、冷轧生产线和精细加工生产线中常见的缺陷，严重降低钢产品的平整度。这种缺陷不仅会降低产品的质量等级和产量，还容易导致带钢跑偏及断裂等生产事故，严重影响机组安全和生产效率。为了减少和消除冷轧带钢的弯曲缺陷，有必要进行弯曲缺陷的在线检测和识别。多数轧机和精加工装置仍然通过手动目视来检测弯曲度，并通过手动调整来控制弯曲度，以上方法具有质量低和稳定性差等缺点。近年来，基于深度学习的机器视觉理论取得了一系列突破。学者们对热轧带钢和冷轧带钢等表面缺陷的识别方法进行了大量研究。Xu 等提出了一种新的叠加生成对抗网络的冷轧带钢柔性缺陷识别模型，并应用于高质量冷轧带钢弯曲缺陷的准确和快速识别[32]。

弯曲缺陷主要是由轧制过程中伸长率沿宽度的不均匀分布引起的。在实际生产过程中，弯曲缺陷的定量表征可以用波形来表示。常见的典型弯曲缺陷如图 9-10 所示，包括边波（edge wave，EW）、边波中波（edge-middle wave，E-MW）、中波（middle wave，MW）、四分之一波（quarter wave，QW）、中波四分之一波（middle-quarter wave，M-QW）、双紧边（dual tight edges，DTE）和复波（continuous wave，CW）等类型的柔性缺陷。真正的弯曲缺陷通常不仅是这些波形的单一形式，而是通常由多种形式相互结合组成。图 9-11 为实际生产过程中产生的弯曲缺陷。

图 9-10　轧材中常见的弯曲缺陷[32]

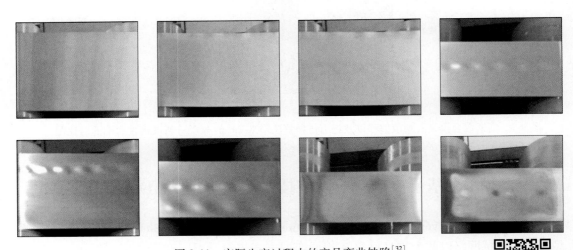

图 9-11　实际生产过程中的产品弯曲缺陷[32]

图 9-11 彩图

图 9-12 为实际生产过程中弯曲缺陷的数据采集过程。在修整线收集了一卷带钢的图像数据后，根据带钢编号在轧机的弯曲度测量和控制系统中检索相同卷带钢的弯曲度检测值。对柔性缺陷图像和检测值进行确认后，对每个缺陷图像的缺陷类型分别进行手动标记。然后，另一组实验人员将重新检查每个图像的标签。如果在复查过程中发现图像的标签可靠性较差，则删除此图像。

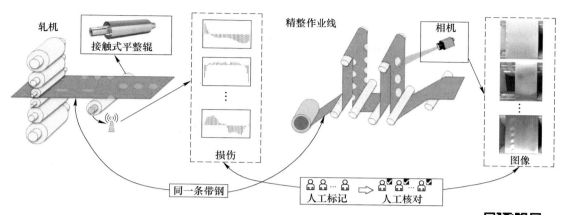

图 9-12　实际生产过程中弯曲缺陷的数据采集过程图[32]

图 9-12 彩图

　　如图 9-13 所示，进行表面缺陷图像采集或识别时，通常沿冷轧带钢的宽度布置多台摄像机。每个摄像头的视野都是固定的，而且相对较小。图像中不存在背景等无用信息，图像全局都作为有用信息进行采集。然而，在实际生产过程中，弯曲缺陷具有连续性特征，可能出现在冷轧带钢宽度的任何地方。因此，图像采集或柔性缺陷识别需要相对较大的视野，该视野必须至少覆盖整个条带宽度，并且应采用单摄像头拍摄模式。此外，生产过程中经常出现运行偏差现象，特别是不同宽度规格的产品往

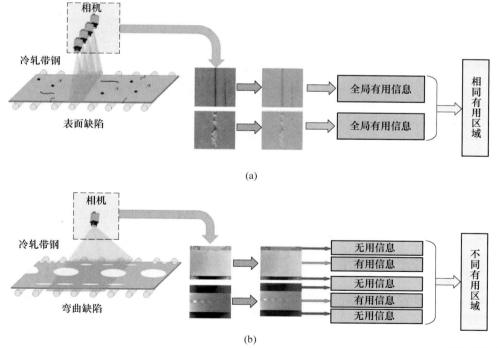

图 9-13　表面缺陷和弯曲缺陷识别示意图[32]

（a）表面缺陷识别；（b）弯曲缺陷识别

图 9-13 彩图

往在同一生产现场生产。由于摄像头的位置固定，而产品的规格时常发生变化，因此生产过程中采集到的图像会包括一部分无用信息（如背景和工作台滚轮）。如果在没有特殊处理的情况下直接使用这些图像，那么后续的识别模型将很难收敛。因此，首先需要对采集到的图像上的无用信息区域进行自动掩模处理，然后获得标准化的柔性缺陷图像。

GAN 的主要结构由生成器和鉴别器组成，如图 9-14 所示。生成器根据高维随机噪声生成伪图像样本，鉴别器用于识别真样本或伪样本。GAN 的训练是一个动态的游戏过程。其目的是使生成器的假样本尽可能真实，并试图欺骗鉴别器。同时，它试图使鉴别器的准确度足够高，以区分真实或虚假样本。生成器和鉴别器相互对立，相互促进。最后，生成器可以生成混淆真伪的样本，使鉴别器无法区分。经过训练后，生成器可以单独用于生成更真实、更多样的假图像。式（9-7）是 GAN 的目标损失函数。该方程表明，鉴别器试图最大化误差，而生成器试图最小化误差，二者交替进化，实现了模型的训练。

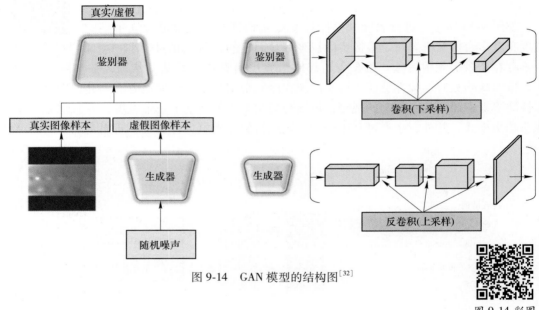

图 9-14　GAN 模型的结构图[32]

图 9-14 彩图

$$\min_{G} \max_{D} L(G,D) = E_{x \sim p_{\text{data}}(x)}\left[\log D(x)\right] + E_{z \sim p_{z}(z)}\left[\log(1 - D(G(z)))\right] \qquad (9\text{-}7)$$

式中，G 和 D 分别为生成器和鉴别器；$D(x)$ 和 $D(G(z))$ 分别为判别的真实样本和生成样本；$E_{x \sim p_{\text{data}}(x)}$ 和 $E_{z \sim p_{z}(z)}$ 分别为真实样本和生成样本的概率分布。

弯曲缺陷识别模型的结构图如图 9-15 所示，包括一个分类模型和两个堆叠的 GAN 模型（GAN1 和 GAN2）。分类器通过对输入图像进行多次卷积编码，提取缺陷图像的特征信息，最终通过 *Softmax* 函数实现分类。在冷轧带钢的生产过程中，轧制速度非常高，柔性识别过程需要更高的响应和执行速度。因此，分类器中采用了深度可分离卷积方式，具体过程如图 9-16 所示，该结构由深度卷积运算和逐点卷积运算组成。通过深度卷积运算的特征图的数量与输入层的通道数量相同，数量为 N。逐点卷积运算类似于传统卷积运算。与传统卷积运算相比，深度可分离卷积可以减少三分之二以上的参数，因此，可以大大提高模型的识别速度。

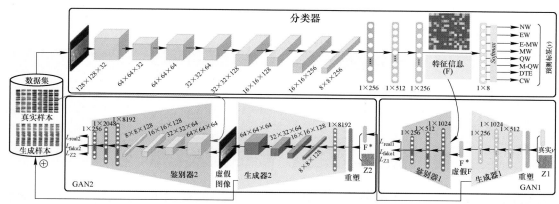

图 9-15 弯曲缺陷识别模型的结构图[32]

图 9-15 彩图

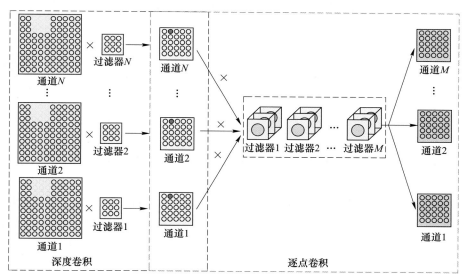

图 9-16 深度可分离卷积的基本结构图[32]

图 9-16 彩图

图像中每个位置对分类的重要性可以通过类激活图（class activation mapping，CAM）来评判。图 9-17 为计算得到的各种类型弯曲缺陷的类激活图。影响缺陷分类的权重越高，该图中红色区域的颜色就越深。结果表明，该模型对波浪特征具有较好的识别性能，这意味着该模型已经学习了关键特征信息。由图 9-17 可知，NW 没有弯曲缺陷特征；EW 和 E-MW 的缺陷区域相似，弯曲缺陷主要集中在边缘，E-MW 中间区域的弯曲缺陷程度较多；MW、QW 和 M-QW 的缺陷波形较明显，MW 和 M-QW 的缺陷发生区域相似；DTE 的缺陷区域特征是顶部边缘线，略微凹陷，CW 缺陷分布更分散。因此，它们很容易被区分开来。然而，图 9-17（h）显示了图像左右边缘的一个或两个线性分类决策区域，这些区域属于干扰因素，主要由不均匀的照明引起。实际应用过程使用的矩形平面 LED 光源受到生产现场原始光源的影响，导致区域扫描相机的视野边缘过于明亮。除了 QW 和 DTE，其他类型的柔性缺陷很难通过人眼从原始图像中观察到。

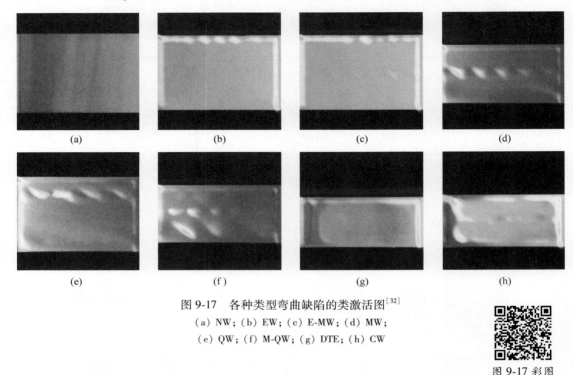

图 9-17　各种类型弯曲缺陷的类激活图[32]
(a) NW；(b) EW；(c) E-MW；(d) MW；
(e) QW；(f) M-QW；(g) DTE；(h) CW

图 9-17 彩图

9.4　基于朴素贝叶斯技术的钢中非金属夹杂物的分类分析

　　朴素贝叶斯算法通过对已知类别的数据集进行训练，进而实现对未知类别数据的类别判断，主要用于数据的分类。朴素贝叶斯原理和实现都相对简单，学习和预测效率较高，对异常值、缺失值不敏感，分类准确率高，当数据量较少时也能起到作用，是一种经典且常用的分类算法。朴素贝叶斯算法的基本假设是条件的独立性，即在确定类别时，各个特征都相互独立。此外，朴素贝叶斯算法对数据的依赖性高，训练集误差大会导致最终效果较差。

　　钢中非金属夹杂物对钢的性能有重要影响，已经有大量学者对钢中非金属夹杂物的尺寸、形貌和成分等方面进行了研究。SEM-EDS 是目前检测钢中非金属夹杂物最常用以及最有效的手段之一。但通过 SEM-EDS 分析夹杂物的方法使用成本较高且需要的时间较长，无法实现钢铁生产过程的在线快速检测。因此，Badu 等[33]将机器学习方法引入夹杂物的快速检测过程中，仅仅根据图像的灰度值对夹杂物的类型进行分类，如氧化物、氧硫化物、硫化物和氮化物等，而不需要进行后续的 EDS 检测。

　　本实验首先将钢样使用 SiC 砂纸进行研磨，接下来使用 9 μm 和 3 μm 的胶体金刚石悬浮液进行抛光，之后使用 FESEM 分析夹杂物的形貌和化学成分，FESEM 的放大倍数为 400，像素尺寸为 1024×960，设置的灰度值范围为 $1 \sim 2^{15}$。实验通过引入灰度值阈值来识别钢基体中夹杂物的特征，只有在特征阈值范围内的物体才会被 FESEM 识别为夹杂物并对其进行分析。优化后的扫描参数为：夹杂物最小检测尺寸为 $1~\mu m$（等效圆直径），并且每个夹杂物至少具有 9 个像素。基于朴素贝叶斯算法以及 SVM 算法对 FESEM 检测得到的夹杂物进行分类。训练数据和测试数据分别占总数据集的 80% 和 20%。通过使用训练集训练分类器算法建立模型，然后使用该模型对测试数据集进行分类。模型首先判断其是否为夹杂物，判定为夹杂物后将其归置为八类中的一类。

图 9-18 为通过 FESEM 得到的夹杂物背散射及面扫描结果。背散射图像中夹杂物的对比度取决于夹杂物中元素的原子序数。因此，夹杂物中 Al_2O_3、MgO 等相对较暗，而 MnS 夹杂物则相对较亮。

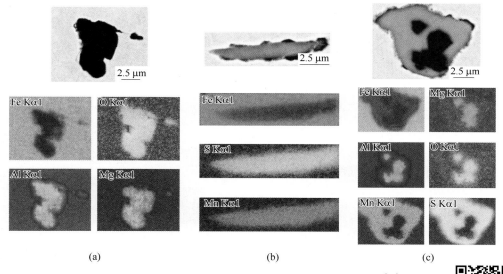

(a)　　　　　　　　　　(b)　　　　　　　　　　(c)

图 9-18　FESEM 得到的夹杂物背散射及面扫描结果图[33]
（a）氧化物；（b）硫化物；（c）氧硫化物

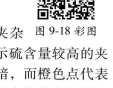

图 9-18 彩图

图 9-19 为钢中氧化物及硫化物的分布图，不同颜色代表观察到的夹杂物的平均灰度值的变化。绿色点表示氧含量较高的夹杂物，而橙色点表示硫含量较高的夹杂物。根据色标，绿色代表平均灰度值较低的夹杂物，即它们看起来较暗，而橙色点代表平均灰度值较高的夹杂物，此时它们看起来较亮。氧化物-氧浓度较高的硫化物夹杂物具有较低的平均灰度值，即显示为绿点。另一方面，氧化物-硫化物（橙色点）具有较高的平均灰度值。以上结果表明夹杂物中硫化物的比例高于氧化物的比例。

图 9-20 和图 9-21 分别为利用朴素贝叶斯算法判断是否为夹杂物的混淆矩阵以及夹杂物分类的混淆矩阵。数据集由近一万个夹杂物粒子组成，夹杂物的平均当量圆直径为 $2.06~\mu m$。图 9-21 中列为数据集中存在的实际分类夹杂物，行为分类模型中预测的夹杂物类别。正确分类的特征位于混淆矩阵的对角线上，并由绿框表示。实验中通过对错误分类的夹杂物数量求和并除以夹杂物总的数量来计算错误分类误差。

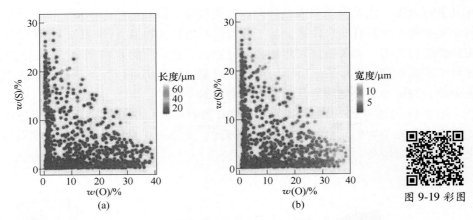

图 9-19　钢中氧化物及硫化物的分布图[33]
（a）长度；（b）宽度

朴素贝叶斯算法

	实际值		训练数据错误
预测值	非夹杂物	夹杂物	分类误差：
非夹杂物	38	4	
夹杂物	167	7571	2.20%

(a)

	实际值		测试数据错误
预测值	非夹杂物	夹杂物	分类误差：
非夹杂物	6	4	
夹杂物	53	1856	2.97%

(b)

图 9-20　判断是否为夹杂物的混淆矩阵[33]
（a）训练数据集；（b）测试数据集

图 9-20 彩图

朴素贝叶斯算法

	实际值							
预测值	氮化物	NS	ON	ONS	OS	氧化物	拒绝	硫化物
氮化物	1	0	0	0	0	0	1	1
NS	0	0	0	0	0	0	0	0
ON	0	0	0	0	0	0	0	0
ONS	0	0	0	0	0	0	1	0
OS	0	6	3	5	3813	95	8	846
氧化物	6	3	3	0	51	260	99	94
拒绝	1	7	0	0	29	119	1667	147
硫化物	8	65	3	2	420	65	87	1583

训练数据错误
分类误差：

22.90%

(a)

	实际值							
	氮化物	NS	ON	ONS	OS	氧化物	拒绝	硫化物
氮化物	0	0	0	0	0	0	0	0
NS	0	0	0	0	0	0	0	0
ON	0	0	0	0	0	0	0	0
ONS	0	0	0	0	0	0	2	0
OS	0	1	1	2	913	18	1	222
氧化物	0	0	0	0	11	62	25	36
拒绝	2	1	0	0	7	42	402	20
硫化物	3	13	0	2	116	21	22	420

预测值

测试数据错误
分类误差：

24.01%

图 9-21 彩图

(b)

图 9-21　夹杂物分类的混淆矩阵[33]

（a）训练数据集；（b）测试数据集

9.5　小　　结

　　本章主要介绍了机器学习方法在炼钢工艺中的几项典型应用，包括基于神经网络技术的回归分析、基于 SVM 技术的数据聚类、基于 GAN 的图像识别以及基于朴素贝叶斯算法的数据分类等。每种应用均给出了一项具体的应用实例以实现对机器学习技术更加深入的理解与掌握，旨在使读者可以更加充分地掌握相应的研究方法，提高机器学习技术在炼钢过程中的应用广度及深度，促进炼钢工艺的自动化、智能化发展。受篇幅以及个人水平所限，本章未能对机器学习技术在炼钢工艺中的应用实现面面俱到，在熟悉及掌握基本的原理及方法后，更加深入的开发与研究还需要读者自行探索。

参 考 文 献

［1］陈威. 连铸过程钢液多相流动、传热、凝固及夹杂物捕获的大涡模拟研究［D］. 北京：北京科技大学，2021.

［2］SMAGORINSKY J. General circulation experiments with the primitive equations：Ⅰ. The basic experiment ［J］. Monthly Weather Review，1963，91（3）：99-164.

［3］KOLEV N I. Multiphase flow dynamics ［M］. Berlin：Springer，2005.

［4］TOMIYAMA A，TAMAI H，ZUN L，et al. Transverse migration of single bubbles in simple shear flows ［J］. Chemical Engineering Science，2002，57（11）：1849-1858.

［5］CHEN W，REN Y，ZHANG L. Large eddy simulation on the fluid flow，solidification and entrapment of inclusions in the steel along the full continuous casting slab strand ［J］. JOM，2018，70（12）：2968-2979.

［6］MORALES R D，PEZ A G，OLIVARES I M. Heat transfer analysis during water spray cooling of steel rods ［J］. ISIJ International，1990，30（1）：48-57.

［7］王强强. 连铸过程多相流、传热凝固及夹杂物运动捕获的研究 ［D］. 北京：北京科技大学，2017.

［8］陈威，张立峰. 板坯连铸结晶器内夹杂物分布的大涡模拟 ［J］. 中国冶金，2018，28（S1）：26-33.

［9］ 周昀锴．机器学习及其相关算法简介［J］．科技传播，2019，11（6）：153-154.

［10］ 陈海虹，黄彪，刘峰，等．机器学习原理及应用［M］．成都：电子科技大学出版社，2017.

［11］ 顾润龙．大数据下的机器学习算法探讨［J］．通讯世界，2019，26（5）：279-280.

［12］ 李昊朋．基于机器学习方法的智能机器人探究［J］．通讯世界，2019，26（4）：241-242.

［13］ HE F, ZHANG L Y. Prediction model of end-point phosphorus content in BOF steelmaking process based on PCA and BP neural network［J］. Journal of Process Control, 2018, 66（1）: 51-58.

［14］ DERIN B, ALAN E, SUZUKI M, et al. Phosphate, phosphide, nitride and carbide capacity predictions of molten melts by using an artificial neural network approach［J］. ISIJ International, 2016, 56（2）: 183-188.

［15］ ZHANG W, WANG F, LI N. Prediction model of carbon-containing pellet reduction metallization ratio using neural network and genetic algorithm［J］. ISIJ International, 2021, 61（6）: 1915-1926.

［16］ 吴建中．成分波动及纳米析出物对 DH36 钢性能的影响［D］．北京：北京科技大学，2017.

［17］ 李军，贺东风，徐安军，等．基于 GA-PSO-BP 神经网络的 LF 终点温度预测［J］．炼钢，2012，28（3）：50-52.

［18］ ZUO L, NI P Y, TANAKA T, et al. Machine learning on contact angles of liquid metals and solid oxides［J］. Metallurgical and Materials Transactions B, 2021, 52（1）: 17-22.

［19］ FENG S, ZHOU H Y, DONG H B. Using deep neural network with small dataset to predict material defects［J］. Materials and Design, 2019, 162: 300-310.

［20］ HARAGUCHI Y, NAKAMOTO M, SUZUKI M, et al. Electrical conductivity calculation of molten multicomponent slag by neural network analysis［J］. ISIJ International, 2018, 58（6）: 1007-1012.

［21］ 贺东风，何飞，徐安军，等．炼钢连铸流程在线钢水温度控制［J］．北京科技大学学报，2014，36（S1）：200-206.

［22］ JORMALAINEN T, LOUHENKILPI S. A model for predicting the melt temperature in the ladle and in the tundish as a function of operating parameters during continuous casting［J］. Steel Research International, 2006, 77（7）: 472-484.

［23］ NI P Y, GOTO H, NAKAMOTO M, et al. Neural network modelling on contact angles of liquid metals and oxide ceramics［J］. ISIJ International, 2020, 60（8）: 1586-1595.

［24］ HANAO M, KAWAMOTO M, TANAKA T, et al. Evaluation of viscosity of mold flux by using neural network computation［J］. ISIJ International, 2006, 46（3）: 346-351.

［25］ NAKAMOTO M, HANAO M, TANAKA T, et al. Estimation of surface tension of molten silicates using neural network computation［J］. ISIJ International, 2007, 47（8）: 1075-1081.

［26］ NYMAN H, TALONEN T, ROINE A, et al. Statistical approach to quality control of large thermodynamic databases［J］. Metallurgical and Materials Transactions B, 2012, 43（5）: 1113-1118.

［27］ KOVACICČIČ M, ŽUPERL U. Genetic programming in the steelmaking industry［J］. Genetic Programming and Evolvable Machines, 2020, 21（1）: 99-128.

［28］ DERIN B, SUZUKI M, TANAKA T. Sulphide capacity prediction of molten slags by using a neural network approach［J］. ISIJ International, 2010, 50（8）: 1059-1063.

［29］ DETTORI S, MATINO I, COLLA V, et al. A deep learning-based approach for forecasting off-gas production and consumption in the blast furnace［J］. Neural Computing and Applications, 2022, 34（2）: 911-923.

［30］ 王伟健．精准钙处理改性钢中非金属夹杂物的基础研究［D］．北京：北京科技大学，2022.

［31］ PHULL J, EGAS J, BARUI S, et al. An application of decision tree-based twin support vector machines to classify dephosphorization in BOF steelmaking ［J］. Metals, 2019, 10 （1）: 1-15.

［32］ XU Y H, WANG D C, LIU H M, et al. Flatness defect recognition method of cold rolling strip with a new stacked generative adversarial network ［J］. Steel Research International, 2022, 93 （11）: 2200284.

［33］ BABU S R, MUSI R, THIELE K, et al. Classification of nonmetallic inclusions in steel by data-driven machine learning methods ［J］. Steel Research International, 2022, 94 （1）: 2200617.

10 工 业 试 验

10.1 铁水预处理

高炉铁水中碳、硅、磷含量普遍较高，杂质元素硫的活度系数相对较大。若在铁水条件下进行预脱硫，能够将硫含量降低到较低水平，减轻转炉的负担。与高炉、转炉、炉外精炼生产工艺相比，铁水预处理具有脱硫效率高、生产成本低和操作简单等优势，已发展为钢铁冶炼中不可缺少的工序。随着铁水预处理工艺的成熟，转炉冶炼钢种大幅度提升，冶炼周期明显缩短。

铁水预处理工艺主要包括铁水沟铺撒法、倒包法、KR 机械搅拌法和熔剂喷吹法等，目前最常用的工艺可分为两类：KR 机械搅拌法和熔剂喷吹法，如图 10-1 所示。KR 机械搅拌法是将耐火材料制成的十字形搅拌器插入铁水包内，搅拌铁水使其生成漩涡[1]。待搅拌稳定后，将脱硫剂从给料器加入到铁水表面，使脱硫剂被漩涡卷入到铁水内部，与铁水发生脱硫反应。当搅拌停止后，脱硫产物上浮至铁水液面，此时可将脱硫渣扒除，完成铁水预脱硫的目的。喷吹法脱硫是将耐火材料的喷枪插入铁水中，用气体输送脱硫剂，通过喷枪将载气和脱硫剂吹入铁水包中，脱硫剂在上浮过程中与铁水发生反应，实现脱硫目的[2]。此外，吹入铁水包的气泡能够搅拌铁水流动，促进脱硫剂与铁水混合，提高脱硫效率。工业应用时，KR 法脱硫在动力学条件好、脱硫周期短、脱硫效果好、扒渣铁损小等方面，均比熔剂喷吹法有明显优势，目前已成为铁水预处理的主流发展方向。

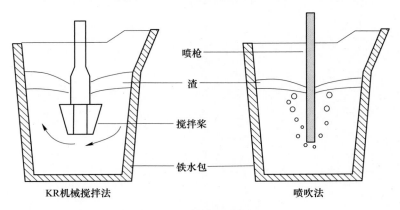

喷枪
渣
搅拌桨
铁水包

KR机械搅拌法　　　喷吹法

图 10-1　铁水脱硫示意图

10.1.1　KR 法脱硫试验目的

KR 法脱硫过程中，在铁水包顶部添加脱硫剂粒子，将搅拌桨插入铁水中进行旋转搅拌，实现脱硫功能。为了获得铁水预处理的最佳工艺参数，开展 KR 机械搅拌工业试验研究，分析不同工艺参数条件下铁水的脱硫率，以优化工艺参数，实现铁水快速脱硫，提高脱硫效率。

10.1.2　KR 法脱硫试验方案

试验过程中保证单一变量，如研究搅拌桨浸入深度的影响时，保证相关炉次的铁水初始硫含量、初始温度和脱硫剂加入量基本一致。本试验中详细研究了搅拌桨转速、铁水初始温度、脱硫剂加入量对铁水脱硫终点硫含量的影响。由于工业试验存在一定的波动性，工艺参数均在一定的范围内变化，试验方案见表 10-1。

表 10-1　KR 法脱硫试验方案

实验编号	脱硫剂加入量/kg	初始温度/℃	搅拌桨转速/(r·min⁻¹)
1	1100~1150	1360~1370	77~82
2	1100~1150	1360~1370	92~97
3	1100~1150	1360~1370	117~122
4	1100~1150	1290~1300	117~122
5	1100~1150	1320~1330	117~122
6	1100~1150	1390~1400	117~122
7	900~950	1360~1370	117~122
8	1000~1050	1360~1370	117~122
9	1200~1250	1360~1370	117~122

10.1.3　KR 法脱硫试验结果

在试验过程中，铁水初始硫含量基本相同，对 KR 搅拌过程终点硫含量检测，分析搅拌桨转速、浸入深度和铁水初始温度对脱硫效果的影响。为了减小误差，试验统计了上百炉次，并对 KR 搅拌终点硫含量分 3 个等级，分别为 $<10\times10^{-6}$、$10\times10^{-6}\sim20\times10^{-6}$、$>20\times10^{-6}$。图 10-2 是搅拌桨转速对 KR 脱硫终点铁水硫含量的影响，随着搅拌桨转速的增加，铁水终点硫含量小于 10×10^{-6} 的比例增大。这主要是铁水包内铁水流动速率增大，与脱硫剂粒子表面更新速率增加，脱硫速率明显加大，铁水终点硫含量降低。

图 10-3 为铁水的初始温度对 KR 脱硫终点铁水硫含量的影响，随着铁水温度的增加，终点硫含量 $<10\times10^{-6}$ 的炉次比例明显上升。随着铁水温度的增加，脱硫剂粒子熔化速率加快，液态的脱硫剂与铁液的反应速率加快，脱硫终点的铁水硫含量降低。此外，铁水脱硫过程属于吸热反应，当铁水温度较高时，还能促进脱硫反应的进行。

图 10-4 是脱硫剂加入量对 KR 脱硫终点铁水硫含量的影响，随着脱硫剂加入量的增加，KR 搅拌终点硫含量小于 10×10^{-6} 的炉次比例明显增大。脱硫剂加入量越大，参与脱硫反应的脱硫剂颗粒就越多，因此脱硫终点硫含量越低。

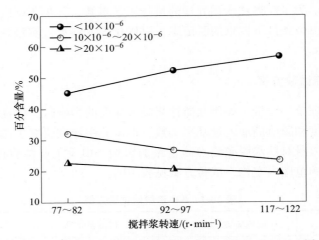

图 10-2　搅拌桨转速对 KR 脱硫终点铁水硫含量的影响图[3]

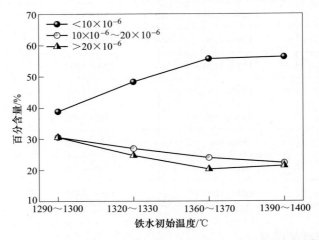

图 10-3　铁水初始温度对 KR 脱硫终点铁水硫含量的影响图[3]

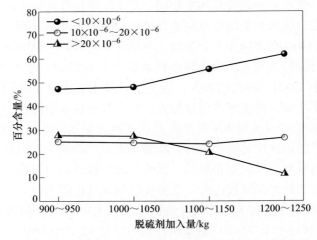

图 10-4　脱硫剂加入量对 KR 脱硫终点硫含量的影响图[3]

10.2　炼　钢

目前炼钢工艺有两种方法，分别为转炉炼钢和电弧炉炼钢。转炉主要以高炉铁水为原料，将工业纯氧吹入熔池，氧化铁水中的碳、硅、锰、磷等元素，同时吹入的气泡会搅拌熔池，促进化学反应的快速进行。氧气转炉炼钢首先在德国南部马克西米利安厂的托马斯转炉上试验成功，于 20 世纪 50 年代投入工业生产，并得到迅速推广。由于转炉炼钢效率高、生产成本低、钢水质量好以及易于自动化等优点，该方法已取代空气转炉和平炉炼钢法，成为最主要的炼钢方法。2013 年，世界粗钢总产量中氧气转炉产量超过了 60%，且在我国高达 90%[4]。经过不断的技术革新，转炉炼钢已发展出顶吹转炉炼钢法、底吹转炉炼钢法和顶底复吹转炉炼钢法，如图 10-5 所示。

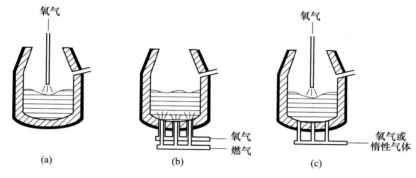

图 10-5　转炉炼钢示意图
（a）顶吹法；（b）底吹法；（c）顶底复吹法

（1）顶吹转炉炼钢法：氧气经过拉瓦尔喷管，转化成超音速射流喷射到金属熔池表面，对碳等杂质元素氧化脱除，并进行升温和成分的均匀化，顶吹转炉是使用最为普遍的炼钢配置。

（2）底吹转炉炼钢法：氧气从炉底的喷嘴吹入，每个喷嘴由同心管道组成，氧气由中心管吹入，冷却剂烃类物质从环缝管吹入。根据冶炼钢种的不同，环缝管也可吹氩气或氮气。在实践中，为了提高转炉脱磷、脱硫效率，可喷吹炭粉和萤石粉等造渣剂。底吹转炉炼钢法在整个吹炼期均能够有效地搅拌熔池，但对炉底喷嘴寿命要求较高。

（3）顶底复吹转炉炼钢法：为了解决顶吹转炉熔池搅拌不足的问题，特别是大型炉子转炉炼钢，可在顶吹转炉底部引入吹气装置，有效利用了底吹转炉炼钢法的优点，目前得到了广泛的应用。

除转炉炼钢之外，电弧炉炼钢是第二种主要方法，它能合理利用废钢资源，实现低耗、高效、清洁生产，这是电弧炉炼钢技术发展的要求。相对于转炉炼钢，电弧炉炼钢的主要优点是以废钢为主要原料，辅助兑入铁水，有利于资源的循环综合利用[5]。21 世纪以来，主要产钢国的粗钢产量稳步增长，电炉钢的产量也同步增长。2021 年，全球电弧炉钢产量约占全球粗钢产量的 30%。由于国内废钢资源稀缺，国内电弧炉钢产量为总钢产量的 10% 左右。电弧炉炼钢过程中，通过插入电极产生电弧热量，可直接对废钢和熔池加热，电弧区外是通过对流和辐射换热的方式对废钢进行加热，如图 10-6 所示。近年来，电弧炉技术与工艺得到快速发展，主要有供电技术、供氧喷吹技术、底吹搅拌技术、炉料结构优化技术和余热利用技术。但与转炉相比，电弧炉冶炼的动力学条件明显不足，熔池搅拌能力相对较弱，传热传质的效率相对较低。因此，电弧炉内钢液的内部温度不够均匀，存在较大的温度梯度，导致电弧炉熔炼生产冶炼时间长、合金收得率低。

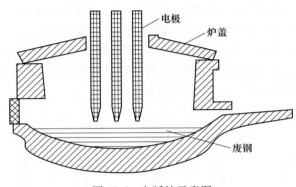

图 10-6 电弧炉示意图

10.2.1 转炉试验目的

转炉顶底复吹过程中，顶部氧枪吹入氧气，底吹惰性气体促进熔池流动，促进碳氧反应，实现钢中碳元素快速脱除。为了研究转炉底吹流量对炼钢碳氧积的影响，开展顶底复吹转炉和顶吹转炉炼钢的工业试验，研究分析不同吹气流量参数条件下冶炼终点碳和氧含量的变化。

10.2.2 转炉试验方案

与顶吹转炉和底吹转炉相比，顶底复吹转炉反应快，吹炼过程平稳，避免了顶吹转炉易喷溅、底吹转炉不易化渣的缺点。梁庆等[6]在重庆钢铁 80 t 转炉开展了工业试验，分析了不同吹氩流量条件下，冶炼过程中碳氧积的变化，其中试验方案见表 10-2。

表 10-2 不同钢种对应的供气强度[6]

供气模式	终点 $w(C)/\%$	前期供 N_2 强度 $/[m^3 \cdot (t \cdot min)^{-1}]$	后期供 Ar 强度 $/[m^3 \cdot (t \cdot min)^{-1}]$	冶炼钢种
A	<0.06	0.03	0.09	低碳镇静钢
B	$0.06 \leqslant C < 0.1$	0.03	0.06	低碳镇静钢
C	≥0.1	0.03	0.03	中、高碳钢

10.2.3 转炉试验结果

采用转炉顶底复吹工艺，增强吹炼末期的熔池搅拌强度，使钢液中的碳氧反应更接近平衡状态，降低了冶炼钢水的过氧化程度，提高钢水质量。通过对顶吹转炉和顶底复吹转炉钢水终点检测发现，在接近转炉终点时，钢水中氧含量降低，碳氧积更接近平衡值，如图 10-7 所示。

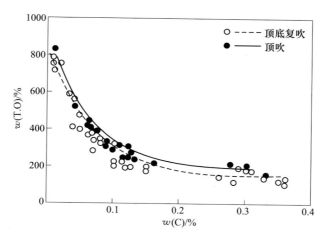

图 10-7　顶吹转炉和顶底复吹转炉的碳氧积关系对比图[6]

表 10-3 表明为顶吹转炉和顶底复吹转炉不同时期的碳氧积，顶吹转炉冶炼终点碳氧积明显高于顶底复吹转炉冶炼。随着炉龄增加，顶底复吹转炉冶炼终点碳氧积升高，这主要是由于转炉的长时间运行，顶底复吹转炉的底部吹气孔堵塞，影响了转炉底吹效果。

表 10-3　顶吹转炉和顶底复吹转炉在不同时期的碳氧积对比[6]

终点 $w(C)/\%$	顶吹转炉 $(w[C]/\%)\times(w[O]/\%)$	顶底复吹<3000 炉 $(w[C]/\%)\times(w[O]/\%)$	顶底复吹 6000~7000 炉 $(w[C]/\%)\times(w[O]/\%)$
0.01~0.04	0.0020	0.0015	0.0016
0.05~0.12	0.0031	0.0027	0.0028

10.3　炉 外 精 炼

在转炉或电弧炉吹炼结束后，钢中氧含量普遍超标。在精炼工艺中，需要进行脱氧、脱硫、成分微调和升温等操作。目前精炼工艺主要包括 RH 精炼、VD 精炼和 LF 精炼等，如图 10-8 所示，这三种精炼方法通过真空脱氧、沉淀脱氧和扩散脱氧方式，去除钢中的氧化物夹杂物，提升钢水洁净度。

RH 真空精炼是炉外精炼的一种重要方法，在真空的作用下，钢液被抽入到真空室内。在上升管内吹入气泡，钢液表观密度降低，钢液从上升管进入真空室，并从下降管流出，完成真空室和钢包内的循环流动[7]。RH 精炼具有脱气、脱碳、脱硫、合金化和去除非金属夹杂物等功能，广泛应用于超低碳钢、硅钢和轴承钢等高端钢种的冶炼。

VD 真空精炼是将钢包放在真空室内，并在钢包底部通入 Ar，Ar 气泡上浮驱动钢液流

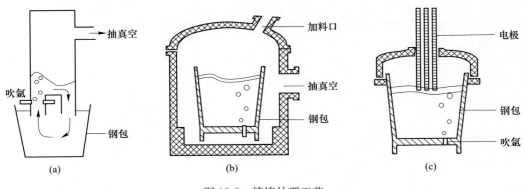

图 10-8　精炼处理工艺

（a）RH 精炼；（b）VD 精炼；（c）LF 精炼

动，在真空作用下去除钢中氮和氢，促进夹杂物的上浮去除，实现温度的均匀[8]。此外，在真空室可以加入合金进行成分微调，目前在工业生产中广泛应用。

LF 精炼过程中，通过电极电弧加热，可有效提高钢液温度。在 LF 精炼过程中加入脱氧剂和合金，能够实现钢液沉淀脱氧和合金成分调整。同时通过加入造渣剂，能够将氧化性渣改性为还原渣，实现钢液的扩散脱氧[9]。此外，在 LF 精炼过程中，从钢包底部吹入 Ar，Ar 进入钢液后一方面搅动钢液促进钢液成分和温度均匀，另一方面加快夹杂物的去除和渣钢反应速率，实现 LF 精炼脱硫、脱氧和去除夹杂物的作用。

10.3.1　LF 精炼试验目的

转炉或电炉冶炼的钢水氧含量普遍超标，形成大尺寸夹杂物。LF 精炼过程中，可通过扩散脱氧沉淀的方式，降低钢中氧含量。本试验旨在研究 LF 精炼过程中钢中总氧含量变化和夹杂物的转变规律，以获得不同精炼时间条件下渣和钢的氧化性。

10.3.2　LF 精炼试验方案

根据国内某钢厂 120 t 转炉→LF 精炼炉→中间包浇铸工艺，本节对 Q235 钢进行工业试验研究。试验过程中，在转炉出钢过程中加硅钙钡、硅铝钙钡和低硅脱氧剂进行脱氧。LF 精炼进站后，进行吹氩搅拌促进温度成分均匀，施加电弧提升钢液温度，加造渣剂实现脱硫，添加高碳锰铁和硅铁等进行合金化，精炼终点钢成分的控制目标见表 10-4。

表 10-4　Q235 钢的成分要求[10]

元　素	C	Si	Mn	S	P
含量（质量分数）/%	0.14	0.15	0.36	≤0.025	≤0.020

为了全面了解 LF 精炼过程中氧含量和夹杂物的转变规律，本试验对转炉出钢、LF 精炼和中间包浇铸过程进行取样，制定取样方案如下：

（1）转炉出钢取样：转炉出钢后，取钢水样和炉内渣样，取所有的辅料和合金原始样，并明确合金加入时间、顺序以及加入量。记录转炉冶炼终点 C、O 等元素含量和出钢温度。

（2）LF 取样：在 LF 精炼过程中，对 LF 进站、合金化前以及合金化后进行取钢水样和渣样。取 LF 精炼过程中加入的所有辅料和合金试样，记录合金加入时间、顺序和加入量。此外，还需记录升降电极时间、软吹开始和结束时间以及精炼过程中钢液温度变化和钢液中 O 等元素含量的变化情况。

（3）中间包取样：在中间包开浇 1/2 时，在出口处取钢水样和渣样，记录取样时间。

10.3.3　LF 精炼试验结果

图 10-9 是转炉出钢、LF 精炼和中间包浇铸过程中加入的原辅料和测量的钢水温度的记录。在转炉出钢过程中，加入 500 kg 硅锰、100 kg 的硅钙钡、200 kg 低硅脱氧剂和 200 kg 的硅铝钙钡进行合金化和预脱氧，在出钢过程中取钢水样和渣样。在精炼初期阶段加入了 500 kg 的石灰进行造渣，后加入 60 kg 的增碳剂，提高钢中碳含量。在 LF 进站后，取提桶样和渣样。LF 精炼中期，取钢水样和渣样，补充加入 200 kg 的硅钙钡和 50 kg 的石灰。由于精炼中期钢中碳含量与冶炼终点差值较大，补充加入 10 kg 的增碳剂。精炼工序结束后，钢水进入中间包浇铸，在浇铸过程中取钢水样和渣样。随着精炼时间的延长，温度逐渐升高，但在中间浇铸过程中逐渐呈降低趋势。

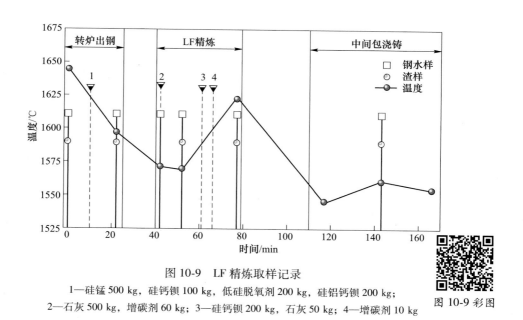

图 10-9　LF 精炼取样记录

1—硅锰 500 kg，硅钙钡 100 kg，低硅脱氧剂 200 kg，硅铝钙钡 200 kg；
2—石灰 500 kg，增碳剂 60 kg；3—硅钙钡 200 kg，石灰 50 kg；4—增碳剂 10 kg

图 10-9 彩图

采用氧氮分析仪，对 LF 精炼过程的钢中 T. O 进行分析，如图 10-10 所示。从转炉出钢到 LF 出站，钢中 T. O 含量显著降低，这主要是钢中加入了硅钙钡脱氧剂，与钢中氧反应生成氧化物夹杂物，并在钢液流动的作用下逐渐上浮去除。在 LF 出站到中间包和连铸坯过程中，钢中的 T. O 含量从 27×10^{-6} 增加至 40×10^{-6}，这说明在连铸过程中发生了一定程度的二次氧化，在生产实践过程中应尽量避免钢液氧化。

图 10-11 为 LF 进站时钢中夹杂物在相图中的分布，其中夹杂物主要为 SiO_2-MnO 系夹杂物。这是由于在转炉出钢过程加入大量的硅锰合金和硅钙钡合金，与钢中氧发生反应生

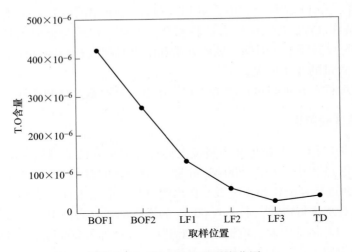

图 10-10 钢中 T.O 含量变化图

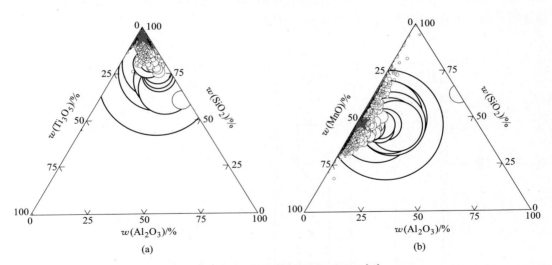

(a)   (b)

图 10-11 LF 进站时钢中夹杂物成分[10]
(a) Al_2O_3-SiO_2-Ti_3O_5；(b) Al_2O_3-SiO_2-MnO

图 10-11 彩图

成 SiO_2-MnO 系夹杂物。

图 10-12 为 LF 冶炼中期钢中夹杂物成分，相比于 LF 进站时钢中夹杂物，LF 冶炼中期夹杂物中的 Al_2O_3 和 Ti_3O_5 所占比例有所提高。这主要是硅钙钡和硅铝钙钡合金中含有一部分的铝和钛，与钢中的氧反应生成了 Al_2O_3 和 Ti_3O_5。

图 10-13 为 LF 出站时钢中夹杂物成分，此时夹杂物中 Ti_3O_5 和 Al_2O_3 所占比例继续提高。这是由于随着时间的延长，钢中加入合金中的铝和钛发生氧化反应，夹杂物逐渐转变。

表 10-5 为 LF 过程精炼渣的成分变化，在此过程中精炼渣的成分较为稳定，组成基本为 55%CaO-20%SiO_2-10%Al_2O_3-6%MgO。渣中 MnO 和 FeO 的总含量大致为 2.5%，碱度大约为 2。

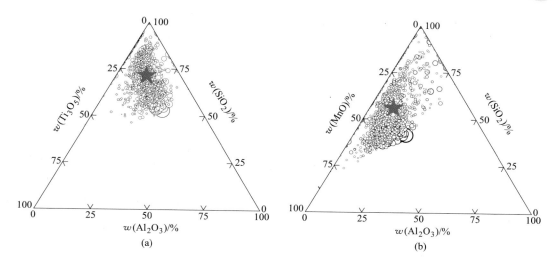

图 10-12　LF 中期钢中夹杂物成分[10]

（a）Al_2O_3-SiO_2-Ti_3O_5；（b）Al_2O_3-SiO_2-MnO

图 10-12 彩图

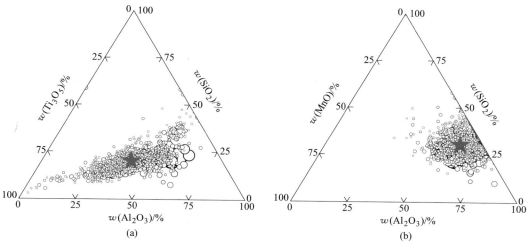

图 10-13　LF 出站时钢中夹杂物成分[10]

（a）Al_2O_3-SiO_2-Ti_3O_5；（b）Al_2O_3-SiO-MnO

图 10-13 彩图

表 10-5　精炼渣成分变化　　　　　　　　　　　　　（质量分数,%）

成　分	CaO	SiO_2	Al_2O_3	MgO	BaO	TiO_2	MnO	FeO
精炼中期含量	59.04	21.16	7.42	6.48	1.80	1.73	1.06	1.32
精炼末期含量	58.41	18.46	14.15	4.64	1.96	1.32	0.12	0.93

通过精炼试验研究，在 LF 精炼的初期向钢中加入硅钙钡合金对夹杂物成分影响较小，此时钢中 T. O 含量较高。而在 LF 精炼后期，向钢中加入硅钙钡合金会造成夹杂物中 Al_2O_3 和 Ti_3O_5 比例迅速增加，尤其是 Al_2O_3 含量升高，有堵塞水口的风险。这主要是由于硅钙钡合金中含有一定量的铝，在较低的氧含量条件下易于生成氧化铝类夹杂物。

10.3.4　RH 精炼试验目的

RH 真空处理过程中，浸渍管插入到钢液中，在真空作用下钢液被抽入到真空中，在这一过程中，可通过碳氧反应脱碳，同时加铝进行脱氧，加入造渣剂脱硫，加合金调整成分。本试验以无取向硅钢为研究对象，开展 220 t 钢包 RH 真空精炼脱硫的工业试验，研究 RH 精炼过程中钢液脱硫的效率，分析脱硫剂种类对 RH 精炼过程中钢液脱硫效率的影响。

10.3.5　RH 精炼试验方案

针对常规型脱硫剂和预熔型脱硫剂开展试验，常规型脱硫剂为 $CaO\text{-}SiO_2\text{-}CaF_2$ 成分体系，是多种氧化物的机械混合物。预熔型脱硫剂为不含 CaF_2 的 $CaO\text{-}Al_2O_3$ 成分体系，在高温下预熔成液态再冷却，再破碎成粉末使用。试验方案见表 10-6。试验方案中前 3 炉次使用常规型脱硫剂，总加入量分别为 1200 kg、1500 kg 和 1900 kg，在加入脱硫剂后 RH 纯循环 8 min 进行取样。方案中后 3 炉次加入预熔型脱硫剂，总加入量分别为 1500 kg、1800 kg 和 2100 kg 脱硫剂，在加入脱硫剂后 RH 纯循环 8 min 进行取样。

表 10-6　220 t 钢包 RH 精炼钢液脱硫工业试验方案[7]

分　类	脱硫剂加入量/kg	加脱硫剂后取样时间/min
常规型脱硫剂	1200	循环 8
	1500	循环 8
	1900	循环 8
预熔型脱硫剂	1500	循环 8
	1800	循环 8
	2100	循环 8

10.3.6　RH 精炼试验结果

精炼结束时，钢液中硫含量和精炼过程的脱硫率分别如图 10-14 和图 10-15 所示。采用常规型脱硫剂，在 RH 深脱硫结束时钢液中平均硫含量为 21.0×10^{-6}，脱硫率为 30.1%。使用预熔型脱硫剂，深脱硫结束时钢液中平均硫含量为 15.3×10^{-6}，脱硫率达 48.1%。因此，RH 精炼过程的深脱硫使用预熔型脱硫剂的脱硫效果较好。但使用预熔型脱硫剂炉次的加入量略高，此时与常规型脱硫剂炉次的加入量较少相比，预熔型脱硫剂的脱硫效果相对较差。若排除脱硫剂加入量对钢液的影响，预熔型脱硫剂的效果仍然较好。

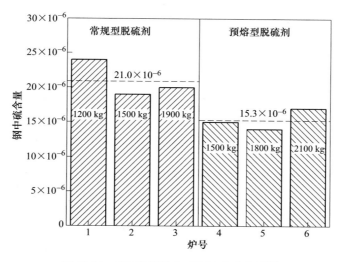

图 10-14 RH 精炼结束时钢液中硫含量[7]

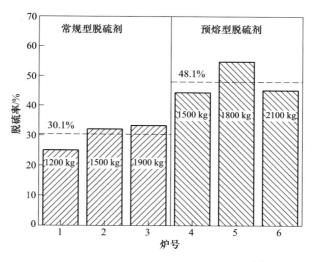

图 10-15 RH 精炼结束时钢液的脱硫率[7]

10.4 连 铸

温度和成分合理的钢液可通过连铸或模铸工艺冷却凝固，与传统的模铸工艺相比，连铸工艺具有工艺流程短、生产效率高、收得率高和能源消耗低等优点，已在众多钢厂广泛采用。国内连铸工艺在钢铁生产中的占有率（连铸比）在 2013 年之后基本稳定在 98%附近[11]。在连铸过程中，高温钢液从中间包通过浸入式水口流入结晶器中，在铜板通水冷却作用下，表面快速形成凝固坯壳，以抵抗钢水的静压力。在拉矫机作用下，初始凝固的连铸坯从结晶器中不断被拉出进入二冷区。通过表面喷水（雾），连铸坯温度不断降低，连铸坯芯部热量逐渐散失，坯壳厚度明显增大，逐渐推进了凝固进程。根据连铸坯的断面形状，主要分为方坯、圆坯和板坯等，如图 10-16 所示。

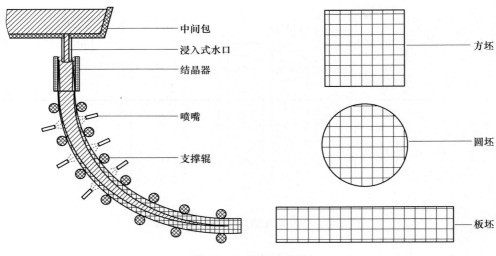

图 10-16　连铸示意图

10.4.1　试验目的

连铸坯普遍存在表面和内部缺陷，表面缺陷主要是表面裂纹、夹渣和结疤等缺陷，而内部缺陷主要是内部裂纹、中心偏析和中心缩孔等。为了提升连铸坯内部质量，降低中心偏析疏松，连铸过程中广泛使用低过热度浇铸、电磁搅拌和机械压下等技术。其中电磁搅拌技术是通过产生电磁力，促进连铸过程中钢水流动、溶质传输和凝固传热，以促进晶粒形核，扩大等轴晶区，减轻连铸坯宏观偏析和中心疏松缺陷。本部分针对国内某钢厂 20CrMnTi 齿轮钢大方坯的连铸生产开展工业试验，分析电磁搅拌对连铸坯晶区分布和元素偏析规律的影响，优化相关工艺参数，提高连铸坯质量。试验钢种成分见表10-7。

表 10-7　20CrMnTi 齿轮钢的主要成分[12]

元　素	C	Si	Mn	P	S	Cr	Ti	Al
含量（质量分数）/%	0.20	0.24	0.89	0.02	0.01	1.09	0.06	0.02

10.4.2　试验方案

以 20CrMnTi 齿轮钢 390 mm × 510 mm 大方坯的连铸为研究对象，分析结晶器电磁搅拌电流强度（0 A、100 A、200 A、300 A 和 390 A）对连铸坯低倍凝固组织和宏观偏析的影响。结晶器电磁搅拌器中心距离弯月面 0.54 m，连铸生产过程中电磁搅拌的工业试验参数见表 10-8，20CrMnTi 齿轮钢大方坯的连铸参数见表 10-9。

表10-8 电磁搅拌工业试验参数[12]

编 号	结晶器电磁搅拌	凝固末端电磁搅拌	比水量/(L·kg⁻¹)	拉坯速度/(m·min⁻¹)
1	0 A, 1.5 Hz	400A, 5.5 Hz	0.13	0.42
2	100A, 1.5 Hz	400 A, 5.5 Hz	0.13	0.42
3	200A, 1.5 Hz	400 A, 5.5 Hz	0.13	0.42
4	300A, 1.5 Hz	400 A, 5.5 Hz	0.13	0.42
5	390A, 1.5 Hz	400 A, 5.5 Hz	0.13	0.42

表10-9 20CrMnTi齿轮钢大方坯连铸的主要参数[12]

连 铸 参 数	数 值
连铸坯横断面尺寸/mm × mm	510 × 390
结晶器长度/mm	800
结晶器有效长度/mm	680
水口类型	4孔
水口浸入深度/mm	90
拉坯速度/(m·min⁻¹)	0.42
浇铸温度/℃	1538
连铸机半径/m	16.5

10.4.3 连铸坯晶区分布

图10-17为酸浸得到的结晶器电磁搅拌390 A条件下连铸坯横截面的低倍凝固组织,从表面至中心可分为激冷层、柱状晶区、混晶区和中心等轴晶区。等轴晶能够降低中心偏析和疏松,因此本试验统计了不同电磁搅拌条件下连铸坯的各晶区的比率分布。

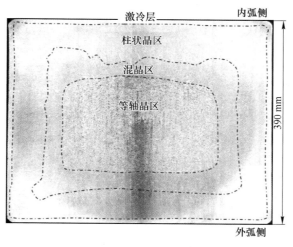

图10-17 酸浸得到的连铸坯横截面的低倍凝固组织[12]

图10-18为结晶器电磁搅拌的电流强度对凝固组织晶区的影响,从图中可以看出随着

搅拌电流的增加，铸坯芯部的等轴晶率在明显增加。

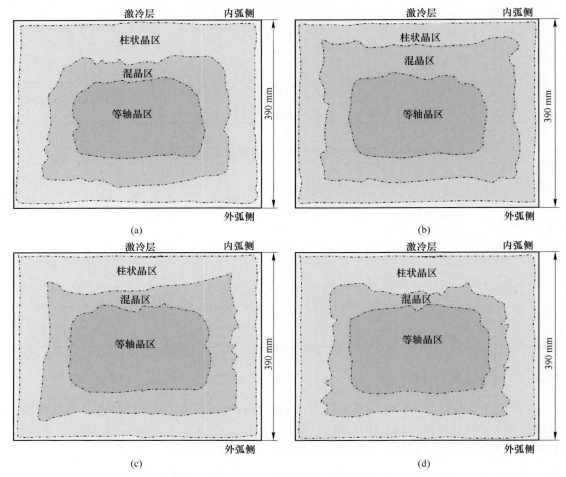

图 10-18   结晶器电磁搅拌的电流强度对连铸坯横截面低倍凝固组织的影响图[12]
(a) 0 A；(b) 100 A；(c) 200 A；(d) 300 A

图 10-19 是结晶器电磁搅拌的电流强度对连铸坯不同晶区面积分数的影响。随着结晶器电磁搅拌电流从 0 A 增加至 390 A，连铸坯等轴区的面积分数从 20.4% 增加至 25.8%，基本呈线性增加，拟合公式见式（10-1）。表面激冷层面积分数在 9.4% ~ 10.6% 范围内，柱状晶区的面积分数和混晶区的面积分数并无明显规律，柱状晶区+混晶区的面积分数从 70.2 % 降低至 63.7 %。因此，采用结晶器电磁搅拌后，能明显降低柱状晶区+混晶区的面积比例，提高等轴晶区的面积比率。

$$f_e = 18.7 + 1.46I \tag{10-1}$$

式中，f_e 为连铸坯横截面的等轴区的面积分数，%；I 为结晶器电磁搅拌的电流强度，A。

10.4.4   连铸坯偏析分布

连铸坯普遍存在中心偏析缺陷，为了准确检测评价连铸坯的宏观偏析程度，需要准确

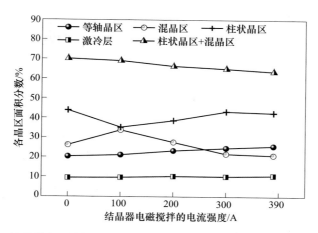

图 10-19 结晶器电磁搅拌的电流强度对连铸坯不同晶区面积分数的影响图[12]

定位并在凝固终点处取样。由枝晶沉降、凝固收缩导致的强制流动以及不对称的冷却条件，使得凝固终点与连铸坯的几何中心位置并不重合。为了准确定位凝固终点位置，可采用如下的宏观偏析检测方法：首先，将连铸坯横截面进行低倍浸蚀以得到清晰的低倍凝固组织，从腐蚀后的连铸坯横截面找到凝固终点位置，过凝固终点位置从内弧至外弧作垂线；然后利用直径为 6 mm 的钻头沿垂线进行钻屑取样；最后，利用碳硫分析仪（LECO CS844）检测碳元素的含量。图 10-20 为无结晶器电磁搅拌条件下，连铸坯横截面宏观偏析钻屑取样的示意图，凝固终点位于连铸坯中心偏右约 6.8 mm。连铸坯的宏观偏析程度用式（10-2）进行表征。

$$r_i = \frac{nc_i}{\sum_{i=1}^{n} c_i} \tag{10-2}$$

式中，r_i 为对应位置 i 处的碳偏析度；n 为取样点的数量；c_i 为对应位置 i 处的碳含量，%。

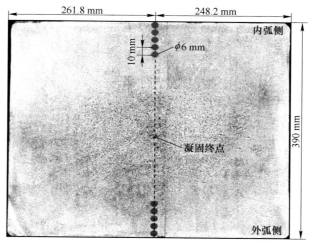

图 10-20 连铸坯横截面宏观偏析钻屑取样示意图[12]

  图 10-21 为不同搅拌电流条件下，连铸坯低倍凝固组织和宏观偏析的对应结果。图 10-21（a）为结晶器无电磁搅拌时，随着距连铸坯表层距离的增加，碳偏析指数呈略微增加趋势，混晶区边界的碳偏析指数达 1.07。随后碳偏析指数逐渐降低，在中心附近降低至 0.87，并在凝固终点处陡增至 1.38。图 10-21（b）为结晶器电磁搅拌电流为 390 A 时，随着距连铸坯表层距离的增加，碳偏析指数显著降低至 0.89，随后碳偏析指数增加至正常水平。电磁搅拌搅动钢液旋转流动，钢液流动将凝固前沿的高溶质浓度的液相带至中心液相区域，导致搅拌区凝固前沿负偏析的产生。柱状晶向等轴晶的转变区存在明显的正偏析，碳偏析指数可达 1.14。随后碳含量逐渐降低，在连铸坯中心附近出现碳偏析指数为 0.89 的负偏析，在凝固终点处碳偏析指数陡增至 1.37。

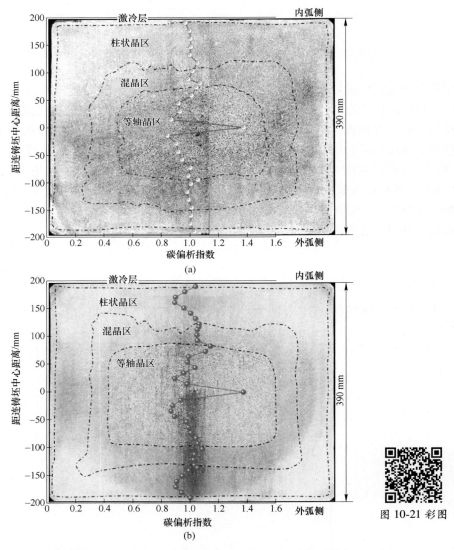

图 10-21 彩图

图 10-21   结晶器电磁搅拌的电流强度对连铸坯凝固组织与宏观偏析影响的对应关系图[12]

（a）0 A；（b）390 A

图 10-22 为结晶器电磁搅拌的电流强度对连铸坯宏观偏析的影响，结晶器电磁搅拌电流强度主要影响连铸坯皮下负偏析和枝晶转变处的正偏析。图 10-23 为结晶器电磁搅拌电流强度对连铸坯皮下、枝晶转变处和连铸坯中心偏析的影响。电流强度从 0 A 增加至 390 A，连铸坯皮下负偏析从 1.01 降低至 0.89，枝晶转变处正偏析从 1.07 增加至 1.14，中心正偏析变化较小，主要在 1.37~1.40 范围内。无电磁搅拌时，连铸坯皮下没有发现负偏析带，偏析度为 1.01。对于大方坯齿轮钢连铸坯，结晶器电磁搅拌对中心偏析改善作用较弱，同时恶化连铸坯皮下负偏析。

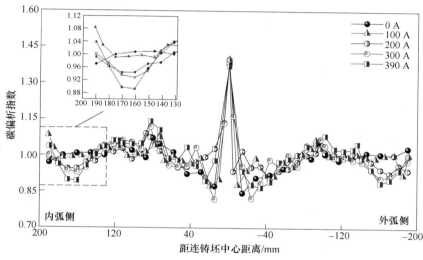

图 10-22　不同结晶器电磁搅拌的电流强度对连铸坯宏观偏析的影响图[12]　　图 10-22 彩图

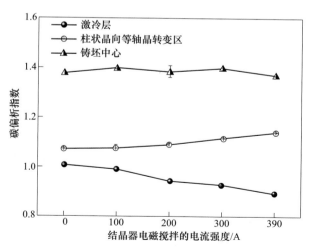

图 10-23　结晶器电磁搅拌的电流强度对连铸坯皮下、枝晶转变处和连铸坯中心偏析的影响图[12]

通过连铸电磁搅拌试验研究，能够发现结晶器电磁搅拌提高了连铸坯等轴区的面积分数，在一定程度上降低了铸坯的中心偏析，但也导致枝晶转变区处有正偏析产生。这主要是由于电磁搅拌促进了钢液流动，将两相区的高溶质钢液搅出，其在随后的凝固过程中又发生富集。

10.5 小　　结

高炉铁水通过铁水预处理进行预脱硫，在转炉或电弧炉中进行脱碳，通过炉外精炼进一步脱氧、脱硫以及成分温度微调，最终在连铸工序中生产出符合规定尺寸的连铸坯。本节通过在各工序中开展工业试验，研究了不同工艺参数的影响规律，旨在优化相关参数，提高生产效率，以实现高品质钢生产。

参 考 文 献

［1］ KANBARA K, NISUGI T, SHIRAISHI O. Desulfurization process using mechanical impeller ［J］. Tetsu To Hagané, 1972, 58 （4）: S34.

［2］ 纪俊红. 基于铁水预处理脱硫的流体流动特性研究 ［D］. 沈阳: 东北大学, 2017.

［3］ 赵艳宇. KR 铁水脱硫过程模拟仿真及工业试验研究 ［D］. 北京: 北京科技大学, 2022.

［4］ 李明明. 转炉超音速射流行为及其与溶池作用的基础研究 ［D］. 沈阳: 东北大学, 2015.

［5］ 习小军. 电弧炉熔池内废钢快速熔化机理 ［D］. 北京: 北京科技大学, 2020.

［6］ 梁庆, 何宏侠, 胡昌志, 等. 长寿复吹转炉冶炼技术在重钢的应用 ［J］. 炼钢, 2005, 21 （6）: 4-8.

［7］ 彭开玉. RH 精炼过程钢液脱硫和非金属夹杂物碰撞长大和去除的研究 ［D］. 北京: 北京科技大学, 2023.

［8］ 杨宇, 李明明, 余珊, 等. VD 真空精炼多喷嘴底吹气液两相流的数值模拟 ［J］. 材料与冶金学报, 2022, 21 （4）: 261-267.

［9］ 毛志忠. LF 精炼炉钢水脱硫预报及生产调度模型的研究 ［D］. 沈阳: 东北大学, 2018.

［10］ 任强, 姜东滨, 张立峰, 等. Q235 钢中夹杂物演变规律和生成机理分析 ［J］. 钢铁, 2020, 55 （7）: 47-52.

［11］ BASSON E, JOSEPH L. Steel statistical yearbook 2016 ［M］. Brussels: Word Steel Association, 2016.

［12］ 王亚栋. 电磁搅拌对连铸大方坯宏观偏析的影响研究 ［D］. 北京: 北京科技大学, 2022.